Konzeption eines IT-basierten Entscheidungsunterstützungssystems für die Gestaltung dezentraler Datenhaltungen in analytischen Informationssystemen

Julian Ereth

Konzeption eines IT-basierten
Entscheidungsunterstützungssystems für
die Gestaltung dezentraler
Datenhaltungen in analytischen
Informationssystemen

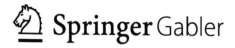

Julian Ereth
Stuttgart, Deutschland

D93 (Dissertation, Universität Stuttgart, 2023)

ISBN 978-3-658-43356-7   ISBN 978-3-658-43357-4   (eBook)
https://doi.org/10.1007/978-3-658-43357-4

Die Deutsche Nationalbibliothek verzeichnet diese Publikation in der Deutschen Nationalbiblio-
grafie; detaillierte bibliografische Daten sind im Internet über http://dnb.d-nb.de abrufbar.

Planung/Lektorat: Carina Reibold
Springer Gabler ist ein Imprint der eingetragenen Gesellschaft Springer Fachmedien Wiesbaden
GmbH und ist ein Teil von Springer Nature.
Die Anschrift der Gesellschaft ist: Abraham-Lincoln-Str. 46, 65189 Wiesbaden, Germany

Das Papier dieses Produkts ist recyclebar.

Geleitwort

Die Architekturen der Datenbereitstellung haben im Bereich entscheidungsunterstützender IT-Systeme in den letzten Jahren gravierende Veränderungen erfahren. So wurden bei traditionellen Konzepten managementorientierter Entscheidungsunterstützung – häufig als Business Intelligence (BI) bezeichnet – in aller Regel zentralistische Datenhaltungen (Data Warehouses) angestrebt. Mit der Entwicklung neuer Techniken wie IoT, Big-Data-Ansätzen sowie innovativer Analysemöglichkeiten (z. B. dem maschinellen Lernen) vergrößern sich zurzeit sowohl BI-Unterstützungsqualität als auch BI-Einsatzkontexte. So werden die etablierten diagnostischen Systeme heute um prädiktive und präskriptive Ansätze erweitert, wobei sich das Einsatzfeld nun auch in großen Teilen auf operativ ausgerichtete Anwendungskontexte (z. B. die Produktion oder Logistik) ausdehnt. Aufgrund dieser Veränderungen liegt es auf der Hand, dass eine ausschließlich zentralistisch ausgerichtete Datenhaltung nicht länger zielführend sein kann. Vielmehr sind bei diesen erweiterten Konzepten – heute Business Intelligence & Analytics (BIA) genannt – dezentrale Datenhaltungskomponenten üblich, wobei die Gestaltung dieser Datenhaltungen komplex und erfolgskritisch ist.

Diesem Themenbereich ist das Werk von Herrn Ereth gewidmet. Im Mittelpunkt seiner Dissertationsschrift stehen die Konzeption, die prototypische Umsetzung und die Evaluation eines tool-basierten Ansatzes zur Unterstützung der Gestaltung dezentraler Datenhaltungen in analytischen Informationssystemen. Es ist hervorzuheben, dass der Autor zur Abgrenzung seiner Konzeptanforderungen eine intensive Auswahl der zu analysierenden Unternehmen durchgeführt hat. Hierbei konnten insbesondere die detaillierten Explorationen eines internationalen Seehafens und eines Car-Sharing-Anbieters wertvolle Erkenntnisse zur Gestaltung des Ansatzes liefern, der u. a. fachliche und technische Spezifikationsraster sowie Abstraktionsmechanismen zur Ableitung von Architekturmustern beinhaltet und den Benutzern situative Handlungsempfehlungen anbieten kann. Die anschließende prototypische Umsetzung des Fachkonzepts erfolgte in Form eines vertikalen Prototyps mit beachtlichem Funktionsumfang, der anschließend für die erfolgreiche Evaluation herangezogen wurde.

Dem Werk können somit hohe Praxisrelevanz und Transferleistung bescheinigt werden. Es liefert zweifelsfrei eine Eingrenzung des Lösungsraums für Architekturentscheidungen, eine Hilfestellung zur Bewältigung der Entscheidungskomplexität sowie die Schaffung von Transparenz und Nachvollziehbarkeit in Architekturentwicklungsprozessen.

Stuttgart   Prof. Dr. Hans-Georg Kemper
im August 2023

Vorwort

Die vorliegende Dissertation ist während meiner Tätigkeit als wissenschaftlicher Mitarbeiter am Lehrstuhl für ABWL und Wirtschaftsinformatik 1 des Betriebswirtschaftlichen Instituts der Universität Stuttgart entstanden. An dieser Stelle möchte ich mich bei allen Personen bedanken, die zur Entstehung der vorliegenden Arbeit beigetragen haben.

Mein besonderer Dank gilt meinem Doktorvater Herrn Prof. Dr. Hans-Georg Kemper, dessen Vertrauen und Unterstützung diese Arbeit ermöglicht haben. Ebenso gilt mein Dank Dr. Henning Baars, der mir mit anregenden Diskussionen und wertvollen Ratschlägen stets beiseite stand. Auch danke ich Prof. Dr. Georg Herzwurm für die Übernahme des Zweitgutachtens sowie Prof. Dr. Burkhard Pedell für die Wahrnehmung des Prüfungsvorsitzes.

Mein Dank gilt zudem allen Kolleginnen und Kollegen sowie den studentischen Hilfskräften des Lehrstuhls für den immer hilfreichen Austausch und den ungebrochenen moralischen Beistand. Namentlich hervorzuheben sind hierbei: Herr Clemens Haussmann, Herr Dr. Sven Herzberg, Frau Viola Koppetzki, Herr Dr. Jens Lachenmaier, Herr Prof. Dr. Heiner Lasi, Frau Dr. Michelle Moisa, Herr Dr. Dominik Morar und Frau Dr. Kathrin Schumacher. Darüber hinaus gilt mein Dank den Interviewpartnern und Unternehmen, ohne deren wertvolle Zeit und Bereitschaft zur Kooperation diese Arbeit nicht möglich gewesen wäre, sowie allen hier nicht namentlich aufgeführten Personen, die zur Entstehung dieser Arbeit beigetragen haben.

Zuletzt danke ich meinen Freunden und meiner Familie, insbesondere meinen Eltern Anita und Sigmund, meinem Bruder Sebastian und vor allem meiner Ehefrau Ana-Rita für ihr grenzenloses Verständnis und ihre bedingungslose Unterstützung über die Jahre.

Stuttgart   Julian Ereth
im August 2023

Zusammenfassung

Der steigende Stellenwert von Daten als Ressource und die zunehmende Ausweitung des Aufgabenspektrums der IT-basierten Entscheidungsunterstützung verändern die logischen Architekturen und die eingesetzten Technologien in analytischen Informationssystemen. Insbesondere die Konzepte der Datenhaltung entwickeln sich vermehrt von zentralen Konstrukten hin zu dezentralen Konglomeraten verschiedenster Speicheransätze. Diese Dezentralisierung ermöglicht eine flexiblere Abdeckung der sich verändernden Anforderungen. Gleichzeitig erhöhen die heterogenen Technologien und die häufig fehlenden Erfahrungen mit neuartigen Ansätzen allerdings auch die Komplexität in der Planung und dem Betrieb analytischer Systemlandschaften.

Das Ziel der Arbeit ist die Konzeption eines IT-basierten Entscheidungsunterstützungssystems (Artefakt) für die Gestaltung dezentraler Datenhaltungen in analytischen Informationssystemen. Die Entwicklung des Artefakts orientiert sich an den Prinzipien der gestaltungsorientierten Wirtschaftsinformatik und basiert auf einer Analyse des bestehenden Wissensstands sowie einer empirisch-qualitativen Exploration von relevanten Architekturansätzen aus acht Fällen.

Das für die Konstruktion des Entscheidungsunterstützungssystems entwickelte Fachkonzept umfasst modellierte Strukturen und Abläufe für (i) eine Überführung von Architekturansätzen aus realen Umgebungen in abstrahierte Architekturmuster als generalisierte Wissensbasis sowie (ii) die fallspezifische Auswahl relevanter Architekturmuster und Ableitung passender Handlungsempfehlungen für eine Entscheidungsunterstützung in konkreten Szenarios. Die Architekturmuster beinhalten fachliche und technische Aspekte, was eine ganzheitliche Betrachtung der Eignung von Architekturansätzen ermöglicht. Die schrittweise Abstraktion der Muster basiert auf technischen und fachlichen Spezifikationsrastern, die sich aus den empirischen Beobachtungen, dem erarbeiteten Funktionsverständnis einer Datenhaltung in analytischen Informationssystemen sowie dem Konzept der analytischen Capabilities ableiten.

Die Evaluation beurteilt die Nützlichkeit des Artefakts zur Lösung der Problemstellung mithilfe einer argumentativen Validierung mit Mitgliedern der Anspruchsgruppen. Eine inhaltliche Instanziierung des Fachkonzepts anhand der Explorationsfälle sowie eine Implementierung durch ein prototypisches Software-Werkzeug demonstrieren zudem die technische Machbarkeit und unterstützen die Evaluation mit einer Erstbefüllung und einer interaktiven Anwendung des Entscheidungsunterstützungssystems.

Abstract

The growing importance of data as a resource and the expansion of the range of tasks in IT-based decision support are transforming the logical architectures and the technologies used in analytical information systems. In particular, the concepts of data management are increasingly evolving from centralized constructs to decentralized conglomerates of different storage approaches. This decentralization enables more flexible coverage of changing requirements. However, the use of heterogeneous technologies and a frequent lack of experience with new approaches are also increasing the complexity of planning and operating such analytical system landscapes.

The goal of this research is to design a decision support system (artifact) that assists in the construction of decentralized data management architectures in analytical information systems. The methodological approach to derive this artifact is based on design science principles and consists of an analysis of the body of knowledge and a qualitative-empirical study with eight cases.

The functional specification of the decision support system provides modelled structures and procedures for (i) the transformation of architectural approaches from real-world environments into abstract architectural patterns as the systems' knowledge base and (ii) a case-specific selection of relevant patterns and recommendations for actions for decision support in arbitrary scenarios. The architectural patterns allow a holistic assessment of the suitability of the respective architectural approaches as they contain both technical and domain-specific aspects. The iterative abstraction process of the patterns facilitates technical and domain-specific specification grids that are based on empirical observations, the functional understanding of data management in analytical information systems as well as the concept of analytical capabilities.

The evaluation assesses the usefulness of the artefact for a solution to the overarching problem by the means of an argument-based approach to validation with members of the stakeholder group. Moreover, a semantic instantiation of the specification based on the exploration cases and an implementation of a software prototype demonstrate the technical feasibility and support the evaluation with exemplary architectural patterns and an interactive application of the decision support system.

Inhaltsverzeichnis

Abkürzungsverzeichnis

API	Application Programming Interface
BI / BIA	Business Intelligence / Business Intelligence und Analytics
CbP	Capability-based Planning
CDC	Change Data Capture
C#	Analytische Capability (Nr.)
DW	Data Warehouse
EAM	Enterprise Architecture Management
EG#	Evaluationsgespräch (Nr.)
EK#	Evaluationskriterium (Nr.)
ETL	Extract, Transform, Load
FA#	Funktionsanforderung (Nr.)
FF	Forschungsfrage
GP#	Gesprächspartner (Nr.)
HDFS	Hadoop Distributed File System
HF#	Hauptfall (Nr.)
http	Hypertext Transfer Protocol
IEC	International Electrotechnical Commission
IoT	Internet of Things (dt. Internet der Dinge)
IS	Informationssystem
ISO	International Organization for Standardization
IT	Informationstechnik
IuK	Informations- und Kommunikationstechnologie
JSON	JavaScript Object Notation
K#	Technische Komponente (Nr.)
KA#$^{Expl.}$	Konzeptanforderung abgeleitet aus empirischer Exploration (Nr.)
KA#$^{Gdl.}$	Konzeptanforderung abgeleitet aus Grundlagen (Nr.)

KE#$^{Expl.}$	Kernergebnis der empirischen Exploration (Nr.)
KE#$^{Gdl.}$	Kernergebnis der Grundlagen (Nr.)
M#	Architekturmuster (Nr.)
NoSQL	Not Only SQL
ODS	Operational Data Store
OLAP	Online Analytical Processing
R#	Fachlich-technische Rahmenbedingung (Nr.)
SMC	Simple Matching Coefficient
SQL	Structured Query Language
S#	Technisches System (Nr.)
ST#	Stakeholder (Nr.)
TF#	Teilforschungsfrage (Nr.)
TOGAF®	The Open Group Architecture Framework
UE#	Unterstützungserhebung (Nr.)
UML®	Unified Modelling Language

Abbildungsverzeichnis

Tabellenverzeichnis

Einleitung 1

Daten werden häufig als wettbewerbsentscheidende Ressource des 21. Jahrhunderts bezeichnet.[1] Im Gegensatz zu klassischen Ressourcen, wie physischen Produktionsfaktoren oder menschlicher Arbeitskraft, herrscht an Daten allerdings keine Knappheit. Vielmehr sind Daten aufgrund der rasant zunehmenden digitalen Durchdringung der Welt im Überfluss vorhanden. Zentrale Herausforderung für Unternehmen liegen daher weniger in einer unzureichenden Verfügbarkeit von Daten, sondern vielmehr im Aufbau und Betrieb technischer und organisatorischer Strukturen für einen bestmöglichen Umgang mit den stetig komplexer werdenden Datenlandschaften.

Vor diesem Hintergrund untersucht die vorliegende Arbeit aktuelle Problemstellungen in der analytischen Datenverarbeitung mit dem Ziel ein IT-basiertes Entscheidungsunterstützungssystem für die Gestaltung der zugrunde liegenden Datenhaltungen bereitzustellen. Dieses erste Kapitel führt den Leser in die Rahmenbedingungen der Forschung ein. Hierfür verdeutlichen die ersten beiden Abschnitte die Problemstellung und geben einen Überblick über den aktuellen Wissensstand. Basierend auf der sich hieraus ergebenden Forschungslücke konkretisiert Abschnitt 1.3 das Ziel der Arbeit und formuliert passende Forschungsfragen. Abschnitt 1.4 entwickelt dann einen für die Forschung geeigneten methodischen Rahmen. Der letzte Abschnitt skizziert abschließend den weiteren Gang der Arbeit.

---

[1] Z. B. Spitz (2017), Appelfeller und Feldmann (2018), S. 6 und Davenport (2006), 98 ff.

© Der/die Autor(en), exklusiv lizenziert an Springer Fachmedien Wiesbaden GmbH, ein Teil von Springer Nature 2023
J. Ereth, *Konzeption eines IT-basierten Entscheidungsunterstützungssystems für die Gestaltung dezentraler Datenhaltungen in analytischen Informationssystemen*, https://doi.org/10.1007/978-3-658-43357-4_1

1.1 Problemstellung

In den letzten Jahren werden der Erhebung und Analyse von Daten eine zunehmende wirtschaftliche und gesellschaftliche Relevanz zugeschrieben. Politiker bezeichnen Daten als „Rohstoff der Zukunft"[2] und immer mehr Unternehmen, deren Kernkompetenz nicht originär in den Informations- und Kommunikationstechnologien (IuK) liegen, erkennen die Potenziale, die sich durch den richtigen Umgang mit Daten ergeben können.[3] Dieser neue Blickwinkel auf die Ressource Daten verändert die Rolle der analytischen Informationssysteme, welche die notwendigen Strukturen und Anwendungssysteme zur „Informationsversorgung und funktionalen Unterstützung betrieblicher Fach- und Führungskräfte zu Analysezwecken"[4] bereitstellen. Das Aufgabenspektrum dieser Systeme erweitert sich dabei kontinuierlich und überschaubare Ansätze in der analytischen Datenverarbeitung verwandeln sich zunehmend zu komplexen Analytics-Landschaften, deren effektive Gestaltung und stabiler Betrieb strategisch relevant für den Erfolg eines Unternehmens sind.[5] Abbildung 1.1 veranschaulicht diese Veränderungen und die damit einhergehende Evolution der Begrifflichkeiten sowie der eingesetzten Ansätze in den Datenhaltungen.

Die ersten kommerziellen analytischen Informationssysteme unterstützten einzelne Fachbereiche wie die Kostenrechnung bei der Beantwortung überwiegend deskriptiver Fragestellungen durch die Bereitstellung von Tabellenkalkulationen oder statischen Reports.[6] Explizite Management- und Entscheidungsunterstützungssysteme[7] erweiterten dieses bisher eher deskriptive Aufgabenverständnis um eine diagnostische Komponente[8] und verschoben den Aufgabenfokus damit von einer punktuellen Unterstützungsfunktion hin zu einer strategischen Rolle in der dispositiven Entscheidungsunterstützung.[9] Dieses neue Rollenverständnis

---

[2] Einschätzung von der damaligen Bundeskanzlerin Angela Merkel auf dem Global Solutions Summit am 28.05.2018. Vgl. ZEIT Online (2018), URL siehe Literaturverzeichnis.

[3] Vgl. Sebastian u. a. (2017), S. 197 ff.

[4] Chamoni und Gluchowski (2016), S. 7.

[5] Vgl. Schieder (2016), S. 13 ff. und Power (2008), S. 121 ff.

[6] Vgl. Schieder (2016), S. 15 und Baars und Kemper (2021), S. 1.

[7] Engl. Management Support Systems (MSS) und Decision Support Systems (DSS).

[8] Bspw. über interaktive Oberflächen (engl. Dashboards) oder Ad-Hoc-Analysen mittels multidimensionaler Datenstrukturen im sogenannten Online Analytical Processing (OLAP). Vgl. Codd u. a. (1993), S. 14 f., Golfarelli und Rizzi (2018), S. 95 f. und Kimball und Ross (2013), S. 8 ff.

[9] Vgl. Scott Morton (1983), S. 5 f.

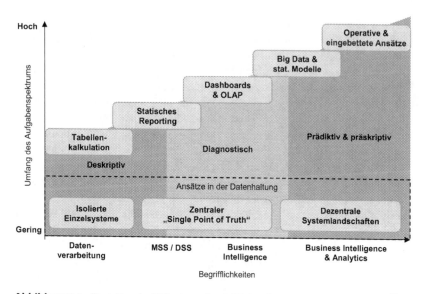

Abbildung 1.1 Evolution der IT-basierten betrieblichen Entscheidungsunterstützung[10]

resultierte in dem Begriff Business Intelligence (BI)[11] als Bezeichnung eines „integrierten, unternehmensspezifischen, IT-basierten Gesamtansatz zur betrieblichen Entscheidungsunterstützung"[12]. In der Datenhaltung wurde diese Entwicklung durch eine zentralistische Vision einer integrierten und unternehmensweit einheitlichen Datenbasis[13] begleitet, die zu einer Konsolidierung einzelner Teilsysteme in anwendungsübergreifende Data Warehouses (DW)[14] führte.[15]

Technologische Innovationen sowie die Verfügbarkeit neuer Datenquellen und Auswertungsmöglichkeiten (insb. durch die zunehmende Digitalisierung und

---

[10] Eigene Darstellung in Anlehnung an Ereth und Kemper (2016), S. 459.

[11] Der Begriff BI wurde zwar schon zuvor verwendet (Vgl. Luhn [1958], S. 314 ff.) aber erst zum Ende der 1990er Jahre populär (Vgl. Power [2008], S. 123).

[12] Baars und Kemper (2021), S. 8.

[13] Ein sog. „Single Point of Truth". Vgl. Inmon, 2004, p. 1 ff.

[14] Ein Data Warehouse stellt eine themenorientierte, integrierte und nicht-volatile Sammlung von Daten mit einem Zeitraumbezug dar (Vgl. Inmon [2005], S. 29 ff.). Der Begriff Data Warehouse wurde ursprünglich 1988 von Barry Devlin eingeführt (Vgl. Devlin und Murphy [1988], S. 60 ff.).

[15] Vgl. Mucksch und Behme (2000), S. 6.

Trends wie Big Data[16] oder das Internet der Dinge[17]) rücken zuletzt vermehrt mathematische und statistische Methoden[18] zur Ableitung von Vorhersagen (Prädiktion) oder der Generierung von Handlungsempfehlungen (Präskription) in den Fokus der betrieblichen Entscheidungsunterstützung.[19] Diese neuen Anwendungen führen zu dem erweiterten Begriff Business Intelligence und Analytics (BIA)[20] und verändern die logischen Architekturen analytischer Informationssysteme. In der Datenhaltung sind die relationalen und multidimensionalen Strukturen eines DW bspw. nicht immer sinnvoll für den Umgang mit den zunehmend großen Datenvolumina (z. B. unstrukturierte Inhalte aus sozialen Medien) oder mit den kürzeren Zeiträumen zwischen Erfassung und Auswertung von Daten (z. B. Data Streaming). Als Resultat lässt sich eine Abkehr von der Idee einer zentralen und vollständig konsistenten Datenspeicherung hinzu einem Konglomerat aus verschiedenen Technologien und anwendungsspezifischen Ansätzen beobachten.[21]

Diese dezentralen Systemlandschaften sind flexibler als die starren Strukturen eines traditionellen DWs und ermöglichen eine effizientere Verarbeitung von Daten durch die Integration neuer Technologien (z. B. massiv-parallele

---

[16] Big Data ist ein Überbegriff für eine "multidisziplinäre und evolutorische Verbindung von neuen technologischen Möglichkeiten hinsichtlich Datenspeicherung und -verarbeitung [...]" (Buhl u. a. [2013], S. 67) als Reaktion auf neue Herausforderungen hinsichtlich der Datenvolumen, -geschwindigkeit, -vielfalt und -glaubwürdigkeit. Vgl. De Mauro u. a. (2016), S. 122 ff.

[17] Das Internet der Dinge (engl. Internet of Thing bzw. kurz IoT) beschreibt die Verknüpfung physischer Objekte mit der virtuellen Welt durch eine Ergänzung von IuK-Technologien auf mehreren Wertschöpfungsstufen. Vgl. Gubbi u. a. (2013), S. 1646 f., Fleisch u. a. (2014), S. 446 ff. und Porter und Heppelmann (2014), S. 5 ff.

[18] Z. B. Data Mining oder maschinelles Lernen. Vgl. Baars und Kemper (2021), S. 124 ff.

[19] Vgl. Ereth und Kemper (2016), S. 495 f. und Nadj und Schieder (2016), S. 6 f.

[20] Vgl. Chen u. a. (2012), S. 1166, Davenport (2006), S. 98 ff. und Baars und Kemper (2021), S. 8 f.

[21] Vgl. Ariyachandra und Watson (2006), S. 6, Golfarelli u. a. (2004), S. 3 f., Vgl. Zagan und Danubianu (2020), S. 189 ff., Catania und Guerrini (2018), S. 80 ff. und Halevy u. a. (2006), S. 9 ff.

Infrastrukturen[22] in einem Data Lake[23], Cloud-basierte Objektspeicher oder NoSQL-Datenbanken[24]). Aktuellen Fachdiskussionen und technologische Entwicklungen (z. B. bzgl. vollständig Streaming-basierter Systemarchitekturen[25] oder die Idee des Data Mesh[26]) weisen zudem darauf hin, dass der Trend der Dezentralisierung weiter anhalten und sich zukünftig sogar verstärken wird.

Die differenzierte und anwendungsspezifische Datenhaltung in einer solchen dezentralen Systemlandschaft ermöglicht somit eine bessere Abdeckung der mannigfaltigen Anforderungen des erweiterten BIA-Aufgabenspektrums. Zugleich erhöht sich allerdings die Komplexität bei der Gestaltung analytischer Informationssysteme, da (i) die steigende Anzahl an Architekturmöglichkeiten die Auswahl passender Lösungsansätze erschwert und (ii) viele der Konzepte und Werkzeuge noch neuartig – oder teils sogar experimentell – sind und somit Kenntnisse und Erfahrungen sowie bewährte Architekturvorlagen oft fehlen. Diese Gemengelage birgt die Gefahr, dass sich zuvor überschaubare Analyse-Architekturen durch eine sukzessive – und oft unüberlegte – Integration neuer Systeme und technologischer Innovationen in unübersichtliche Systemlandschaften mit einer nicht selten chaotischen Kombination aus Altsystemen, operativen Anwendungen und neuartigen Ansätzen verwandeln.[27]

Vor dem Hintergrund der zuvor dargestellten Relevanz von Daten als Ressource und analytischen Informationssystemen als zentrales Werkzeug zur Erschließung dieser Ressource erscheint diese Entwicklung problematisch. Wenn bspw. die Wahl einer unzureichenden Datenhaltung dazu führt, dass mittelfristig auftretende Anforderungen hinsichtlich wachsender Datenvolumina oder

---

[22] Massivparallele Infrastrukturen verteilen die Bearbeitung von Aufgaben auf mehrere separaten Prozessoren. Dies erlaubt im Gegensatz zu traditionellen parallelen Strukturen eine simultane Bearbeitung und damit eine horizontale Skalierung, die zu höhere Bearbeitungsgeschwindigkeiten und einer besseren Lastverteilung führen kann. Vgl. Babu und Herodotou (2013), S. 77 ff.

[23] Der Begriff Data Lake soll die Breite und Flexibilität der Speicherung von Daten in verschiedenen Systemen veranschaulichen. Vgl. Miloslavskaya und Tolstoy (2016), S. 302 f. und Terrizzano u. a. (2015), S. 1 f.

[24] NoSQL ist ein Sammelbegriff für nicht relationale Ansätze zur Datenspeicherung. Die Bezeichnung NoSQL wird hierbei oft als "Not only SQL" ausgeschrieben, was zeigen soll, dass der Fokus nicht auf der relationalen Standardabfragesprache SQL liegt. Vgl. Stonebraker (2010), S. 10 f. und Meier und Kaufmann (2016), S. 18 f.

[25] Vgl. Dunning und Friedman (2016), S. 17 ff.

[26] Ein Data Mesh beschreibt die Betrachtung einer Datenlandschaft als eine Sammlung Datenknoten (Nodes), die sowohl technologisch als auch logisch autark sein können. Vgl. Machado u. a. (2021).

[27] Vgl. Baars und Ereth (2016), S. 2 f. und Golfarelli und Rizzi (2018), S. 93 ff.

Antwortzeiten nicht mehr ausreichend abgedeckt werden können, kann dies wettbewerbsentscheidende Folgen nach sich ziehen. Ein systematisches und an den Geschäftsanforderungen ausgerichtetes Vorgehen zur Planung einer dezentralen Datenhaltung erscheint daher unabdingbar.

Zusammenfassend lässt sich die Problemstellung der Arbeit somit durch folgende Rahmenbedingungen festhalten:

- (1) Ein *steigender Stellenwert von Daten als Ressource* und die damit zunehmend *wettbewerbskritische Rolle analytischer Informationssysteme.*

- (2) Eine *Ausweitung des Aufgabenspektrums der IT-basierten betrieblichen Entscheidungsunterstützung* sowie eine hieraus resultierende *zunehmende Dezentralisierung analytischer Systemlandschaften und deren Datenhaltungen.*

- (3) Eine *steigende Komplexität bei der Gestaltung der Datenhaltung analytischer Informationssysteme* gepaart mit einem Mangel an Erfahrungen und bewährten Architekturvorlagen für die Integration neuartiger Ansätze.

Diese drei Rahmenbedingungen beschreiben die Ausgangssituation der vorliegenden Arbeit und verdeutlichen die Notwendigkeit einer systematischen Entscheidungsunterstützung im Architekturprozess komplexer analytischer Systemlandschaften mit zunehmend dezentralen Ansätzen in der Datenhaltung.

1.2 Stand der Forschung und Forschungslücke

Dieser Abschnitt leitet die Forschungslücke ab, für deren Schließung diese Arbeit einen Beitrag leisten soll. Hierfür wird zuerst der Wissensstand hinsichtlich bestehender Ansätze zur Unterstützung der Architekturgestaltung analytischer Informationssysteme betrachtet, um bisher noch nicht ausreichend untersuchte Aspekte zu identifizieren und den Schwerpunkt der Arbeit zu bestehenden Forschungen abzugrenzen.[28] Die hierfür zu betrachtenden Forschungsgebiete fokussieren den strukturellen Aufbau und die Anwendung von Architekturen analytischer Informationssysteme sowie mögliche Vorgehen bei der Architekturentwicklung (siehe Abbildung 1.2).

- Die Notwendigkeit einer systematischen Planung und Gestaltung analytischer Informationssysteme thematisieren *Forschungen zu Architekturen analytischer Informationssysteme* seit vielen Jahrzehnten. Die Arbeiten in diesem Bereich

---

[28] Vgl. Döring und Bortz (2016), S. 163.

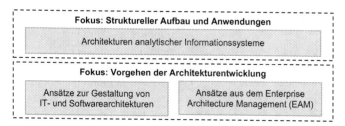

Abbildung 1.2 Übersicht verwandter Forschungsgebiete[29]

umfassen zum einen Beschreibungen möglicher Architekturansätze, wie bspw. zum Aufbau eines Data Warehouses[30], einer hybriden Lambda-Architektur[31] oder eines Data Lakes[32]. Der Trend einer zunehmend dezentralen Datenhaltung findet sich insbesondere in der vermehrten Diskussion Service-orientierter Ansätze[33] sowie der Betrachtung der Integration verschiedener Technologien als Antwort auf das erweiterte BIA-Aufgabenspektrum[34] wieder. Neben diesen Betrachtungen einzelner Lösungsansätze finden sich zudem komparative Studien, die Unterschiede zwischen verschiedenen Ansätzen und Werkzeugen sowie deren Vor- und Nachteilen untersuchen.[35] Arbeiten in diesem Themenbereich fokussieren somit meist die Besonderheiten einzelner Architekturansätze und deren Anwendung in spezifischen Szenarien. Systematische Vorgehensmodelle für eine abstrahierte Entscheidungsunterstützung im Architekturprozess analytischer Informationssysteme konnten hier nicht gefunden werden.

- Generische Ansätze zur Unterstützung der Architekturplanung im IT-Bereich lassen sich eher im Kontext von *Forschung zur Gestaltung von IT- und Softwarearchitekturen* im Allgemeinen verorten. Hier finden sich einerseits Arbeiten zu generischen Entwicklungsmustern[36], die als Vorlage für einzelne

---

[29] Eigene Darstellung.

[30] Z. B. Kimball und Ross (2013), Inmon (2005) und Kemper (2000), S. 113 ff.

[31] Z. B. Marz und Warren (2015) und Kiran u. a. (2015), S. 2785 ff.

[32] Z. B. Terrizzano u. a. (2015).

[33] Z. B. Müller u. a. (2010), S. 168 ff. und Sun u. a. (2014), S. 508 ff.

[34] Z. B. Baars und Kemper (2015), S. 222 ff. und Armbrust (2021).

[35] Z. B. Ariyachandra und Watson (2006) und Zagan und Danubianu (2020).

[36] Z. B. Gamma (1995) und Beck (2007).

Programmierungen dienen.[37] Diese weisen für die logische Abstraktions-
ebene dieser Arbeit allerdings einen zu hohen Detaillierungsgrad auf und
sind daher nicht weiter relevant. Passender erscheinen Forschungen zu IT-
Referenzarchitekturen, die abstrahierte Modellmuster für eine Klasse von
Architekturen bereitstellen.[38] Diese Referenzarchitekturen verfolgen das zuvor
formulierte Ziel der systematischen Unterstützung des Architekturprozesses
eines IT-Systems in einer bestimmten Anwendungsdomäne.[39] Es existieren
vielfältige Referenzarchitekturen für Informationssysteme mit unterschiedlichsten Schwerpunkten.[40] Eine Referenzarchitektur, die explizit auf die
Besonderheiten einer dezentralen Datenhaltung in analytischen Informationssystemen eingeht, konnte zum Zeitpunkt der Arbeit nicht identifiziert
werden.

- Zuletzt lassen sich im Bereich des *Enterprise Architecture Management
  (EAM)* Unterstützungsansätze für die Gestaltung analytischer Informationssysteme beobachten. Das Ziel von EAM ist eine strategische Ausrichtung
  von IT-Strukturen eines Unternehmens an dessen Geschäftsprozessen. Ein
  essenzieller Teil hiervon ist die Gestaltung einer effektiven Unternehmens-
  und IT-Architektur. Im Gegensatz zu der technischen Perspektive der vorherigen Ansätze liegt der Schwerpunkt von EAM auf einer ganzheitlichen
  Betrachtung der Rolle der Informationstechnologie im Unternehmen, womit
  ein höherer Abstraktionsgrad einhergeht.[41] Dementsprechend weisen etablierte
  EAM-Rahmenwerke[42] für gewöhnlich einen breiten und domänenagnostischen
  Charakter auf, der insbesondere strategische Diskussion eines Architektur-
  vorhabens unterstützt und sich weniger für einzelne Architekturentscheidung
  eignet.[43]

Die Betrachtung verwandter Forschungsbereiche und bisheriger Arbeiten zu
ähnlichen Problemstellungen zeigt die Relevanz der zuvor beschriebenen Problemstellung und weist darauf hin, dass Untersuchungen zu einer Entscheidungsunterstützung im Architekturprozess von dezentralen Datenhaltungen in

---

[37] Vgl. Hasselbring (2006), S. 48 f.
[38] Vgl. Cloutier u. a. (2010), S. 25.
[39] Vgl. Cloutier u. a. (2010), S. 17 ff. und Muller (2020), S. 1 f.
[40] Z. B. Winsemann u. a. (2012), S. 192 ff. und Sang (2016), S. 370 ff.
[41] Vgl. Ross u. a. (2006), S. 9.
[42] Z. B. Zachman (1987), S. 276 ff. und The Open Group (2018).
[43] Vgl. Dias u. a. (2008), S. 7 ff.

analytischen Informationssystemen durch den aktuellen Stand der Forschung nicht ausreichend repräsentiert sind und somit ein Forschungsbedarf besteht.

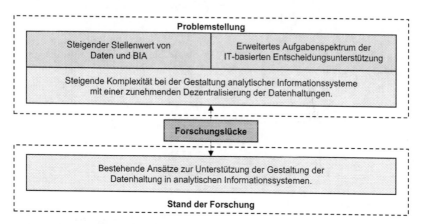

Abbildung 1.3   Ableitung der Forschungslücke[44]

Abbildung 1.3 veranschaulicht die für diese Arbeit relevante Forschungslücke, die sich aus der eben aufgezeigten Inkongruenz zwischen der im vorherigen Abschnitt dargestellten Problemstellung der steigenden Komplexität bei der Gestaltung analytischer Informationssysteme mit zunehmend dezentralen Datenhaltungen und dem gleichzeitigen Fehlen entsprechender Forschungen und Unterstützungsansätzen für Architekturentscheidungen in diesem Bereich ergibt.

1.3   Ziel der Arbeit und Forschungsfragen

Die vorherigen Ausführungen und die dargestellte Forschungslücke zeigen den Bedarf einer Entscheidungsunterstützung im Architekturprozess dezentraler Datenhaltungen in analytischen Informationssystemen auf. Demzufolge lässt sich für die vorliegende Arbeit folgende Zielsetzung festhalten:

---

[44] Eigene Darstellung.

Zielstellung: Ziel der Arbeit ist die Konzeption eines IT-basierten Entscheidungsunterstützungssystems für die Gestaltung dezentraler Datenhaltungen
in analytischen Informationssystemen.

Der zentrale Gegenstand der Arbeit ist damit der Architekturentwicklungsprozesses der Datenhaltung eines analytischen Informationssystems, der eine
Transformation von fachlich-technischen Rahmenbedingungen (z. B. Geschäftsanforderungen oder regulatorische Vorgaben) eines Szenarios in eine adäquate
logische Lösungsarchitektur beinhaltet (siehe Abbildung 1.4).[45]

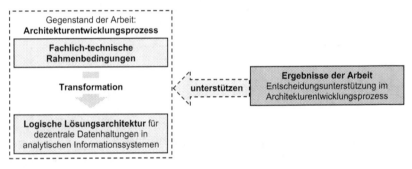

Abbildung 1.4 Gegenstand der Arbeit[46]

Die Ergebnisse der Arbeit sollen diese Transformation bei einem gegebenen
Set von Rahmenbedingungen unterstützen. Der Gegenstand der Arbeit beschränkt
sich durch die Begrenzung auf die logischen Aufbau- und Ablaufstrukturen[47]
sowie durch die Eingrenzung des Umgebungskontextes auf die Datenhaltung
in analytischen Informationssystemen. Für die Erreichung des Ziels sowie zur
Sicherstellung eines systematischen Vorgehens und einer späteren Überprüfung
der Zielerreichung ist es notwendig, die dargestellte Zielstellung in ein empirisch

---

[45] Vgl. Dern (2009), S. 151 ff.

[46] Eigene Darstellung.

[47] Bei der Gestaltung von Informationssystemen lässt sich ein Fokus auf betriebliche Zusammenhänge (Geschäftsarchitektur), logische Aufbau- und Ablaufstrukturen (logische Fachar-
chitektur) und der konkreten Implementierung (System- oder Infrastrukturarchitektur) unterscheiden. Vgl. Keller 2006 S22., Dern 2009 16 ff. und Ross u. a. (2006), S. 48.

untersuchbares Forschungsproblem zu überführen.[48] Hierfür werden im Weiteren passende Forschungsfragen abgeleitet.

Die zentrale Forschungsfrage (FF) fokussiert das übergreifende Gestaltungsziel[49] und ist aufgrund des qualitativen Schwerpunkts des Forschungsthemas als offene Wie-Frage formuliert[50]:

> **Forschungsfrage:** Wie kann ein IT-basiertes System gestaltet sein, um Entscheidungen bei der Architektur dezentraler Datenhaltungen in analytischen Informationssystemen zu unterstützen?

Für eine Operationalisierung und schrittweisen Beantwortung der Hauptforschungsfrage elaborieren die Teilforschungsfragen TF1–TF3 jeweils einzelne Teilaspekte der Fragestellung.

TF1 fokussiert ein Verständnis des Sachverhalts der analytischen Informationssysteme mit dezentraler Datenhaltung.

TF1: Was sind Charakteristika von analytischen Informationssystemen mit dezentraler Datenhaltung?

TF2 zielt auf ein tieferes Verständnis des Architekturentwicklungsprozesses und Möglichkeiten einer Entscheidungsunterstützung in diesem Kontext ab.

TF2: Was sind relevante Kriterien innerhalb des Architekturentwicklungsprozesses von analytischen Informationssystemen mit dezentraler Datenhaltung und wie können diese für eine Entscheidungsunterstützung abstrahiert werden?

Die Teilforschungsfrage TF3 betrachtet die Anforderungen für eine fallspezifische Anwendung eines Entscheidungsunterstützungssystems durch Systemarchitekten.

TF3: Wie kann eine adäquate IT-basierte Entscheidungsunterstützung gestaltet sein, damit Systemarchitekten diese fallspezifisch einsetzen können?

---

[48] Vgl. Döring und Bortz (2016), S. 173.

[49] Gestaltungsziele beinhalten die Gestaltung bzw. Veränderung bestehender und damit die Schaffung neuer Sachverhalte, während Erkenntnisziele auf das reine Verständnis von Sachverhalten abzielen. Vgl. Becker u. a. (2003), S. 11 f.

[50] Vgl. Yin (2015), S. 67 f. und Döring und Bortz (2016), S. 146.

Mit der Beantwortung der Teilforschungsfragen TF1–TF3 werden jeweils einzelne Erkenntnisziele erreicht, die eine iterative Annäherung an die Beantwortung
der Hauptforschungsfrage und damit eine Erfüllung der Zielstellung der Arbeit
ermöglichen.

1.4 Wissenschaftliche Einordnung und Gang der Arbeit

Die Arbeit ordnet sich im Bereich der Wirtschaftsinformatik[51] ein, da sie sowohl
fachliche und organisatorische Aspekte aus betriebswirtschaftlicher Sicht als auch
technische Aspekte der Systemgestaltung betrachtet. Die Wirtschaftsinformatik
positioniert sich zwischen ihrer beiden Mutterdisziplinen, der Betriebswirtschafts-
lehre und der Informatik (siehe Abbildung 1.5),[52] weswegen für die methodische
Ausgestaltung sowohl Ansätze der Sozialwissenschaften als auch der Ingenieur-
und Formalwissenschaften in Betracht zu ziehen sind.[53]

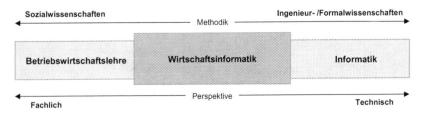

Abbildung 1.5 Einordnung der Wirtschaftsinformatik[54]

Das wissenschaftliche Vorgehen der Arbeit orientiert sich an den Prinzipien der gestaltungsorientierten Wirtschaftsinformatik[55], da das zuvor formulierte
Ziel der Arbeit (die Gestaltung eines Entscheidungsunterstützungssystems) über
das reine Verständnis eines Phänomens hinausgeht und die Konstruktion eines

---

[51] Gegenstand der Wirtschaftsinformatik sind „die Gestaltung, der Betrieb und die Nutzung von Systemen der computergestützten Informationsverarbeitung [..] in Wirtschaft und
Verwaltung und zunehmend auch im unmittelbaren privaten Lebensumfeld". Mertens u. a.
(2012), S. 1.

[52] Vgl. Österle und Winter (2012), S. 14.

[53] Vgl. Laudon u. a. (2016), S. 57, Hansen u. a. (2019), S. 3 f. und Mertens u. a. (2012), S. 6 f.

[54] Eigene Darstellung.

[55] Siehe Österle u. a. (2010), S. 664 ff.

Artefakts zur Lösung eines konkreten Problems fokussiert.[56] Tabelle 1.1 konkretisiert den Bezug der Forschung zur gestaltungsorientierten Wirtschaftsinformatik, indem die Anspruchsgruppen sowie der Erkenntnisgegenstand und Erkenntnisziele und -typen abgrenzt werden.[57]

Tabelle 1.1 Einordnung der Arbeit in die gestaltungsorientierte Wirtschaftsinformatik

Merkmal	Ausprägung in dieser Arbeit
Anspruchsgruppen	*Entscheidungsträger und technische Architekten* im Bereich analytischer Informationssysteme mit dem Ziel, das entscheidungsunterstützende System fallspezifisch anzuwenden *(Anwendende Anspruchsgruppe)* sowie *Unternehmen, Architekturgremien oder die wissenschaftliche Gemeinschaft,* mit dem Ziel einheitliche Vorgaben für eine effektive Gestaltung von analytischen Informationssystemen vorzugeben *(Normierende Anspruchsgruppe).*
Erkenntnisgegenstand	Ein *Informationssystem zur Unterstützung von Architekturentscheidungen im Bereich der Datenhaltung analytischer Informationssysteme* mit den zugehörigen technischen Systemen *(IuK)*, die Verantwortlichen für die Gestaltung, den Betrieb sowie die Verwendung *(Menschen)* und der Eingliederung in die Geschäftsprozesse *(Organisation)*.
Erkenntnisziele	Erarbeitung einer *Handlungsanleitung für die Konstruktion und Anwendung* eines Informationssystems zur Entscheidungsunterstützung im Architekturentwicklungsprozess von analytischen Informationssystemen.
Ergebnistypen	Ein *Fachkonzept für ein IT-basiertes Entscheidungsunterstützungssystem* sowie eine Instanziierung durch eine *Implementierung als Softwareprototyp*.

Der Erkenntnisprozess einer gestaltungsorientierten Forschung besteht im Wesentlichen aus zwei Basisaktivitäten: dem *Entwurf* und der *Evaluation* eines Artefakts.[58] Die Basisaktivitäten werden von einer vorgelagerten *Analyse* sowie einer abschließenden *Diffusion* flankiert. Die Analyse sichtet den bestehenden

---

[56] Der Begriff gestaltungsorientierte Forschung wird im angelsächsischen Sprachraum unter dem Begriff Design Science Research oder kurz nur Design Science diskutiert. Vgl. Robra-Bissantz und Strahringer (2020), S. 164.

[57] Eine Erläuterung der Kriterien der gestaltungsorientierten Wirtschaftsinformatik findet sich in Österle u. a. (2010), S. 666 f.

[58] Vgl. March und Smith (1995), S. 258.

Wissensstand und untersucht relevante Umgebungen, um eine theoretische und empirische Fundierung der Forschung sicherzustellen. Die *Diffusion* umfasst die Kommunikation der Ergebnisse an die jeweiligen Anspruchsgruppen.[59] Diese Aktivitäten sind hierbei nicht als trennscharf abgrenzbare Phasen aufzufassen, sondern als Teil eines iterativen Erkenntnisprozesses zur schrittweisen Entwicklung und Verbesserung des Artefakts.[60,61]

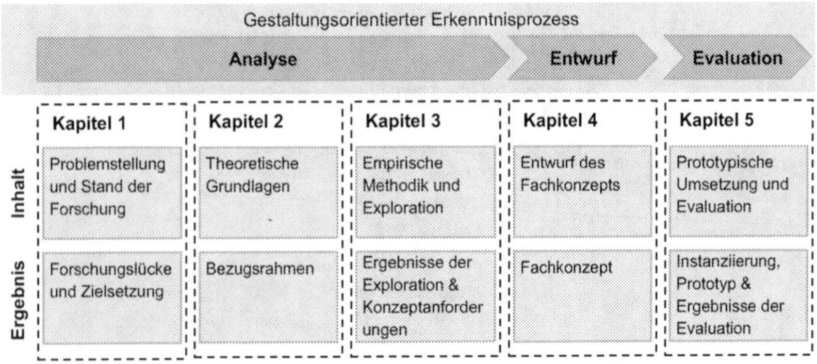

Abbildung 1.6 Inhalt und Gang der Arbeit[62]

Abbildung 1.6 veranschaulicht den weiteren Gang der Arbeit in Zusammenhang mit dem gestaltungsorientierten Erkenntnisprozess. Die ersten drei Kapitel sind hierbei der Phase der Analyse zuzuordnen. Kapitel 1 erläutert die Problemstellung und formuliert die Zielsetzung der Arbeit. Das zweite Kapitel betrachtet relevante Grundlagen der Datenhaltung in analytischen Informationssystemen als Anwendungsdomäne dieser Arbeit und diskutiert Möglichkeiten zur Unterstützung von IT-Architekturentscheidungen sowie den Einsatz von analytischen Capabilities als fachlich-technisches Planungsinstrument. Als Ergebnis erarbeitet dieses Kapitels einen Bezugsrahmen, der die Inhalte einordnet und den weiteren Konstruktionsprozess strukturiert. In Kapitel 3 werden in einer qualitativen

---

[59] Vgl. Österle u. a. (2010), S. 667 f., Peffers u. a. (2007), S. 52 ff. und March und Smith (1995), S. 255 ff.

[60] Vgl. Hevner u. a. (2004), S. 88 f.

[61] An dieser Stelle anzumerken, dass die weitere Arbeit den iterativen Forschungsprozess für eine bessere Leserlichkeit und Darstellung teilweise in einer konsekutiven Art und Weise präsentiert.

[62] Eigene Darstellung.

Exploration verschiedene Architekturansätze in realen Umgebungen begutachtet, um den Untersuchungsgegenstand besser zu verstehen und Konzeptanforderungen für den Entwurf des Entscheidungsunterstützungssystems (Artefakt) abzuleiten.

Die nächsten Kapitel beinhalten als Kern der Arbeit den Entwurf (Kapitel 4) sowie die Evaluation (Kapitel 5) des IT-basierten Entscheidungsunterstützungssystems. In Kapitel 4 wird auf Basis des Bezugsrahmens und der formulierten Konzeptanforderungen ein Fachkonzept erarbeitet, welches den konzeptionellen Aufbau sowie die dynamischen und statischen Aspekte des zu entwickelnden Systems spezifiziert. In Kapitel 5 wird dieses Fachkonzept anschließend im Zuge einer prototypischen Umsetzung inhaltlich instanziiert und durch einen Softwareprototyp partiell implementiert. Diese Teilartefakte ermöglichen die darauffolgende Evaluation des Kernartefakts, in welcher mithilfe einer argumentativen Validierung der Nutzen des Artefakts für die Anspruchsgruppen sowie der Beitrag für eine Lösung der ursprünglichen Problemstellung beurteilt werden.

Das sechste Kapitel betrachtet die Ergebnisse der Arbeit abschließend im Gesamtkontext, was eine kritische Würdigung des Forschungsansatzes und der Zielerreichung, die Betrachtung von Implikationen für Praxis und Wissenschaft sowie das Aufzeigen zukünftiger Forschungsbedarfe umfasst.

Dieses Kapitel führt für die Arbeit relevante Begriffe und notwendige theoretische Grundlagen ein. Die Ziele sind eine Strukturierung des Untersuchungsfeldes sowie die Schaffung eines theoretischen Fundaments, das zum Verständnis der Sachverhalte dieser Arbeit notwendig ist und als Ausgangspunkt für die Konstruktion des Artefakts dient. Methodisch lässt sich die Sichtung bestehender Forschungen sowie Ansätze und Erfahrungen aus der Praxis der Analysephase des Erkenntnisprozesses zuordnen (siehe Abbildung 2.1).

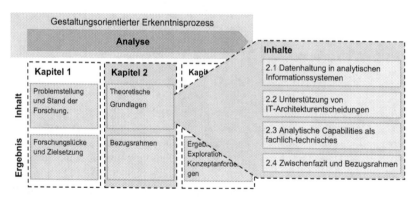

Abbildung 2.1 Einordnung Kapitel 2. Grundlagen und Bezugsrahmen[1]

---

[1] Eigene Darstellung.

© Der/die Autor(en), exklusiv lizenziert an Springer Fachmedien Wiesbaden GmbH, ein Teil von Springer Nature 2023
J. Ereth, *Konzeption eines IT-basierten Entscheidungsunterstützungssystems für die Gestaltung dezentraler Datenhaltungen in analytischen Informationssystemen*,
https://doi.org/10.1007/978-3-658-43357-4_2

Die Inhalte dieses Kapitels umfassen einerseits ein Funktionsverständnis der Datenhaltung in analytischen Informationssystemen als Anwendungsdomäne der Arbeit (Abschnitt 2.1). Darüber hinaus werden der Aufbau und Ablauf von IT-Architekturentscheidungen (Abschnitt 2.2) sowie Möglichkeiten zum Einsatz analytischer Capabilities als fachlich-technisches Planungsinstrument (Abschnitt 2.3) diskutiert. Als Ergebnis stellt das Kapitel einen Bezugsrahmen bereit, der den Zusammenhang der verschiedenen Themenbereiche aufzeigt und den weiteren Forschungsprozess strukturiert (Abschnitt 2.4).

2.1   Datenhaltung in analytischen Informationssystemen

Dieses Unterkapitel grenzt das Begriffsverständnis der Datenhaltung in analytischen Informationssystemen für diese Arbeit ab. Hierfür ordnet Abschnitt 2.1.1 zuerst den Begriff analytische Informationssysteme innerhalb der Unternehmens-IT und dem übergeordneten Bereich der Informationssysteme ein. Abschnitt 2.1.2 strukturiert dann den typischen Aufbau analytischer Informationssysteme anhand eines architektonischen Ordnungsrahmens und grenzt den funktionalen Umfang einer Datenhaltung ab. Abschnitt 2.1.3 diskutiert abschließend die Auswirkungen einer Dezentralisierung im Bereich der Datenhaltung in analytischen Informationssystemen.

2.1.1   Begriffseinordnung

Ein Informationssystem[2] ist ein soziotechnisches System (bestehend aus Menschen, Aufgaben und Technologie), das Informationen erzeugt, verarbeitet und verwertet.[3] Ein Informationssystem umfasst dafür „die notwendige Anwendungssoftware und Daten und ist in die Organisation-, Personals- und Technikstrukturen des Unternehmens eingebettet"[4]. Abbildung 2.2 zeigt den Umfang eines Informationssystems und verdeutlicht zudem die Abgrenzung eines Anwendungssystems als „technisch realisierter Teil eines Informationssystems"[5], welcher sowohl die

---

[2] Oft auch Informations- und Kommunikationssystem (IuK-System) zur Hervorhebung des Kommunikationsaspekts bzw. von informationsverarbeitenden Anwendungssystemen im Hinblick auf die technologische Komponente.

[3] Vgl. Heinrich u. a. (2011), S. 17 und Hansen u. a. (2019), S. 5.

[4] Laudon u. a. (2016), S. 11.

[5] Laudon u. a. (2016), S. 11.

nötige IT-Infrastruktur und Anwendungssoftware als auch die Daten und die Integration in betriebliche Prozesse eines fachlich abgegrenzten Aufgabengebiets umfasst.[6]

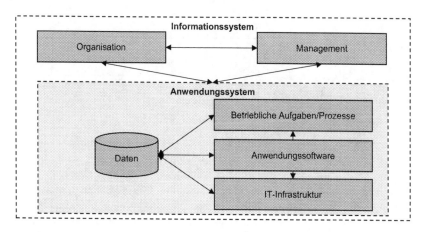

Abbildung 2.2 Umfang eines Informationssystems[7]

Wenn der Fokus eines Informationssystems in der Unterstützung der „Leistungsprozesse und Austauschbeziehungen innerhalb eines Betriebs sowie zwischen dem Betrieb und der Umwelt"[8] liegt, spricht man von einem sogenannten betrieblichen Informationssystem. Dieser Bereich teilt sich weiterhin in Systeme mit einer ausgeprägten Transaktionsorientierung, die auf die Unterstützung operativer Anwendungsfelder ausgerichtet sind (sog. operative Informationssysteme) und Systeme mit einem Schwerpunkt auf analytische Tätigkeiten (sog. analytische Informationssysteme). Die Wirkungsbereiche dieser beiden Systemtypen lassen sich dabei nicht immer trennscharf unterteilen und es finden sich zwischen den enthaltenen Systemen oft zahlreiche Abhängigkeiten. Häufig dienen operative Systeme (z. B. Systeme zur Verwaltung von Kunden-, Lieferanten- und Produktstammdaten) als Datenquellen für nachgelagerte analytische Informationssysteme oder enthalten selbst analytische Funktionen.[9]

---

[6] Vgl. Laudon u. a. (2016), S. 11 und Walz (2010), S. 28.

[7] Eigene Darstellung in Anlehnung an Laudon u. a. (2016), S. 18.

[8] Hansen u. a. (2019), S. 5.

[9] Vgl. Chamoni und Gluchowski (2016), S. 6 f.

```
┌─────────────────────────────────────────────────────────┐
│ Informationssysteme                                      │
│    ┌──────────────────────────────────────────────────┐ │
│    │ Betriebliche Informationssysteme                 │ │
│    │     ┌────────────────────────────────────────┐   │ │
│    │     │ Analytische Informationssysteme        │   │ │
│    │     ├────────────────────────────────────────┤   │ │
│    │     │ Operative Informationssysteme          │   │ │
│    │     └────────────────────────────────────────┘   │ │
│    └──────────────────────────────────────────────────┘ │
└─────────────────────────────────────────────────────────┘
```

Abbildung 2.3 Einordnung analytische Informationssysteme[10]

Der Begriff der analytischen Informationssysteme kann somit als Überbegriff für Systeme mit dem Ziel der „Informationsversorgung und funktionalen Unterstützung betrieblicher Fach- und Führungskräfte zu Analysezwecken"[11] verstanden werden und ist eng mit dem in Kapitel 1 eingeführten Bereich der betrieblichen Management- und Entscheidungsunterstützung verbunden. In der Literatur werden diese Begriffe sowie auch andere Ausdrücke mit teilweise abweichenden Schwerpunkten synonym verwendet.[12] Diese Definitionsvielfalt und Konvergenz verschiedener Begrifflichkeiten ist Teil umfangreicher Diskussionen, aus welchen sich verschiedene Einordnungen je nach Fokus und Sichtweise ableiten lassen.[13]

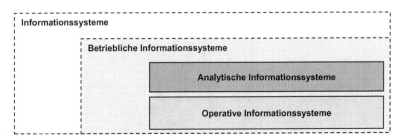

Analytische Informationssysteme
als Klasse von IT-Systemen zur Informationsversorgung und funktionalen Unterstützung betrieblicher Fach- und Führungskräfte zu Analysezwecken.

Business Intelligence und Analytics (BIA)
als integrierter, unternehmensspezifischer, IT-basierter Gesamtansatz zur betrieblichen Entscheidungsunterstützung.

Systemorientiertes Verständnis   **Funktionsorientiertes Verständnis**

Abbildung 2.4 Systemorientiertes und funktionsorientiertes Verständnis[14]

---

[10] Eigene Darstellung.

[11] Chamoni und Gluchowski (2016), S. 7

[12] Z. B. Business Intelligence und Analytics. Vgl. Chamoni und Gluchowski (2016), S. 8 f. und Baars und Kemper (2021), S. 2 ff.

[13] Vgl. Baars u. a. (2011) und Chamoni und Gluchowski (2016), S. 8 f.

[14] Eigene Darstellung.

Die weitere Arbeit folgt dabei der Begriffsabgrenzung in Abbildung 2.4, die den Begriff der analytischen Informationssysteme als systemorientiertes Verständnis für IT-Systeme mit analytischem Schwerpunkt betrachtet und den Begriff Business Intelligence und Analytics (BIA) als funktionale Beschreibung eines „integrierten, unternehmensspezifischen, IT-basierten Gesamtansatz zur betrieblichen Entscheidungsunterstützung"[15] nutzt.

2.1.2 Funktionsverständnis der Datenhaltung analytischer Informationssysteme

Die Kernaufgabe eines analytischen Informationssystems besteht in der IT-basierten Sammlung und Aufbereitung relevanter Informationen zur Unterstützung betrieblicher Entscheidungen. Abbildung 2.5 skizziert eine prozessuale Betrachtung dieses Aufgabenverständnisses, die im Kern aus vier Schritten besteht: (i) die Extraktion relevanter Daten aus Quellsystemen, (ii) die Transformation und Speicherung dieser Daten, (iii) eine anschließende Analyse der Daten (Informationsgenerierung) und (iv) die Präsentation und Kommunikation von Erkenntnissen an die relevanten Zielgruppen (Informationsbereitstellung).[16]

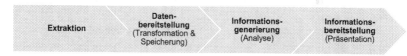

Abbildung 2.5 Prozessorientierte Betrachtung analytischer Informationssysteme[17]

Zur Abdeckung aller Teilaufgaben dieses Prozesses bestehen analytischen Informationssysteme häufig aus komplexen Systemlandschaften mit zahlreichen heterogenen Komponenten und Abhängigkeiten.[18] Der architektonische Ordnungsrahmen in Abbildung 2.6 strukturiert den logischen Aufbau analytischer Informationssysteme auf generische Art und Weise und verdeutlicht den Wirkungsbereich der Datenhaltung.[19]

---

[15] Baars und Kemper (2021), S. 8.

[16] Vgl. Chaudhuri u. a. (2011), S. 88 f. und Talaoui und Kohtamaki (2021), S. 700 ff.

[17] Eigene Darstellung.

[18] Vgl. Loukiala u. a. (2021), S. 36 ff. und Baars und Ereth (2016), S. 10 f.

[19] In der Praxis finden sich zahlreiche Architekturmodelle, die den logischen Aufbau eines analytischen Informationssystems in einer prozessorientieren Weise darstellen, z. B. Baars

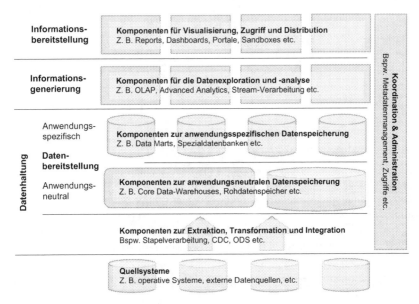

Abbildung 2.6 Architektonischer Ordnungsrahmen[20]

Die folgenden Abschnitte erläutern die Schichten des architektonischen Ord-nungsrahmens und betrachten relevante Technologien und Umsetzungsansätze.

- Am unteren Ende des Ordnungsrahmens finden sich die *Quellsysteme* (z. B. operative Informationssysteme wie Warenwirtschafts- oder Produktionssys-teme oder externe Datenquellen wie sozialen Medien oder öffentliche Daten), die Daten für die Verwertung in einem analytischen Informationssystem bereitstellen und somit nicht Teil des analytischen Informationssystems sind.
- Das analytische Informationssystem beginnt mit der Schicht der *Datenextrak-tion*, welche die Extraktion, Transformation und Übertragung[21] von Daten in die Umgebung des analytischen Informationssystems umfasst. In dieser

---

und Kemper (2021), S. 10, Shariat und Hightower Jr (2007), S. 42 f., Turban u. a. (2008), S. 44 ff., Ong u. a. (2011), S. 4 und Ariyachandra und Watson (2006), S. 5.

[20] Eigene Darstellung in Anlehnung an Baars und Kemper (2021), S. 10.

[21] Zu engl. Extract, Transform, Load weswegen sich in der Literatur häufig die Abkürzung ETL findet. Vgl. Vassiliadis und Simitsis (2009), S. 1.

Schicht finden sich bspw. Skripte zur regelmäßigen Stapelverarbeitung, Methoden für inkrementelle Datenabgleiche (z. B. Change Data Capture[22]) oder umfangreichere Integrationsansätze mit einer temporären Zwischenspeicherung von Daten (z. B. ein sog. Operational Data Store, ODS).[23]

- Die *Datenbereitstellung* beinhaltet die Speicherung und Verwaltung der Daten und unterscheidet zwischen Komponenten zur anwendungsneutralen und anwendungsspezifischen Speicherung. Anwendungsneutrale Ansätze speichern Daten ohne konkrete Zweckbestimmung, also in einer Art und Weise, die eine Verwendung in unterschiedlichen analytischen Anwendungsfällen ermöglicht. Hier lassen sich Speicherkonzepte wie das (Core) Data Warehouse oder Rohdatenspeicher[24] verorten.[25] Anwendungsspezifische Speicherkomponenten sind demgegenüber auf den Einsatz innerhalb eines speziellen Anwendungsumfelds ausgelegt. Beispiele hierfür sind Data Marts, die für spezifische Aufgaben aufbereitete Datenextrakte aus vorgeschalteten Systemen bereitstellen, oder Speicheransätze für spezielle Auswertungen (z. B. Graphdatenbanken zur Analyse stark vernetzter Informationen).[26]

- Die *Informationsgenerierung* beinhaltet die „Aufbereitung und Bereitstellung"[27] der Daten für die betriebliche Entscheidungsunterstützung. Diese Schicht umfasst Komponenten zur Exploration und Analyse von Daten, wie bspw. OLAP-Würfel, die eine multidimensionale Navigation in den Daten ermöglichen. Des Weiteren lassen sich hier anspruchsvollere Analyseansätze einordnen, wie bspw. Methoden zur Auswertung von Daten mit mathematisch-statistischen oder algorithmischen Modellen, die häufig unter den Begriffen Data Mining oder Advanced Analytics subsumiert werden.[28]

---

[22] Change Data Capture (CDC) ist ein Datenintegrationskonzept zur Überwachung und isolierten Verarbeitung von Veränderungen in Datensätzen. Durch CDC können Daten in kleineren Losgrößen verarbeitet werden, was die Geschwindigkeit des Integrationsprozesses erhöht und ETL-Prozesse flexibler gestaltet werden können. Vgl. Ankorion (2005), S. 36 ff.

[23] Vgl. Inmon (2005), S. 429 ff. und White (2005), S. 8 ff.

[24] Rohdatenspeicher (engl. Big Data Storage) sind auf die feingranulare Speicherung unstrukturierter Daten (z. B. Bilder oder Videos) ausgelegt und basieren häufig auf massiv-parallele Infrastrukturen. Vgl. Strohbach u. a. (2016), S. 119 ff.

[25] Vgl. Llave (2018), S. 519 ff., Inmon (2005), S. 33 ff., Baars und Kemper (2021), S. 11.

[26] Vgl. Baars und Kemper (2015), S. 215 f.

[27] Baars und Kemper (2021), S. 91.

[28] Vgl. Baars und Kemper (2021), S. 91 ff., Chaudhuri u. a. (2011), S. 92 ff. und Chamoni und Gluchowski (2017), S. 9.

- In der Schicht der *Informationsbereitstellung* werden die gewonnenen Erkenntnisse adäquat präsentiert und an die entsprechenden Zielgruppen kommuniziert. Die Präsentation von Analyseergebnissen für fachliche Abnehmer geschieht bspw. über statische Reports oder interaktive Visualisierungskomponenten (sog. Dashboards), die direkt oder über entsprechende Portale zur Verfügung gestellt werden.[29] Komplexere Datensätze und Analysemodelle werden darüber hinaus über speziell hierfür vorgesehene Komponenten zur Informationsdistribution (z. B. isolierte Testumgebungen sog. Sandboxes) verteilt oder direkt in Drittsoftware integriert.[30]
- Der sequenzielle Aufbau wird von schichtübergreifenden Komponenten zur *Koordination und Administration* der Systemlandschaft flankiert. In dieser Administrationsschicht finden sich Aufgaben mit übergreifendem Charakter wie bspw. die Verwaltung übergreifender Metadaten, die Überwachung des Betriebs (Monitoring) oder die Bereitstellung von Zugriffs- und Rollenkonzepten.[31]

Der gezeigte Ordnungsrahmen bildet einen strukturierten und geradlinigen Aufbau eines analytischen Informationssystems ab. Systemlandschaften in der Praxis sind weitaus komplexer und lassen sich aufgrund einer zunehmenden Fragmentierung nicht immer trennscharf in die dargestellten Schichten einteilen.[32] Die logische Struktur ermöglicht allerdings eine Analyse und konzeptionellen Planung eines analytischen Informationssystems und dient im Weiteren zur Abgrenzung des funktionalen Umfangs der Datenhaltung.

In einem engen Verständnis wird der Begriff Datenhaltung oft synonym für die Speicherung von Daten verwendet und ist damit ein Teil des Datenmanagements, welches „alle betrieblichen, organisatorischen und technischen Aufgaben, die der unternehmensweiten Datenhaltung, Datenpflege, Datennutzung sowie dem Business Analytics dienen"[33] zusammenfasst. In dem architektonischen Ordnungsrahmen aus Abbildung 2.6 werden diese Aufgaben durch Komponenten der Schichten Datenbereitstellung und -extraktion abgedeckt. Hier finden sich Datenhaltungskonzepte (z. B. Data Warehouses oder Data Lakes), die neben Systemen zur Datenspeicherung auch Komponenten zur Übertragung und Transformation

---

[29] Vgl. Ong u. a. (2011), S. 6 ff. und Baars und Kemper (2021), S. 287 ff.

[30] Vgl. Baars und Kemper (2021), S. 301 ff. und Louridas und Ebert (2013), S. 33 ff.

[31] Vgl. Ong u. a. (2011), S. 6, Baars und Kemper (2015), S. 226 und Bauer und Günzel (2013), S. 42 f.

[32] Vgl. Baars und Ereth (2016), S. 13.

[33] Meier und Kaufmann (2016), S. 23.

dieser Daten sowie zur Bereitstellung eines differenzierten Zugriffs und zur Verwaltung zugehöriger Metadaten umfassen.[34] Eine funktionale Beschränkung des Begriffs der Datenhaltung auf die reine Speicherung von Daten erscheint vor der Heterogenität dieser Aufgaben daher nicht sinnvoll.

Abbildung 2.7 verdeutlicht anhand der Abgrenzung mehrerer Funktionsbereiche ein erweitertes Funktionsverständnis einer Datenhaltung in analytischen Informationssystemen. Die dargestellten Teilbereiche (Verarbeitung, Speicherung, Zugriff und Metadatenmgt.) stellen eine logische Gruppierung von Komponenten dar. Eine spätere Implementierung kann dementsprechend sowohl durch ein einzelnes technisches System als auch durch mehrere separate Einzellösungen geschehen.

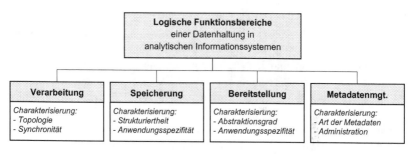

Abbildung 2.7 Erweitertes Funktionsverständnis einer Datenhaltung[35]

Im Folgenden werden die logischen Funktionsbereiche erläutert und charakterisierende Merkmale identifiziert.

Verarbeitung:

Komponenten im Bereich der Verarbeitung ermöglichen die Extraktion, Transformation und Beladung der Datenhaltung sowie die Interaktion verschiedener Komponenten innerhalb der Datenhaltung (bspw. die Übertragung von Daten aus einem normalisierten Speicher in ein anwendungsspezifisches Schema). Neben der Datenübertragung können solche Komponenten auch Transformationen (z. B. Bereinigungen oder Aggregationen) ausführen, um so eine effiziente Speicherung oder eine sinnvolle analytische Weiterverwertung zu ermöglichen.[36] Bei der

---

[34] Vgl. Ariyachandra und Watson (2006), S. 5, Loukiala u. a. (2021), S. 42 und Panwar und Bhatnagar (2020), S. 70.

[35] Eigene Darstellung.

[36] Vgl. Kemper und Finger (2016), S. 129 ff.

Arbeitsweise einer solchen Verarbeitung lassen sich die sequenzielle Abarbeitung eines fixen Sets von Eingabedatensätzen (Stapelverarbeitung, engl. Batch) und die kontinuierliche Verarbeitung eines Stroms von Eingangsdaten (Stream-Verfahren) unterscheiden.[37] Eine kontinuierliche Verarbeitung ermöglicht die Abdeckung höherer Dynamiken und eine echtzeitnahe Beladung, während eine Stapelverarbeitung üblicherweise auf eine Prozessierung in regelmäßigen Abständen beschränkt ist.[38]

Die technische Realisierung solcher Verarbeitungskomponenten geschieht bspw. durch vordefinierte Befehlsketten (sog. Skripte), die durch Schedule- oder Workflow-Systeme bzw. Stream-Processing-Systeme zu bestimmten Zeitpunkten angewendet werden und so eine unmittelbar synchrone Verarbeitung von Daten ermöglichen.[39] Eine zeitversetzte (asynchrone) Übertragung ist bspw. über sog. Messaging-Systeme möglich. Dabei werden Datensätze in Warteschlangen (sog. Message Queues) zwischengespeichert und können so zu einem beliebigen Zeitpunkt abgerufen und verarbeitet werden. Die zeitlich unabhängige Verarbeitung ermöglicht eine stärkere Entkopplung von Systemen und kann zu einer höheren Flexibilität in der Verarbeitung führen.[40] Message Queues können Abnehmern zudem proaktiv über Veränderungen am Datenstand informieren.[41] In ereignisgesteuerten Architekturen[42] werden umfangreichere Messaging Systeme mit erweitere Funktionalitäten (z. B. einer permanenten Speicherung) als Vermittler (sog. Event Broker[43]) zwischen eine Vielzahl von Systemen eingesetzt.

Für den Funktionsbereich der Verarbeitung lassen sich daher folgende charakterisierende Merkmale festhalten:

---

[37] Vgl. BITKOM (2014), S. 25.

[38] Vgl. Eble und Hoch (2020), S. 318.

[39] Vgl. Karagiannis u. a. (2013), S. 928.

[40] Diese Thematik einer asynchronen Kommunikation und die damit einhergehenden Vorteile werden auch unter dem Begriff der lose gekoppelten Systeme (engl. Loosely Coupled Systems) diskutiert. Vgl. van Steen und Tanenbaum (2017), S. 206 ff.

[41] Dieses Modell des Nachrichtenaustausch ist in der Informatik auch unter dem Begriff Publish-Subscribe oder Beobachter-Muster bekannt. Vgl. Gamma (1995), S. 329 ff.

[42] In ereignisgesteuerten Architekturen basiert die Interaktion der Komponenten auf Ereignissen, die bei Auftreten zugehörige Prozesse auslösen. Ereignisse können sowohl technisch (z. B. ein Neustart eines Drittsystems) als auch fachlich (z. B. eine Auslösung einer Bestellung) sein. Dieser reaktive Ansatz ermöglicht agilere, reaktionsschnellere und damit auch echtzeitfähigere Systeme. Die direkte Verknüpfung zu Geschäftsereignissen erhöht zudem das IT-Alignment. Vgl. Bruns und Dunkel (2010), S. 4 f.

[43] Alternative Bezeichnungen je nach Aufgabenschwerpunkt sind Event Logs (Protokollierung) oder Event Hubs (Vermittlung).

- **Topologie**: Struktureller Zusammenhang und Art der Kooperation der an einer Verarbeitung beteiligten Systeme (z. B. unilaterale, bilaterale oder multilaterale Strukturen).[44,45]
- **Synchronität**: Temporale Zusammenhänge (zeitliche Abfolge und Abhängigkeit) einer Verarbeitung (z. B. synchron oder asynchron).

Speicherung:

Die Aufgabe von Komponenten in diesem Bereich ist die permanente Speicherung von Datensätzen. Hierbei ist zwischen der zuvor aufgezeigten anwendungsneutralen und einer anwendungsspezifischen Speicherung zu unterscheiden. Darüber hinaus differenziert sich die Speicherung nach dem Grad der Strukturiertheit der zu speichernden Inhalte. Strukturierte Daten (z. B. betriebswirtschaftliche Transaktionen) verfügen mit fixen Feldern und Strukturen über ein vordefiniertes logisches Schema. Unstrukturierte Datensätze (z. B. Fließtext, Bilder oder Videos) hingegen weisen kein fixes Schema oder Datenmodell auf. Eine Zwischenform stellen semistrukturierte Datensätze dar, die zwar über kein fixes Schema verfügen, aber durch eine spezielle Formatierung oder Verschlagwortung Hierarchien und Zuordnungen beinhalten können.[46]

Die Speicherung strukturierter Daten erfolgt meist in relationalen Datenbanken[47], die durch ihren Aufbau einen konsistenten Umgang mit den Daten sowie effiziente Abfragen und Manipulation von Einträgen ermöglichen.[48] Relationale Datenbanken sind in analytischen Informationssystemen häufig das Herzstück sog. Data-Warehouse-Konzepte, die eine themenorientierte, integrierte, chronologisierte und persistente Datensammlung für die unternehmensweite betriebliche Entscheidungsunterstützung bereitstellen[49]. Für die Speicherung unstrukturierter Daten sind fixe relationale Datenmodelle demgegenüber eher ungeeignet. Anstatt Konsistenz

---

[44] Vgl. Baun (2019), S. 24.

[45] Bei der Interpretation dieser Dimension ist zu beachten, dass die logische Topologie nicht zwangsweise der technischen Topologie der Implementierung entsprechen muss. Bspw. kann eine logisch multilaterale Topologie über eine Kommunikations-Middleware (z. B. ein Enterprise Service Bus) implementiert werden, die technisch gesehen eine Verkettung bilateraler Strukturen ist, aber auch über einen Peer-To-Peer-Ansatz, welcher auch technisch einer multilateralen Kopplung entspricht.

[46] Vgl. Gandomi und Haider (2015), S. 138 und Baars und Kemper (2008), S. 132 f.

[47] Ein relationales Datenmodell speichert Daten möglichst normalisiert (also ohne unnötige Redundanzen) in verschiedenen Tabellen, die untereinander verknüpft sind. Vgl. Codd (1970), S. 377 ff.

[48] Vgl. Berg u. a. (2013), S. 31 f. und Chaudhuri u. a. (2011), S. 90 f.

[49] Vgl. Inmon (2005), S. 29 ff. und Mucksch und Behme (2000), S. 6.

und Struktur sind hier eine flexible Handhabung vielfältiger Datenarten sowie eine dynamische Skalierung zum Umgang mit großen Datenmengen vorrangig.[50] Hierfür werden einerseits verteilte Dateisysteme[51] eingesetzt, die in Kombination mit sog. massiv-parallele Infrastrukturen[52] einen skalierbaren Umgang mit Daten jeglicher Art und Weise ermöglichen.[53] Darüber hinaus existieren eine Vielzahl an spezialisierten Datenbanksystemen (z. B. Cloud-basierte Objektspeicher[54] oder NoSQL-Datenbanken[55]), die durch den Einsatz unterschiedlicher Datenbankmodelle oder eines Schema-On-Read-Ansatzes[56] eine effiziente Speicherung und Abfrage unstrukturierter oder semistrukturierter Daten ermöglichen.

Charakterisierende Merkmale für den Funktionsbereich Speicherung sind daher:

- **Strukturiertheit:** Struktur der Daten (z. B. unstrukturiert, semistrukturiert, strukturiert).
- **Spezifität:** Zweckbindung der Datenspeicherung (z. B. anwendungsneutral oder anwendungsspezifisch).

Bereitstellung:

Funktionale Komponenten im Bereich der Bereitstellung stellen Zugriffspunkte auf die Daten dar und fungieren somit als Schnittstelle zwischen der Datenhaltung und nachgelagerten Systemen. Neben dem Zugriff auf die Daten umfassen diese

---

[50] Vgl. Jacobs (2009), S. 36 ff.

[51] Das Hadoop Distributed File System (HDFS).

[52] Massivparallele Infrastrukturen verteilen die Bearbeitung von Aufgaben auf mehrere separaten Prozessoren. Dies erlaubt eine simultane Bearbeitung und damit eine horizontale Skalierung, die zu höhere Bearbeitungsgeschwindigkeiten und einer besseren Lastverteilung führen kann. Vgl. Babu und Herodotou (2013), S. 77 ff.

[53] Vgl. Das und Kumar (2013), S. 155 ff.

[54] In Objektspeicher werden große Datenmengen (bzw. vollständige Dateien) mit Metadaten angereichert und in Objekten gespeichert. Dieser Ansatz ermöglicht im Gegensatz zu traditionellen Dateisystemen eine effizientere Verteilung und Abfrage von Daten. Vgl. Mesnier u. a. (2003), S. 84 ff.

[55] NoSQL ist ein Sammelbegriff für nicht relationale Ansätze zur Datenspeicherung. Die Bezeichnung NoSQL wird hierbei oft als "Not only SQL" ausgeschrieben, was den Fokus auf verschiedene (nicht relationale) Abfragesprachen verdeutlichen soll. Vgl. Stonebraker (2010), S. 10 f. und Meier und Kaufmann (2016), S. 18 f.

[56] Schema on Read bezeichnet ein Vorgehen, bei welchem Daten in beliebiger Form gespeichert werden und erst beim späteren Auslesen in ein Schema gebracht werden. Dies vereinfacht eine Erhebung birgt allerdings auch eine höhere Wahrscheinlichkeit für fehlerhafte Daten, da keine Prüfung beim Schreibvorgang erfolgt. Vgl. Janković u. a. (2018), S. 1181.

Komponenten teilweise auch Funktionen zur logischen Abstraktion[57] und Transformation (z. B. Maskierungen oder Aggregationen) der bereitgestellten Daten sowie Sicherheits- und Rollenkonzepte zur Steuerung der Zugriffsberechtigungen. Dies ermöglicht insbesondere eine Bereitstellung generischer Schnittstellen ohne konkrete Zweckbindung, wodurch mehrere Anwendungsfälle und Abnehmer bedient werden können.

Für einen Datenzugriff stellen die meisten Datenbanksysteme integrierte Schnittstellen (sog. APIs[58]) bereit, die über standardisierte Technologien (z. B. über SQL oder http) Abfragen und Veränderungen von Daten ermöglichen. Diese Abfrageschnittstellen bieten meist schon Möglichkeiten zur simplen Datentransformation (z. B. Umbenennen von Feldern oder Zusammenfassung von Daten). Umfangreichere Datenabstraktionen sind nahe am originären Speichersystem über separate Tabellen[59] oder virtuelle Ansichten (Views) möglich[60] oder können durch zusätzliche Technologien (z. B. Systeme zur Datenvirtualisierung[61] oder Webservices[62]) ergänzt werden. Diese erweiterten Ansätze ermöglichen bspw. auch eine transparente[63] Integration mehrerer Speichersysteme über verteilte Abfragen. Dabei lassen sich (i) virtuellen Ansätzen, die Daten bei Bedarf aus den Speichersystemen laden, zur Laufzeit abstrahieren und ad hoc bereitstellen, und (ii) materialisierten Ansätzen, welche die abstrahierten Daten in einer eigenen Persistenz zwischenspeichern, unterscheiden.[64]

---

[57] Vgl. Kemper und Eickler (2015), S. 19 f.

[58] Eine API (Application Programming Interface) bezeichnet eine standardisierte Programmierschnittstelle zur technischen Anbindung anderer Programme. Neben einer direkten Einbindung auf Quelltext-Ebene umfasst dies heutzutage auch insbesondere die Bereitstellung von Daten über generische Webservices. Vgl. Dig und Johnson (2006), S. 1 ff.

[59] So genannte materialisierte Views. Vgl. Roussopoulos (1998), S. 21 ff.

[60] Vgl. Codd (1990), S. 285 ff.

[61] Vgl. Van der Lans (2012), S. 4 ff. und Bologa und Bologa (2011), S. 110 ff.

[62] Vgl. Delen und Demirkan (2013), S. 359 ff. und Hansen u. a. (2003), S. 165 ff.

[63] In der Informatik bezeichnet Transparenz im Gegensatz zum geläufigen Verständnis, dass eine Sache nicht durchsichtig ist, also interne Abläufe und Implementierungsdetails für den Anwender nicht sichtbar sind. Vgl. Abts und Mülder (2017), S. 147 und Taube und Corporation (1997), S. 709.

[64] Vgl. Van der Lans (2012), S. 5 f.

Charakterisierende Merkmale der Bereitstellung sind dementsprechend:

- **Abstraktion**: Ob und auf welchem Weg die Daten bei der Bereitstellung verändert werden (z. B. direkter Zugriff, Virtualisierung oder Materialisierung).[65]
- **Spezifität**: Zweckbindung der Datenspeicherung (z. B. anwendungsneutral oder anwendungsspezifisch).

Metadatenmanagement:
Metadaten sind „beschreibende Informationen über Inhalt, Typ, Struktur, Kontext und Bedeutung von Daten, aber auch prozess- und organisationsbezogene Informationen über die Verarbeitung, Verwaltung und Nutzung dieser Daten"[66]. Zur Charakterisierung von Metadaten lässt sich zum einen der Verwendungszweck heranziehen. Hier unterscheiden sich passive Metadaten, die hauptsächlich zur Dokumentation (z. B. Struktur, Transformation, Verwendung) dienen, von (semi-)aktiven Metadaten, die Prozesse in der Datenhaltung unmittelbar unterstützen (z. B. durch die Validierung von Schemata). Darüber hinaus lassen sich technische und fachliche Metadaten abgrenzen. Erstere umfassen IT-orientierte Aspekte (z. B. Zeitstempel oder Formatinformationen), die überwiegend automatisch aus den erzeugenden Komponenten extrahiert werden. Fachliche Metadaten liefern demgegenüber Hinweise zur Interpretation oder betriebswirtschaftliche Informationen (z. B. Verantwortlichkeiten, Begrifflichkeiten oder Zusammenhänge) und basieren teilweise auch auf menschlichem Fachwissen.[67]

Beim Aufbau eines Metadatenmanagements finden sich sowohl zentralisierte Ansätze, die Metadaten komponentenübergreifend speichern und verwalten, als auch dezentralisierte Ansätze, in denen einzelne Komponenten über eigene Metadatenmanagementsysteme verfügen, die völlig autark sind oder in föderierten Abhängigkeiten stehen können.[68] Typische Werkzeuge zur Implementierung sind zum einen systemintegrierte Datenverzeichnisse (engl. data dictionaries), die als Teil eines Speicher- oder Transformationssystems insbesondere technische Metadaten erfassen.[69] Des Weiteren ermöglichen sog. Datenkataloge als vom Speichersystem unabhängige Werkzeuge für ein Metadatenmanagement, die Erfassung,

---

[65] Dieses logische Verständnis einer Datenabstraktion ist angelehnt an das Konzept der logischen Datenunabhängigkeit, bei welcher Daten ohne die Auswirkungen auf die ursprünglichen manipuliert werden. Vgl. Codd (1990), S. 346 und Kemper und Eickler (2015), S. 19.

[66] Schieder u. a. (2015), S. 662.

[67] Vgl. Baars und Kemper (2021), S. 43 f. und Schmidt u. a. (2010), S. 46 ff.

[68] Vgl. Baars und Kemper (2021), S. 46 ff.

[69] Vgl. Kemper und Eickler (2015), S. 510 ff.

Speicherung, Bereitstellung sowie die Analyse von technischen und fachlichen Metadaten. Diese Datenkataloge umfassen häufig weitere Visualisierungs- und Kollaborationsfunktionen für menschliche Nutzer (z. B. eine Freitextsuche oder Kommentarfunktion).[70]

Zur Charakterisierung des Metadatenmanagements können somit folgende Merkmale herangezogen werden:

- **Art der Metadaten:** Inhaltlicher Fokus der Metadaten (z. B. fachlich oder technisch).
- **Administration:** Aufbaustruktur und Verantwortlichkeit des Metadatenmanagements (z. B. zentral, föderiert oder dezentral).

2.1.3   Dezentralisierung analytischer Informationssysteme

Der nachfolgende Abschnitt betrachtet nun den für diese Arbeit wesentlichen Begriff der Dezentralisierung im Kontext der Datenhaltung in analytischen Informationssystemen. Hierfür wird zuerst der Begriff der Dezentralisierung im Zusammenhang mit Informationssystemen im Allgemeinen charakterisiert und anschließend ein begriffliches Arbeitsverständnis für den Fortgang der Forschung abgegrenzt.

Dezentralisierung beschreibt im Allgemeinen die Übertragung von Funktionen, Aufgaben und/oder Entscheidungsbefugnissen auf verschiedene Stellen und stellt damit das Gegenteil einer Bündelung an einer Stelle (Zentralisierung) dar.[71] Im Bereich der Datenhaltung analytischer Informationssysteme sowie auch von Informationssystemen im Generellen erlaubt eine Dezentralisierung insbesondere eine flexiblere Abdeckung lokaler Anforderungen, was einen effektiveren Einsatz der Systeme und eine zielgerichtetere Unterstützung von Geschäftsprozessen ermöglicht.[72] Allerdings erhöht eine Dezentralisierung auch die Komplexität eines Informationssystems (bspw. durch den höheren Grad an Abstimmung und Interaktion zwischen den verteilten Komponenten) und birgt die Gefahr von Redundanzen und unnötig spezifischen Sonderlösungen. Aus diesen Gründen finden

---

[70] Vgl. Baars und Kemper (2021), S. 47 und Gröger und Hoos (2019), S. 445 f.

[71] Vgl. Funder (2017), S. 98. Ursprünglich stammt der Begriff Dezentralisierung aus der Diskussion politischer Strukturen (Vgl. Hutchcroft [2001]) wurde aber auch in anderen Bereichen, z. B. in der Unternehmensorganisation (Vgl. Mintzberg [1979], S. 181 ff.) oder der Informatik (Vgl. Gray [1986], S. 684 ff.), adaptiert.

[72] Vgl. Hugoson (2009), S. 109 f. und Leifer (1988), S. 63 f.

sich in der Praxis häufig auch (teil-)dezentrale Mittelwege, die lokale Anforderungen über verteilte Komponenten abdecken und gleichzeitig Querschnittsaufgaben an zentraler Stelle zusammenfassen.[73]

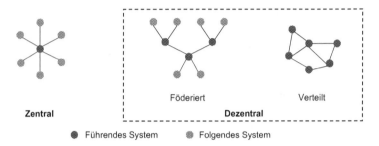

Abbildung 2.8   Autonomie in dezentralen Strukturen[74]

Zur Charakterisierung einer Dezentralisierung von Informationssystemen können als Dimensionen die Autonomie, die Heterogenität sowie die physische Verteilung der Bestandteile herangezogen werden. Die Autonomie ist dabei der Grad der Eigenständigkeit. Dezentrale Strukturen können z. B. hierarchische Zusammenschlüsse mehrerer Einheiten (sog. Föderationen) aufweisen oder auch aus vollständig verteilten Einheiten ohne jegliche Hierarchie oder Gruppierung bestehen (siehe Abbildung 2.8).[75] Die Heterogenität beschreibt demgegenüber die Unterschiedlichkeit der Bestandteile (z. B. hinsichtlich der Hard- und Software oder den Schnittstellen).[76] Die physische Verteilung bezieht sich zuletzt auf den technischen Aufbau und Betrieb eines verteilten Informationssystems (z. B. die Verteilung eines Datenbanksystems auf mehreren Computern).[77]

---

[73] Vgl. Hugoson (2009), S. 110 f. und Allen und Boynton (1991), S. 438 ff.

[74] Eigene Darstellung in Anlehnung an Baran (1964), S. 1.

[75] Vgl. an Baran (1964), S. 1, Mintzberg (1979), S. 401 und Picot u. a. (2020), S. 281 ff.

[76] Vgl. Busse u. a. (1999), S. 4 und Fernandes u. a. (2020), S. 3.

[77] Die technische Dezentralisierung entspricht damit dem Begriff des Verteilten Rechnen bzw. der Verteilte Verarbeitung (engl. Distributed Systems) in der Information. Vgl. van Steen und Tanenbaum (2017), S. 18.

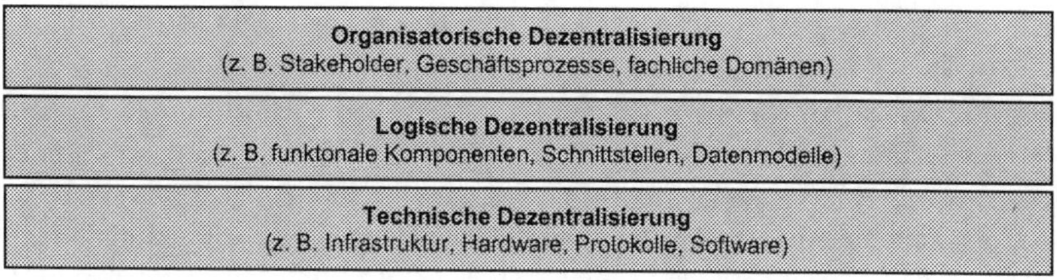

Abbildung 2.9 Abgrenzung der Dezentralisierung eines Informationssystems[78]

Darüber hinaus kann die Dezentralisierung eines Informationssystems auch anhand dessen konzeptionellen Schichten[79] abgegrenzt werden (siehe Abbildung 2.9). Eine organisatorische Dezentralisierung bezeichnet dabei eine Verteilung der organisatorischen Elemente eines Informationssystems (z. B. der betroffenen Geschäftsprozesse, Verantwortlichkeiten oder Fachdomänen) über Verantwortungsbereiche, Abteilungen oder Unternehmen hinweg. Eine logische Dezentralisierung bezieht sich wiederum auf die Verteilung der Aufgaben eines Systems sowie dessen logische Bestandteile (z. B. funktionale Komponenten, Schnittstellen oder Datenmodelle). Eine technische Dezentralisierung entspricht der zuvor beschriebenen physischen Verteilung der zugrunde liegenden technischen Implementierungen (z. B. verteilte Softwarelösungen) und der IT-Infrastruktur.[80] Die Ausmaße der Dezentralisierung innerhalb der einzelnen konzeptionellen Schichten sind hierbei unabhängig voneinander. Ein Informationssystem, das eine zentral verantwortliche Organisationsstruktur hat, kann trotzdem über eine logisch dezentrale Systemlandschaft (z. B. mit verschiedenen unabhängigen Speicherkomponenten) verfügen, die wiederum physisch zentral auf einem Computer oder dezentral in einer verteilten Umgebung betrieben wird.

Der Fokus der vorliegenden Arbeit liegt auf der Unterstützung von Entscheidungen hinsichtlich des strukturellen Aufbaus und Zusammenwirkens von Komponenten in analytischen Informationssystemen. Dementsprechend ist für das weitere Vorgehen insbesondere die Schicht der logischen Dezentralisierung relevant.

---

[78] Eigene Darstellung.

[79] Siehe auch Abbildung 2.2.

[80] Vgl. Chen (2017), S. 2 f. und Panetto (2007), S. 730.

2.2 Unterstützung von IT-Architekturentscheidungen

Die folgenden Abschnitte betrachten Möglichkeiten zur Unterstützung von IT-Architekturentscheidungen. Hierfür schafft Abschnitt 2.2.1 zuerst ein grundlegendes Begriffsverständnis. Abschnitt 2.2.2 betrachtet die Rolle von IT-Referenzarchitekturen in der Systemgestaltung. Zuletzt stellt Abschnitt 2.2.3 Ansätze zur Konstruktion und Dokumentation von IT-Referenzarchitekturen dar.

2.2.1 Begriffseinordnung

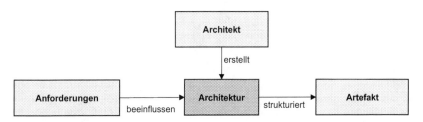

Abbildung 2.10 Aufgabenbasierte Einordnung des Begriffs Architektur[81]

Etymologisch stammt der Begriff Architektur von dem lateinischen Wort *architectura* und lässt sich im weitesten Sinne als *Baukunst* übersetzen.[82] Die grundlegende Funktion einer Architektur ist die Strukturierung eines Artefakts, sodass dieses den gestellten Anforderungen entspricht. Der Architekt verantwortet dabei die Erstellung der Architektur.[83] Die Anforderungen spezifizieren die notwendige Beschaffenheit des Artefakts für einen Einsatz in einem gegebenen Kontext. Abbildung 2.10 verdeutlicht diese aufgabenorientierte Begriffseinordnung.

In der Informatik bzw. Software-Entwicklung kommt den Begriff der Architektur zur Beschreibung von abstrakten Aufbau- und Funktionsstrukturen von

---

[81] Eigene Darstellung.

[82] Der Begriff *architectura* leitet sich wiederum aus den griechischen Wörtern ἀρχή (arché, dt. Anfang oder Ursprung) und τέχνη (téchne, dt. Kunst oder Handwerk). Im deutschen Wortschatz findet sich der Begriff seit der ersten Hälfte des 16. Jahrhunderts wieder, wobei sich die Bedeutung im Laufe der Geschichte gewandelt und heute stark von dem Kontext des Aufgabenfeldes abhängt. Vgl. Kluge (2011), S. 58 und Pfeifer (1995), S. 57.

[83] Vgl. Pfeifer (1995), S. 57.

Systemen[84] zum Einsatz. Ähnlich wie in dem klassischen Architekturverständnis legen IT-Architekturen auch hier die Anordnung verschiedener Teile sowie deren Zusammenwirken fest.[85] Jedoch mit dem Unterschied, dass es sich bei den zu gestaltenden Gegenständen nicht um Bauwerke, sondern um IT-Systeme handelt. Eine allgemein akzeptierte Definition des Architekturbegriffs für IT-Systeme lautet wie folgt:

> *"[...] fundamental concepts or properties of a system in its environment embodied in its elements, relationships, and in the principles of its design and evolution"*[86]

Eine IT-Architektur beschreibt somit grundlegende Konzepte und Eigenschaften eines IT-Systems durch die Darstellung einzelner Komponenten, deren Zusammenhänge sowie zugehörige Prinzipien der Gestaltung und Weiterentwicklung. Im betrieblichen Kontext ist eine IT-Architektur ein Teil einer übergeordneten Unternehmensarchitektur (engl. Enterprise Architecture), die entsprechend dem eingeführten Architekturverständnis eine „fundamentale Strukturierung einer Organisation (Unternehmen, Behörden etc.)"[87] darstellt. Eine konkretere Definition des Begriffs Unternehmensarchitektur aus einer informationstechnischen Perspektive liefern Ross u. a. (2006):

> *"Enterprise Architecture is the organizing logic for business processes and IT-infrastructure [...]. The enterprise architecture provides a long-term view of a company's processes, systems, and technologies [...]."*[88]

Nach dieser Definition organisiert die Unternehmensarchitektur insbesondere das Zusammenwirken des Geschäfts mit der IT und umfasst neben den Informationssystemen und der technologischen Infrastruktur auch Geschäftsprozesse und

---

[84] Ein System kann als „Komplex von Elementen, die miteinander verbunden und voneinander abhängig sind und insofern eine strukturierte Ganzheit bilden [...] dessen Teile nach bestimmten Regeln, Gesetzen oder Prinzipien ineinandergreifen" (Hügli und Lübcke [1991], S. 561) verstanden werden.

[85] Vgl. Perry und Wolf (1992), S. 42.

[86] IEEE (2011), S. 2.

[87] Aier u. a. (2008), S. 292.

[88] Ross u. a. (2006), S. 9.

Organisationsstrukturen. Dieses Verständnis deckt sich mit weiteren Definitionen[89], die zwar unterschiedliche Aspekte hervorheben, sich aber alle in die schichtenbasierte Darstellung aus Abbildung 2.11 einordnen lassen.[90]

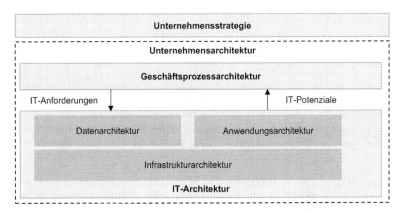

Abbildung 2.11 Zusammenhang der Unternehmens- und IT-Architektur[91]

Entsprechend dieser Darstellung setzt sich die Unternehmensarchitektur aus zwei Teilen zusammen: (i) die Geschäftsprozessarchitektur, bestehend aus einer Menge von Aktivitäten, Aufgaben und Arbeitsabläufe aus Sicht der Geschäftsverantwortlichen[92] und (ii) die IT-Architektur, die existierende und geplante betriebliche Informationssysteme[93] strukturiert. Die IT-Architektur lässt sich weiter in die Datenarchitektur (logische Datenbestände, Datenmodelle und fachliche Informationsbedarfe) und Anwendungsarchitektur (Softwaresysteme, IT-Services und Schnittstellen) sowie die darunterliegende Infrastrukturarchitektur (IT-Plattformen, Hardware und Netzwerke) aufteilen.[94] Die Geschäftsprozess- und IT-Architektur stehen durch die Formulierung von IT-Anforderungen bzw.

---

[89] Vgl. Richardson u. a. (1990), S. 386, Iyer und Gottlieb (2004), S. 587, Tamm u. a. (2011), S. 141, Dern (2009), S. 32, Keller (2012), S. 28 und The Open Group (2018b).

[90] Vgl. Aier u. a. (2008), S. 295.

[91] Eigene Darstellung in Anlehnung an Schütz u. a. (2013), S. 3.

[92] Vgl. Ross u. a. (2006), S. 48.

[93] Ein betriebliches Informationssystem stellt eine Kombination fachlicher und technischer Komponenten dar, welche Informationen erzeugen oder benutzen, um die Durchführung von Geschäftsprozessen zu unterstützen. Vgl. Dern (2009), S. 17 und Hansen u. a. (2019), S. 6.

[94] Vgl. Ross u. a. (2006), S. 48, Dern (2009), S. 16ff und The Open Group (2018).

der Nutzung von IT-Potenzialen in stetiger Wechselwirkung. Zuletzt ist anzumerken, dass die Unternehmensarchitektur und deren Bestandteile nicht Selbstzweck sind, sondern einen Beitrag zur Erfüllung der betrieblichen Ziele leisten sollen, die sich wiederum aus der übergeordneten Unternehmensstrategie ableiten.[95]

2.2.2 Rolle von IT-Referenzarchitekturen in der Systemgestaltung

Dem zuvor eingeführten Verständnis einer IT-Architektur folgend, ist das Ziel einzelner IT-Architekturentscheidungen eine systematische und zukunftsfähige Gestaltung von IT-Systemen und IT-Landschaften. IT-Architekturen fungieren somit als Werkzeug für die Abstraktion komplexer Strukturen und ermöglichen so einen Fokus auf die grundlegenden Zusammenhänge und wichtigsten Anforderungen.[96] Abbildung 2.12 verdeutlicht diese Abstraktion und unterscheidet zwischen generischen Referenzarchitekturen und den daraus abgeleiteten fallspezifischen IT- und Anwendungsarchitekturen.

Referenzarchitekturen stellen standardisierte Architekturmuster als Lösungsansätze für eine Klasse von Architekturproblemen innerhalb einer Anwendungsdomäne (z. B. einer Branche oder Technologie) zur Verfügung. Die Ziele einer Referenzarchitektur sind:

(i) eine effizientere Erstellung konkreter Systemarchitekturen durch die Wiederverwendung bewährter Ansätze,

(ii) eine Sicherstellung von Interoperabilität durch die Vereinheitlichung bzw. Standardisierung von Architekturen sowie

(iii) die Schaffung einer gemeinsamen strategischen Ausrichtung aller abgeleiteten IT-Systemen.[97]

Hierfür abstrahieren Referenzarchitekturen die wesentlichen Charakteristika verschiedener bewährter Architekturansätze und liefern eine Vision zur Abdeckung aktueller und zukünftiger Anforderungen und Entwicklungen der jeweiligen Anwendungsdomäne.[98] Eine Anwendungsdomäne kann hierbei unterschiedlich umfangreich sein und sich über ganze Unternehmen und Industrien hinweg

---

[95] Vgl. Ross (2003), S. 31.

[96] Vgl. Dern (2009), S. 12 ff.

[97] Vgl. Cloutier u. a. (2010), S. 17 ff. und Muller (2020), S. 1 f.

[98] Vgl. Cloutier u. a. (2010), S. 25.

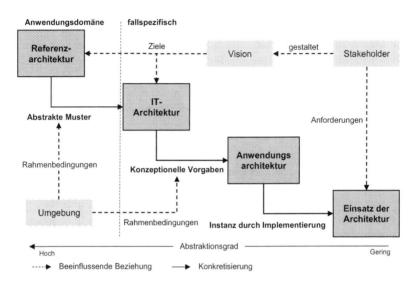

Abbildung 2.12 Fokus von IT-Architekturen und Referenzarchitekturen[99]

erstrecken[100] oder auch auf einzelne Organisationen, Teilsysteme oder Technologien beschränkt sein (z. B. unternehmensinterne Vorgaben zur Gestaltung von Datenmodellen).

IT-Architekturen adaptieren unter Beachtung fallspezifischer Ziele der Stakeholder und den Rahmenbedingungen der jeweiligen Umgebung (z. B. technologische oder branchenspezifische Einschränkungen) die abstrakten Muster aus einer oder mehrerer Referenzarchitekturen, um einen konzeptionellen Rahmen für konkretere Anwendungsarchitekturen zu schaffen. Während IT-Architekturen also eine strukturierende Abstraktion der zentralen logischen Bausteine einer IT-Landschaft darstellen, verfeinern die Anwendungsarchitekturen einzelne Architekturbereiche (z. B. die Sicherheitsarchitektur) und beinhalten detailliertere Informationen, die eine Instanziierung der Architekturen (z. B. konkrete Software-Werkzeuge) ermöglichen.[101]

---

[99] Eigene Darstellung in Anlehnung an Muller (2020), S. 1 ff.

[100] Bspw. definiert die Industrial IoT Reference Architecture Regeln zur Gestaltung des industriellen Einsatzes des Internets der Dinge. Vgl. IIC (2019), S. 1 ff.

[101] Vgl. Dern (2009), S. 189 f.

Die schrittweise Abstraktion in Abbildung 2.12 verdeutlicht neben dem Entwicklungsprozess einer IT-Architektur die Aufgaben des IT-Architekten, die es im Zuge einer Entscheidungsunterstützung zu beachten gilt:

(i) Die fallspezifischen Anforderungen der Stakeholder in eine Vision einer IT-Architektur zu übersetzen,

(ii) auf dieser Basis passende Lösungsansätze zu kombinieren und einen konzeptionellen Rahmen für adäquate IT-Strukturen zu schaffen und

(iii) daraus konkrete Vorgaben für die Instanziierung von IT-Systemen abzuleiten.[102]

Innerhalb dieses Prozesses schaffen IT-Architekturen und generischere Referenzarchitekturen somit eine gemeinsame Kommunikationsplattform für die zielorientierte Gestaltung zukunftsfähiger IT-Systeme und unterstützen so die Ausrichtung der IT-Systeme an den Strukturen und Anforderungen der Organisation.[103]

2.2.3 Konstruktion und Dokumentation von IT-Referenzarchitekturen

Die bisherige Begriffseinordnung verdeutlicht die Relevanz von Referenzarchitekturen und der darin enthaltenen Architekturmuster für die Schaffung wiederverwendbarer Unterstützungsstrukturen innerhalb des Architekturprozesses. Aus diesem Grund betrachtet der folgende Abschnitt Möglichkeiten zur Konstruktion und Dokumentation solcher Architekturmuster, um einen begründeten Ansatzpunkt für das Vorgehen in dem zu gestaltenden Entscheidungsunterstützungssystem zu schaffen.

Ein Muster beschreibt im universellen Kontext ein wiederkehrendes Problem oder vielmehr dessen Lösung in einer Art und Weise, die in verschiedenen Situationen eingesetzt werden kann.[104] Transferiert auf die Architektur von IT-Systemen sind Architekturmuster[105] dementsprechend eine Art wiederverwendbare Schablonen, welche die Grundzüge eines IT-Systems so beeinflussen,

---

[102] Vgl. Ahlemann u. a. (2012), S. 8 und Dern (2009), S. 33.

[103] Vgl. Dern (2009), S. 18 f. und Pereira und Sousa (2005), S. 1344 f.

[104] Vgl. Alexander u. a. (1977), S. X.

[105] Im Gegensatz zu Entwurfsmustern sind Architekturmuster meist grobkörniger und beschreiben eher die Gesamtarchitektur und nicht die Struktur einzelner Implementierungen. Eine trennscharfe Abgrenzung der Begrifflichkeiten ist allerdings nicht möglich. Vgl. Hasselbring (2006), S. 48 f.

dass sie zur Lösung bestimmter Problemstellungen beitragen können.[106] Referenzarchitekturen kombinieren diese Architekturmuster zur Bereitstellung eines
domänenspezifischen Lösungsraums. Dieser Logik folgend stellt der Entwicklungsprozess von IT-Referenzarchitekturen einen validen Ausgangspunkt für die
genauere Betrachtung von Methoden und Werkzeuge zur Konstruktion und
Dokumentation einzelner Architekturmuster dar.

Aufgrund der Vielzahl von Anwendungsbereichen für IT-Systeme exis-
tieren unterschiedlichste Ansätze zur Erarbeitung und Dokumentation von
IT-Referenzarchitekturen. Ein Großteil der Ansätze fokussiert die Bewertung
bestehender Architekturen und ist damit dem Bereich der Evaluation von IT-
Architekturen zuzuordnen.[107] Der Abstraktionsprozess zur Identifikation und
Konstruktion allgemeingültiger Muster ist eine unstrukturierte Aufgabe und nicht
mit konkreten Vorgaben und Leitlinien spezifiziert.[108] Abbildung 2.13 zeigt ein
Verfahren zur Ableitung von Referenzarchitekturen, welches sich aufgrund seines
empirisch-fundierten Vorgehens für diese Arbeit eignet und zur Strukturierung der
weiteren Diskussion dient.

Abbildung 2.13   Empirische Entwicklung von IT-Referenzarchitekturen[109]

Das vorgeschlagene Verfahren besteht aus fünf Schritten und orientiert sich
an einer wissenschaftlichen Vorgehensweise. Die somit erarbeiteten Ergebnisse
basieren auf methodisch-systematischen Beobachtungen (Empirie) und werden
auf ihre Korrektheit und Anwendbarkeit geprüft (Evaluation).[110]

- **Typ und Designstrategie:** Der erste Schritt des Verfahrens definiert den Rahmen der zu entwickelnden Referenzarchitektur, in dem der Typ der Referenzarchitektur sowie die passende Design-Strategie festgelegt werden. Der Typ

---

[106] Vgl. Goll (2014), S. 288.

[107] Vgl. Angelov u. a. (2009), S. 142 ff.

[108] Vgl. Galster und Avgeriou (2011), S. 153.

[109] Eigene Darstellung in Anlehnung an Galster und Avgeriou (2011), S. 154.

[110] Vgl. Galster und Avgeriou (2011), S. 154.

kann durch den Anwendungskontext (plattformspezifisch, industriespezifisch oder industrieübergreifend[111]), den Zeitpunkt (Neuentwicklung oder bestehende Systemlandschaft) und die Intention (nachträgliche Standardisierung oder Bereitstellung von Vorgaben) sowie den Umfang des Anwendungsfeldes (ein oder mehrere Unternehmen) spezifiziert werden.[112] Basierend auf dieser Spezifizierung wird bei Kontexten mit bestehendem Wissen und Erfahrungen eine deskriptive Design-Strategie oder bei neuartigen Szenarien ohne bestehende Erfahrungen eine präskriptive Design-Strategie verfolgt.

- **Empirische Datenerhebung:** Basierend auf der gewählten Design-Strategie werden im Zuge einer empirische Datenerhebung wiederkehrende Muster in existierenden Architekturen identifiziert und generalisiert (Mining[113]). Bei unzureichender Datenbasis (bspw. aufgrund einer unzureichenden Datenlage bei neuen Technologien) können relevante Ansätze prototypisch implementiert werden (Prototyping). Die empirische Datenerhebung beschränkt sich dabei nicht nur auf technische Architekturansätze, sondern umfasst auch fachliche Aspekte. Diese ist notwendig, da eine effektive Referenzarchitektur die Ableitung von Lösungen für aktuelle und zukünftige fachliche Anforderungen ermöglichen soll, was ein umfangreiches Verständnis der fachlichen Anforderungen, Strategien und Visionen der Stakeholder bedingt. Als methodische Werkzeuge finden sich hier Ansätze aus dem Anforderungsmanagement und der qualitativen Forschung, wie bspw. die qualitative Analyse von Dokumenten und Geschäftsprozessen, Stakeholder-Interviews oder die Analyse der externen Marktumgebung.[114] Abbildung 2.14 veranschaulicht die Elemente einer solchen empirische Datenerhebung.

- **Konstruktion und Dokumentation:** Der dritte Schritt analysiert, abstrahiert und dokumentiert die erhobenen Daten, sodass eine Wiederverwendung in verschiedenen Szenarien möglich ist. Die Methodik der Analyse richtet sich hierbei nach der Art der erhobenen Daten und kann sowohl quantitative Methoden (z. B. statistische Auswertungen) als auch qualitative Ansätze (z. B. qualitative Inhaltsanalysen) umfassen. Für die Dokumentation existieren keine allgemeingültigen Vorgaben.[115] Verbreitete Ansätze in der Praxis adaptieren

---

[111] Vgl. Vogel u. a. (2009), S. 257 f.

[112] Vgl. Angelov u. a. (2009), S. 144 ff.

[113] In Anlehnung an die Schürfarbeit im Bergbau.

[114] Vgl. Galster und Avgeriou (2011), S. 155 und Muller (2020), S. 7.

[115] Eine Übersicht möglicher Ansätze findet sich z. B. in Reichwein und Paredis (2011).

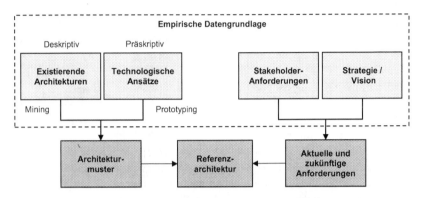

Abbildung 2.14 Datenerhebung zur Konstruktion von Referenzarchitekturen[116]

häufig Begriffe und Konzepte des ISO/IEC-42010-Standards zur Beschreibung von Architekturen in der System- und Software-Entwicklung.[117] Die
Kernelemente dieser Spezifikation (siehe Abbildung 2.15) ermöglichen eine
Modellierung der Zusammenhänge zwischen den Anforderungen der Stakeholder (Concerns) und den Architekturansichten (Architecture Views). Die
Architekturansichten verdeutlichen den Umgang mit den gestellten Anforderungen aus verschiedenen Betrachtungswinkeln (Architecture Viewpoints,
z. B. funktional, logisch oder technisch)[118] und umfassen hierfür ein oder
mehrere Architekturmodelle. Die Notation dieser Modelle folgt dabei zuvor

---

[116] Eigene Darstellung in Anlehnung an Galster und Avgeriou (2011), S. 155 und Cloutier
u. a. (2010), S. 21.

[117] Z. B. TOGAF® für Unternehmensarchitekturen (Vgl. The Open Group [2018]), das
Zachman Framework für Informationssysteme (Vgl. Zachman [1987], S. 276 ff.) oder das
C4-Modell für komplexe Software-Systeme (Vgl. Brown [2017]). Eine Sammlung von
Architektur-Frameworks, die dem ISO/IEC-42010-Standard entsprechen, findet sich unter
https://www.iso-architecture.org/ieee-1471/afs/frameworks-table.html.

[118] Vgl. Beneken (2008), S. 346 ff.

festgelegten Metamodellen, die auf tabellarischen Vorgaben oder auf etablierten Rahmenwerken (z. B. UML[119]) basieren können. Der Umfang einer Architekturbeschreibung ergibt sich aus der Komplexität der Anwendungsdomäne
sowie der Anzahl der abzubildenden Architekturelemente.[120]

Abbildung 2.15
Kernelemente einer
Architekturbeschreibung
nach ISO/IEC-42010[121]

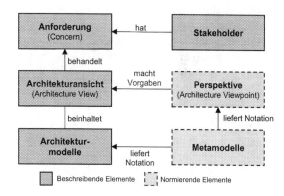

- **Ermöglichung von Variabilität:** Variabilität bezeichnet die Fähigkeit, ein
  Architekturmusters auf spezifische Anforderungen einer Umgebung anzupassen.[122] Die Variabilität ist damit für die Wiederverwendung einer Referenzarchitektur in unterschiedlichen Szenarios essenziell.[123] Die Art und Weise, wie
  die Variabilität in einem Architekturmuster abgebildet wird, kann dabei vari-
  ieren: Kleinere Abweichungen lassen sich durch Annotationen der Modelle
  (z. B. über verschiedene Ausprägungen einzelner Attribute) spezifizieren.
  Das Modell einer Datenhaltung könnte bspw. eine Annotation umfassen,
  die für sensible Daten eine zusätzliche Verschlüsselung vorsieht. Für die
  Kommunikation umfangreicherer Variabilitätslogik können Architekturmuster auch eigenständige Variabilitätsmodelle oder separate Architekturansichten

---

[119] Die Unified Modelling Language (UML) spezifiziert eine objektorientierte Notation zur
Visualisierung, Konstruktion und Dokumentation von Artefakten. Vgl. OMG® (2017).

[120] Eine Diskussion des Konsortiums System Architecture Forum empfiehlt, dass die kritischen Aspekte eines Systems in nicht mehr als 10 Architecture Views abdeckbar sein sollten.
Vgl. Muller und Hole (2006), S. 9.

[121] Eigene Darstellung in Anlehnung an IEEE (2011).

[122] Vgl. Van Gurp u. a. (2001), S. 49.

[123] Vgl. Nakagawa (2012), S. 161.

umfassen.[124] Ein Beispiel wäre ein analytisches System, welches je nach Nutzer unterschiedliche Präsentationsmöglichkeiten (z. B. ein Dashboard oder eine technische Schnittstelle) bereitstellt. Die verschiedenen Präsentationsmöglichkeiten könnten wiederum individuelle Architekturansichten umfassen (bspw. zur Gestaltung der Lastverteilung der technischen Schnittstelle oder für eine adäquate Speicherung der Daten für den jeweiligen Anwendungsfall).

- **Evaluation:** Für eine abschließende Qualitätssicherung sieht das in Abbildung 2.13 dargestellten Verfahrens eine empirische Prüfung der Korrektheit sowie der Anwendbarkeit der Referenzarchitektur auf reale oder prototypische Situationen vor.[125] Methodisch können hierfür erneut Werkzeuge der qualitativen Forschung eingesetzt werden (z. B. Checklisten, Interviews oder strukturierte Befragungen).[126] Quantitative Ansätze sind theoretisch anwendbar, kommen allerdings insbesondere in einer späteren Stufe zur Bewertung der Qualität einzelner Implementierungen zum Einsatz (bspw. durch die Messung einzelner Durchlaufzeiten, der Sicherstellung der Abdeckung durch automatisierte Tests oder der Analyse von Abhängigkeiten).[127] Für ein systematisches Vorgehen sollte eine Evaluation sich an zuvor definierten Qualitätskriterien orientieren.[128] Tabelle 2.1 zeigt eine konsolidierte Liste relevanter Evaluationskriterien für IT-Architekturen, die neben grundlegenden Qualitätsmerkmalen (z. B. der formalen Korrektheit und Nützlichkeit einer Referenzarchitektur) auch Faktoren bezüglich der Adaptierung neuer Systemarchitekturen (z. B. die Übertragbarkeit, die Verständlichkeit oder die Zugänglichkeit) beinhaltet. Die Liste lässt sich je nach Anforderungen eines Szenarios erweitern (z. B. hinsichtlich der Skalierbarkeit oder Systemsicherheit). Eine allgemeingültige Liste zur Abdeckung aller Anwendungsfälle ist daher nicht sinnvoll erstellbar. Die Gewichtung und Operationalisierung der Faktoren hängen zudem vom Kontext der Anwendungsdomäne und der Intention der Referenzarchitektur ab. Zum Beispiel weisen öffentliche Referenzarchitekturen, die Standards für eine ganze Branche definieren, ggf. höhere Ansprüche an die Akzeptanz und Verständlichkeit auf als unternehmensinterne Referenzarchitekturen, die als Leitlinien für Mitarbeiter verpflichtend sind.

---

[124] Vgl. Galster und Avgeriou (2011), S. 156.

[125] Vgl. Galster und Avgeriou (2011), S. 156 und Angelov u. a. (2008), S. 231 ff.

[126] Vgl. Galster und Avgeriou (2011), S. 156.

[127] Vgl. Dobrica und Niemela (2002), S. 640 f.

[128] Vgl. Döring und Bortz (2016), S. 938 f.

Tabelle 2.1 Qualitätskriterien zur Evaluation von IT-Referenzarchitekturen

	Beinhaltete Fragestellungen	ISO/ IEC, (2011)	Galster und Avgeriou, (2011)	Muller, (2020)	Cloutier u. a., (2010)
Aktualität	Werden aktuelle Technologien und Ansätze berücksichtigt? Werden aktuelle Herausforderungen und Umgebungen fokussiert?			x	
Akzeptanz	Gibt es eine Bereitschaft der Stakeholder zur Verwendung der Referenzarchitektur?			x	
Änderbarkeit/ Wartbarkeit	Wie effizient können Änderungen an der Referenzarchitektur durchgeführt werden?	x		x	
Korrektheit / Funktionalität	Ist die Referenzarchitektur formal korrekt bzw. wird die gestellte Aufgabe erfüllt? Ist die Funktionalität angemessen?	x	x	x	x
Nützlichkeit / Problemorientierung	Welcher Mehrwert entsteht durch die Verwendung der Referenzarchitektur?			x	x
Übertragbarkeit/ Wiederverwendbarkeit	Wie effizient ist die Referenzarchitektur auf andere Kontexte/ Systeme übertragbar?	x	x	x	x

(Fortsetzung)

Tabelle 2.1 (Fortsetzung)

	Beinhaltete Fragestellungen	ISO/ IEC, (2011)	Galster und Avgeriou, (2011)	Muller, (2020)	Cloutier u. a., (2010)
Verständlichkeit	Wie nachvollziehbar bzw. erlernbar ist die Referenzarchitektur? Wie verständlich ist die Dokumentation der Referenzarchitektur?	x	x	x	
Zugänglichkeit	Wie wird die Referenzarchitektur kommuniziert? Wie ist die Referenzarchitektur für Stakeholder einsetzbar?		x	x	

2.3 Analytische Capabilities als fachlich-technisches Planungsinstrument

Dieses Unterkapitel führt das Konzept der analytischen Capabilities als fachlich-technisches Planungsinstrument in der IT-Architekturentwicklung ein. Hierfür ordnet der folgende Abschnitt zunächst den generellen Capability-Begriff ein und grenzt das Verständnis einer analytischen Capability von anderen Capability-Ansätzen ab. Abschnitt 2.3.2 erläutert dann die generellen Einsatzmöglichkeiten von Capabilities in der IT-Architekturentwicklung. Abschnitt 2.3.3 betrachtet abschließend Möglichkeiten der Operationalisierung analytischer Capabilities für einen Einsatz in dieser Arbeit.

2.3.1 Begriffseinordnung

Capabilities sind grundlegende Fähigkeiten einer Organisation oder eines Systems, ausgehend von einem bestimmten Ressourceneinsatz ein definiertes Ergebnis zu erreichen.[129] Die Begrifflichkeit geht auf den ressourcenbasierten Ansatz

---

[129] Vgl. Tell (2014), S. 138 und Grant (1991), S. 120.

(engl. Ressource-based View) zurück, der Unternehmen als Ansammlung von materiellen und immateriellen Ressourcen betrachtet[130] und besagt, dass Wettbewerbsvorteile aus einer bestmöglichen Verwendung von Ressourcen und Kompetenzen[131] resultieren.[132] Als Ressourcen gelten hierbei je nach Verständnis alle dem Unternehmen zu einem bestimmten Zeitpunkt zur Verfügung stehenden materiellen und immateriellen Faktoren, wie z. B. Kapital, Wissen und Fähigkeiten, Mitarbeiter oder Rohstoffe.[133,134]

Abbildung 2.16   Rolle von Capabilities im Resource-based View[135]

Capabilities sind ein Bindeglied zwischen den Ressourcen und den daraus zu generierenden Wettbewerbsvorteil bzw. dem Einfluss auf die Unternehmensstrategie (siehe Abbildung 2.16). Seit ihrem Aufkommen dienen Capabilities als strategisches Planungselement in den verschiedensten Bereichen und sind Teil einer kontinuierlichen Diskussion und stetigen Weiterentwicklung. Teece u. a. (1997) ergänzten bspw. die Möglichkeit, strategischen Veränderungen eines Unternehmens mit einzubeziehen und führten die Unterscheidung zwischen grundlegenden Fähigkeiten (engl. zero-level Capabilities) und dynamischen Capabilities (engl.

---

[130] Vgl. Penrose (1995), S. 31.

[131] Der Kompetenzansatz (vgl. Prahalad und Hamel [1990], S. 79 ff.) erweitert den klassischen ressourcenbasierten Ansatz und ermöglicht eine bessere Verbindung der marktseitigen Anforderungen und der unternehmensseitigen Fähigkeiten. Vgl. Freiling u. a. (2008), S. 108.

[132] Vgl. Wernerfelt (1984), S. 171 ff. und Peteraf (1993), S. 179 ff.

[133] Vgl. Grant (1991), S. 118 und Wernerfelt (1984), S. 172.

[134] Eine genauere Abgrenzung ist durch die von Barney (1991) formulierten und weithin als geltend akzeptierten Grundanforderungen an eine Ressource möglich, die da wären: wertvoll (Value), selten (Rareness), schwer imitierbar (Imperfect Imitability) und schwer substituierbar (Substitutability). Vgl. Barney (1991), S. 99 ff. und Moldaschl und Fischer (2004), S. 126.

[135] Eigene Darstellung in Anlehnung an Grant (1991), S. 115.

Dynamic Capabilities) ein. Dynamische Capabilities bilden neben dem Einsatz von Ressourcen auch die Fähigkeiten zur Weiterentwicklung und Veränderung dieser ab, was eine bessere Berücksichtigung der Innovationsfähigkeit und somit der zukünftigen Potenziale einer Organisation erlaubt.[136]

In der Informationstechnologie ermöglichen IT und IS Capabilities[137] einen effizienten Einsatz von IT-Ressourcen (z. B. IT-Infrastruktur und -Kenntnisse) durch eine zielgerichtete Ausrichtung an den Geschäftsanforderungen.[138] Den Weg in die IT-Praxis haben Capabilities insbesondere durch die ganzheitliche Betrachtung von Geschäfts- und IT-Strukturen im Enterprise Architecture Management (EAM) gefunden.[139] Capabilities dienen hierbei als zentrales Instrument für die Planung, Entwicklung und Umsetzung von Unternehmens- und IT-Architekturen.[140]

Die Forschung zu analytischen Informationssystemen greift den Capability-Begriff als methodisches Werkzeug zur Erklärung des Wertbeitrags der IT-basierten Entscheidungsunterstützung auf, indem bspw. durch den Dynamic-Capabilities-Ansatz aufgezeigt wird, wie Organisationen durch die Erhebung und Auswertung von Daten schneller und zielgerichteter Ressourcen auf neue Umstände konfigurieren können und so mögliche Wettbewerbsvorteile erzielen.[141] Darüber hinaus existieren Ansätze, die das bestehende Capability-Verständnis erweitern und sog. analytische Capabilities als eigenständiges Konzept zur strategischen Planung und Bewertung analytischer Informationssysteme definieren.[142] Für den weiteren Verlauf dieser Arbeit ist insbesondere letzteres Verständnis relevant. Aus diesem Grund listet Tabelle 2.2 verschiedene Definitionen für analytische Capabilities als Werkzeug zur strategischen Gestaltung von Informationssystemen auf.

Die Definitionen in Tabelle 2.2 lassen sich allesamt als Erweiterung des zuvor eingeführten generellen Capability-Verständnisses lesen, was sich durch die aufgabenorientierte Formulierung (z. B. „to aggregate, analyze, and use

---

[136] Vgl. Winter (2003), S. 991 ff., Teece u. a. (1997), S. 509 ff. und Helfat u. a. (2007), S. 4.

[137] In der Literatur besteht keine trennscharfe Abgrenzung zwischen IT und IS Capabilities. Zur Vereinfachung wird im Weiteren nur noch der Begriff IS Capability verwendet.

[138] Vgl. Bharadwaj u. a. (1999), S. 378 ff. und Wade und Hulland (2004), S. 107 ff.

[139] Vgl. Wißotzki und Sandkuhl (2015), S. 84 ff.

[140] Vgl. The Open Group (2018), S. 236 ff. und Hanschke (2016), S. 263. Eine genauere Erläuterung des Zusammenhangs von Unternehmens- und IT-Architekturen findet sich in Abschnitt 2.2.1.

[141] Vgl. Božič, K. und Dimovski, V. (2019) und Wamba u. a. (2017), S. 356 ff.

[142] Vgl. Cosic u. a. (2012), S. 1 ff., LaValle u. a. (2011), S. 21 ff. und Davenport u. a. (2001), S. 117 ff.

Tabelle 2.2 Definitionen des Begriffs analytische Capability

Begriff und Quelle	Definition
Business Analytic Capabilities *Cosic u. a., (2012), S. 4.*	"the ability to utilize resources to perform a BA task, based on the interaction between IT assets and other firm resources."
Business Analytic Capabilities *Seddon u. a., (2016), S. 242.*	"Use of business-analytic capabilities by any person or organizational unit to analyze routine and/or non-routine, internal and/or external data to support more evidence-based decision making."
Analytic Capability *Davenport u. a., (2001), S. 117.*	"the capability to aggregate, analyze, and use data to make informed decisions that lead to action and generate real business value"
Big Data Analytics Capabilities *Gupta und George, (2016), S. 1054.*	"firm's ability to assemble, integrate, and deploy its big data-based resources."

data"[143]) sowie durch die direkte oder indirekte Erwähnung von Ressourcen und deren Verfeinerung mit Begrifflichkeiten aus dem Bereich der analytischen Informationssysteme (z. B. „big data-based resources"[144]) zeigt. Die konkreten Begrifflichkeiten umfassen teilweise Erweiterungen, die den ganzheitlichen Charakter (z. B. „Business Analytic Capability"[145]) oder einen Schwerpunkt (z. B. „Big Data Analytics Capabilitiy"[146]) unterstreichen. Allen Verständnissen gemein ist der Fokus auf einer IT-basierten betrieblichen Entscheidungsunterstützung, weswegen die weitere Arbeit den zusammenfassenden Begriff analytische Capability mit folgender Arbeitsdefinition verwendet:

Analytische Capabilities beschreiben die Fähigkeit, analytische Ressourcen (z. B. Daten, Transformationsprozesse oder Visualisierungen) so einzusetzen, dass diese einer betrieblichen Entscheidungsunterstützung dienen.

---

[143] Davenport u. a. (2001), S. 117.

[144] Gupta und George (2016), S. 1054.

[145] Seddon u. a., (2016), S. 242 und Cosic u. a., (2012), S. 4.

[146] Gupta und George, (2016), S. 1054.

Mit dieser Formulierung ordnen sich analytische Capabilities in das zuvor aufgezeigte Capability-Verständnis des ressourcenorientierten Ansatzes ein und grenzen sich gleichzeitig klar von den allgemeineren IS oder den unternehmensweiten
Core Capabilities[147] ab.

Abbildung 2.17
Analytische Capabilities als
Spezialisierung von
IS-Capabilities[148]

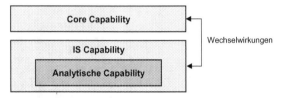

Abbildung 2.17 verdeutlicht diese Einordnung und zeigt, dass analytische
Capabilities als eine Form von IS Capabilities zu verstehen sind, ähnlich wie
analytische Informationssysteme eine spezielle Art betrieblicher Informationssysteme darstellen.[149] Sowohl IS Capabilities als auch analytische Capabilities
stehen dabei in Wechselwirkungen zu den übergeordneten Core Capabilities,
da auch diese spezialisierten Capabilities schlussendlich zur Schaffung eines
Wettbewerbsvorteils beitragen sollen.

2.3.2   Capabilities als Planungsinstrument für IT-Architekturen

Die vorherige Einordnung zeigt das Potenzial des Capability-Konzepts als
Instrument für die Gestaltung von IT-Architekturen. Nachfolgend werden nun
Möglichkeiten für den Einsatz eines Capability-basierten Vorgehens in dieser
Arbeit erarbeitet.

Abbildung 2.18 verdeutlicht die Rolle von Capabilities in der strategischen
IT-Planung. Capabilities ermöglichen eine ganzheitliche Betrachtung von IT-
und Geschäftsstrukturen und unterstützen somit die Planung und Durchführung
von Maßnahmen zur Transformation einer bestehenden (Ist-)IT-Landschaft hin
zu einem gewünschten (Soll-)Zustand, der sich an der Unternehmensstrategie

---

[147] Core Capabilities (dt. Kernkompetenzen) bezeichnen grundsätzliche Fähigkeiten eines
Unternehmens einen Wettbewerbsvorteil zu erzeugen. Vgl. Prahalad und Hamel (1990),
S. 79 ff.

[148] Eigene Darstellung.

[149] Siehe Abschnitt 2.1.1.

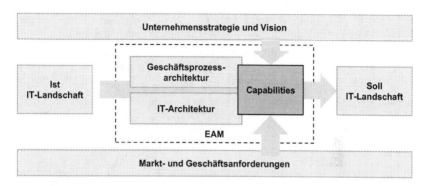

Abbildung 2.18 Rolle von Capabilities in der IT-Planung[150]

und -vision sowie relevanter Markt- und Geschäftsanforderungen ausrichtet.[151] Der Einsatz von Capabilities ordnet sich damit in den zuvor aufgezeigten Wirkungsbereich des EAM ein. Die Planung, Konstruktion und Bereitstellung von Capabilities ist hierbei Teil des sogenannten Capability-based Planning (CbP)[152,153], welches aus den vier Schritten in Abbildung 2.19 besteht.

Map	Asses	Plan	Control
Identifikation und Beschreibung	Analyse und Handlungsbedarfe	Operationalisieren und Maßnahmen	Zielereichung und Verbesserung

Abbildung 2.19 Aktivitäten im Capability-based Planning[154]

- **Map:** Der erste Schritt (Map) umfasst die Identifikation und Beschreibung bestehender und für die Erreichung der Geschäftsziele notwendiger Capabilities in einer Organisation sowie deren Verknüpfung mit zugehörigen

---

[150] Eigene Darstellung in Anlehnung an BITKOM (2011), S. 10 und Hanschke (2016), S. 15.

[151] Vgl. Hanschke (2016), S. 15 ff.

[152] Vgl. The Open Group (2018), S. 263.

[153] Teilweise auch als Business Capability Management bezeichnet. Vgl. Hanschke (2016), S. 262 ff. und The Open Group (2018), S. 60.

[154] Eigene Darstellung in Anlehnung an Aldea u. a. (2016), S. 9.

Geschäftszielen und relevanten Ressourcen (z. B. Prozesse, Informationssysteme oder Kenntnisse).[155] Für die Durchführung dieses Schritts eignet sich eine Visualisierung der Strukturen und der Zusammenhänge der Capabilities in sog. Capability Maps (bspw. eine hierarchische Darstellung der Capability-Abhängigkeiten oder eine Unterteilung nach fachlichen Domänen).[156] Die Spezifizierung der Capabilities erfolgt dann in deskriptiver Art und Weise, bspw. durch eine textuelle Beschreibung oder einer Auflistung beschreibender Attribute.

- **Assess:** Die nachfolgende Analyse (Assess) leitet aus einem Abgleich des aktuellen Zustands mit dem Soll-Zustand Handlungsbedarfe ab. Hierfür werden Metriken zur Bewertung der Wichtigkeit und des Reifegrads einzelner Capabilities festgelegt (z. B. die strategische Relevanz oder der Kostenumfang), die es ermöglichen, Capabilities zu priorisieren, über- oder unterentwickelte Capabilities zu identifizieren und Redundanzen aufzuzeigen. Die Bewertungen können durch grafische Darstellungen (sog. Heat Maps) unterstützt werden.[157]

Abbildung 2.20 Operationalisierung einer Capability[158]

- **Plan:** Der dritte Schritt (Plan) fokussiert die Konzeption relevanter Capabilities und die Planung der für die Implementierung notwendigen Maßnahmen.[159] Hierfür werden die Capabilities in messbare Einzelteile (Capability-Inkremente) mit unterschiedlichen Schwerpunkten (z. B. Rollen, Prozesse oder Infrastruktur) geteilt. Diese Inkremente sind wiederum an Bausteine (Building Blocks) bzw. Arbeitsergebnisse (Deliverables) (z. B. die Einführung

---

[155] Vgl. Aldea u. a. (2016), S. 9.

[156] Vgl. Hanschke (2016), S. 269, Freitag u. a. (2011), S. 15 und Ulrich und Rosen (2011), S. 5 ff.

[157] Vgl. Aldea u. a. (2016), S. 23 f. und Keller (2009), S. 7 f.

[158] Eigene Darstellung basierend auf The Open Group (2018), S. 268.

[159] Vgl. Aldea u. a. (2016), S. 10.

einer Software oder die Etablierung eines Prozesses) gebunden, die im Zuge konkreter Maßnahmen umgesetzt werden können (siehe Abbildung 2.20). Die Implementierung einer Capability kann somit als vollständig betrachtet werden, sobald alle zugehörigen Bausteine erfolgreich umgesetzt wurden.[160]

- **Control:** Abschließend sieht das Vorgehen eine Fortschrittsüberwachung der einzelnen Arbeitsergebnisse und eine Evaluation der Ergebnisse vor. Die Capabilities werden kontinuierlich gegen die zuvor definierten Metriken geprüft, um auf eventuelle Veränderungen der Anforderungen zu reagieren. Dieser letzte Schritt verdeutlicht den iterativen Charakter des Capability-basierten Vorgehens, der eine stetige Anpassung der Capability-Landschaft an den Wandel einer Organisation ermöglicht.[161]

Die konsequente Ausrichtung von Capabilities an den Geschäftsanforderungen verhindert eine rein technische Betrachtung von IT-Architekturentscheidungen und erhöht so die Effektivität von IT-Architekturen.[162] Das dargestellten Verfahren des Capability-based Planning bietet eine Struktur für einen Einsatz in der fachlich-technischen IT-Architekturplanung und eignet sich als Ausgangspunkt für den weiteren Einsatz von Capabilities in dieser Arbeit.

2.3.3 Operationalisierung analytischer Capabilities

Ein zentraler Teil des Capability-basierten Planungsprozess ist die Operationalisierung einer Capabilities, also die Transformation einer abstrakten Fähigkeit in Capability-Inkremente und Arbeitsergebnisse. Die konkrete Ausgestaltung der Inkremente ist vom Kontext der Anwendung abhängig, weswegen sich für das Vorgehen der Operationalisierung keine allgemeingültigen Vorgaben finden.[163] Es existieren allerdings zahlreiche Forschungen, die den Capability-Begriff für einzelne Bereiche konkretisieren und domänenspezifische Vorgehen zur Operationalisierung vorschlagen. Der folgende Abschnitt diskutiert Ansätze zur Konkretisierung analytischer Capabilities, um ein Fundament für ein adäquates Vorgehen in dieser Arbeit bereitzustellen.

---

[160] Vgl. The Open Group (2018), S. 266 ff.

[161] Vgl. Aldea u. a. (2016), S. 9 f.

[162] Vgl. Ulrich und Rosen (2011), S. 22.

[163] Das Fehlen klarer Vorgaben für die Operationalisierung ist einer der Hauptkritikpunkte des Capability-Ansatzes bzw. der ressourcenbasierten Betrachtung an sich. Vgl. Barney u. a. (2011), S. 1311 f. und Almarri und Gardiner (2014), S. 441 f.

Für eine Operationalisierung greifen die meisten Ansätze das grundsätzliche Verständnis einer Capability, als eine Fähigkeit, ein gewünschtes Resultat durch den Einsatz (Aktion) bestimmter Ressourcen zu erreichen, auf und spezifizieren eine Methodik zur genaueren Beschreibung der enthaltenen Aktionen, Ressourcen sowie der gewünschten Resultate.[164] Aktionen beschreiben dabei Aktivitäten innerhalb einer Capability, die als Bindeglied zu den notwendigen Maßnahmen dienen und sowohl technologische (z. B. die Bereitstellung von Software) als auch organisatorische (z. B. Rollen oder Governance-Konzepte) Komponenten aufweisen können.[165]

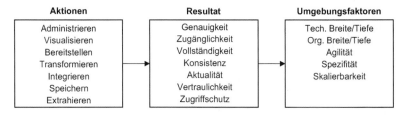

Abbildung 2.21   Spezifikationsraster einer analytischen Capability[166]

Das Spezifikationsraster in Abbildung 2.21 folgt diesem Grundgedanken und schlägt verschiedene Dimensionen zur Formulierung analytischer Capabilities vor. Die Konkretisierungen der Aktionen leiten sich hierbei aus dem Prozess zur Informationsgewinnung, -integration und -analyse ab und lassen sich auch in dem architektonischen Ordnungsrahmen aus Abschnitt 2.1.2 verorten. Die zu erwartenden Resultate eines analytischen Informationssystems sind aufbereitete Informationen zur betrieblichen Entscheidungsunterstützung.[167] Zur Spezifikation dieser Resultate können daher Dimensionen aus dem Bereich der Informationsqualität[168] verwendet werden. Das Raster schlägt hierfür folgende Dimensionen vor[169]:

---

[164] Vgl. Wade und Hulland (2004), S. 128 ff. und Bharadwaj u. a. (1999), S. 381 ff.

[165] Vgl. Cosic u. a. (2015), S. 9 f.

[166] Eigene Darstellung in Anlehnung an Ereth und Baars (2020), S. 6 und Baars und Kemper (2021), S. 335.

[167] Vgl. Abschnitt 2.1.1.

[168] Vgl. Wand und Wang (1996), S. 92 ff., Pipino u. a. (2002), S. 212 und Askham u. a. (2013), S. 7 ff.

[169] Vgl. Ereth und Baars (2020), S. 5.

- **Genauigkeit** als Maß für Prägnanz der Beschreibung eines Subjekts durch die Daten.
- **Zugänglichkeit** als Maß für die Verfügbarkeit und Einfachheit des Abrufs der Daten.
- **Vollständigkeit** als Maß für das Fehlen von relevanten Daten.
- **Konsistenz** als Maß für die Abwesenheit von Widersprüchen in den Daten.
- **Aktualität** als Maß für die zeitliche Relevanz der Daten.
- **Vertraulichkeit** als Maß für die Sensibilität von Daten.
- **Zugriffsschutz** als Maß für die notwendige Eingrenzung des Zugriffs auf die Daten.

Zuletzt umfasst das Spezifikationsraster Faktoren zur Beschreibung der Umwelt. Dies ist hilfreich, da sowohl die Idee von Capabilities an sich[170] als auch die Gestaltung und der Einsatz analytischer Informationssysteme vielfältige Abhängigkeiten zum Anwendungskontext aufweisen. Zur Beschreibung der Umgebungsfaktoren greift das Raster auf typischen Faktoren aus dem Bereich der IT-Architekturen zurück:[171]

- **Tiefe und Breite der technischen und organisatorischen Integration**, als Abbildung der Anzahl der involvierten Elemente (Breite) und dem Grad deren Integration (Tiefe).[172] Dies umfasst bspw. die Anzahl von Datenquellen und deren Verflechtung in Drittsysteme (technisch) oder die Anzahl betroffener Organisationseinheiten und die Wechselwirkungen mit Geschäftsprozessen (organisatorisch).
- **Agilität** als Beschreibung der Dynamik der Umgebung und die damit einhergehende Notwendigkeit, auf unvorhergesehene Anforderungen zu reagieren,[173] bspw. verursacht durch Änderungen an Datenmodelle oder Technologien.
- **Spezifität** als Maß für die Generalisierbarkeit der Umgebung. Bspw. unterscheiden sich Anwendungen für Standardprozesse (z. B. Personalcontrolling) von spezifischen Anwendungen (z. B. die Risikoberechnung einer Versicherung).

---

[170] Vgl. Wade und Hulland (2004), S. 126.

[171] Vgl. Ereth und Baars (2020), S. 5 f.

[172] Basierend auf dem Strukturierungsprinzip von Keen (1993), welches die Dimensionen Reach (Breite) und Range (Tiefe) zur Beschreibung von IT-Plattformen nutzt. Vgl. Keen (1993), S. 31 f.

[173] Vgl. Nissen und Mladin (2009), S. 42 und Overby u. a. (2006), S. 121.

- **Skalierbarkeit** als Beschreibung des Umfangs und der Komplexität der Umgebung ausgedrückt bspw. durch das Datenvolumen, den zu erwarteten Datendurchsatz oder die Anzahl von Abnehmern sowie das Wachstum dieser Faktoren über die Zeit. Zu der Skalierbarkeit gehören auch temporale Aspekte (z. B. die geplante Nutzungsdauer), da bspw. eine einmalige Datenauswertung einfachere Betriebsstrukturen erfordert als ein mehrjährig produktiv eingesetzter Datenservice.[174]

Die Dimensionen des Rasters sind optional. Das bedeutet, eine Capability je nach Schwerpunkt nur einzelne Bereiche (z. B. die Datenhaltung) spezifizieren. Als Ausprägungen für eine Spezifikation der Resultate und Umgebungsfaktoren kann eine Ordinalskala zur Bewertung der Wichtigkeit bzw. des Einflusses einzelner Dimensionen einsetzbar ist (z. B. gering, mittel, hoch) eingesetzt werden.[175]

Das aufgezeigte Spezifikationsraster ermöglicht somit eine systematische Formulierung analytischer Capabilities sowie eine Verknüpfung zu konkreteren Inkrementen und Arbeitsergebnissen.

Abbildung 2.22   Spezifikation einer beispielhaften analytischen Capability[176]

Abbildung 2.22 zeigt eine nach diesem Schema spezifizierte analytische Capability. Durch eine qualitative Annotation in Textform kann eine solche Capability mit weiteren Kontextinformationen angereichert werden. Eine mögliche Formulierung wäre:

> *„Wir können relevante Daten zur Unterstützung der Ersatzteilversorgung extrahieren und speichern, um Informationen mit hoher Genauigkeit und mittlerer Aktualität in einer dynamischen Umgebung (hohe Agilität) mit zahlreichen technischen Systemen (hohe techn. Breite) und verschiedenen Organisationseinheiten (hohe org. Breite) zu erhalten".*

---

[174] Vgl. Bakshi (2012), S. 1 ff. und Khine und Wang (2019), S. 141.

[175] Vgl. Ereth und Baars (2020), S. 6 und Baars und Kemper (2021), S. 335. In der qualitativen Forschung wird eine Quantifizierung durch eine solche Ordinalskala auch als „Quasi-Quantifizierungen" (Oswald [2013], S. 76) bezeichnet.

[176] Eigene Darstellung in Anlehnung an Abbildung 2.21.

Diese Capability unterstreicht die verteilte und dynamische Umgebung mit dem gleichzeitigen Anspruch an sehr genaue Daten, was den Lösungsraum für die Gestaltung eines analytischen Informationssystems einschränkt und in einem weiteren Schritt die Ableitung konkreter Anforderungen an operationale Arbeitsergebnisse (z. B. Auswahl passender Software-Bausteine) ermöglicht.

Das dargestellte Spezifikationsraster stellt somit ein Werkzeug dar, um den abstrakten Begriff einer analytischen Capability zu operationalisieren und kann im Fortgang der Arbeit für die Entscheidungsunterstützung im Architekturprozess von analytischen Informationssystemen adaptiert werden.

2.4 Zwischenfazit und Bezugsrahmen

Dieser Abschnitt reflektiert die betrachteten Grundlagen und ordnet die Ergebnisse in einem Bezugsrahmen ein, der das weitere Vorgehen der Arbeit strukturiert und als Grundlage für den Entwurf eines Fachkonzepts des zu entwickelnde IT-basierten Entscheidungsunterstützungssystems dient.

Als Kernergebnisse dieses Kapitels lassen sich festhalten:

KE1[Gdl.]: Die Datenhaltung in analytischen Informationssystemen lässt sich in einem erweiterten Funktionsverständnis in folgende logische Funktionsbereiche einteilen:

- *Verarbeitung*
- *Speicherung*
- *Bereitstellung*
- *Metadatenmanagement*

KE2[Gdl.]: IT-Architekturentscheidungen werden maßgeblich von den technischen Lösungsmöglichkeiten und fachlich-technischen Rahmenbedingungen beeinflusst.

KE3[Gdl.]: IT-Referenzarchitekturen und die darin enthaltenen Architekturmuster eignen sich als Vehikel für die Unterstützung von IT-Architekturentscheidungen.

KE4$^{Gdl.}$: Das Konzept der analytischen Capabilities eignet sich zur systematischen Betrachtung fachlich-technischer Rahmenbedingungen.

Die Kernergebnisse (KE) tragen zu einem tieferen Verständnis der Sachverhalte der IT-Architekturentscheidungen sowie der Datenhaltung in analytischen Informationssystemen bei. Zudem schaffen sie ein theoretisches Fundament zur Erreichung des Gestaltungsziels. Tabelle 2.3 zeigt den Zusammenhang der Kernergebnisse zu den Teilforschungsfragen.

Tabelle 2.3 Einordnung der Kernergebnisse aus den Grundlagen

Teilforschungsfragen	Erkenntnisfokus	Kernergebnisse
TF1	Verständnis der dezentralen Datenhaltung analytischer Informationssysteme.	KE1$^{Gdl.}$
TF2, TF3	Möglichkeiten zur Unterstützung des Architekturentwicklungsprozesses.	KE2$^{Gdl.}$, KE3$^{Gdl.}$, KE4$^{Gdl.}$

Aus den Kernergebnisse lassen sich zudem folgende initialen Konzeptanforderungen (KA) für das zu entwickelnde Entscheidungsunterstützungssystem ableiten:

KA1$^{Gdl.}$: Berücksichtigung technischer und fachlich-technischer Aspekte	Das zu gestaltende System muss sowohl den technischen Lösungsraum als auch fachlich-technische Rahmenbedingungen in den Entscheidungsunterstützungsprozess miteinbeziehen.
KA2$^{Gdl.}$: Unterstützung der Informationsversorgung	Das zu gestaltende System muss der normierenden Anspruchsgruppe ein geeignetes Vorgehen zur Abstraktion bestehender Architekturansätze in für eine Entscheidungsunterstützung verwendbare generische Elemente bereitstellen.

KA3Gdl.: Unterstützung fallspezifischer Entscheidungen	Das zu gestaltende System muss es der anwendenden Anspruchsgruppe ermöglichen ausgehend von fallspezifischen Rahmenbedingungen den Lösungsraum einzugrenzen und Handlungsempfehlungen abzuleiten.

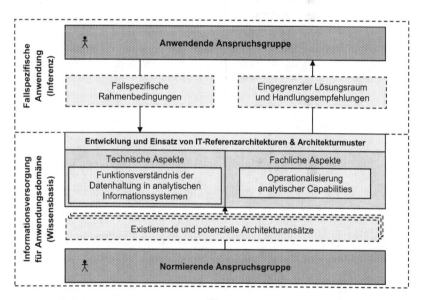

Abbildung 2.23 Bezugsrahmen der Arbeit[177]

Der Bezugsrahmen in Abbildung 2.23 veranschaulicht die Konzeptanforderungen und ordnet die Inhalte dieses Kapitels in den Gesamtkontext der Arbeit ein. In Anlehnung an die Konzeptanforderungen KA2Gdl. Und KA3Gdl. teilt der Rahmen die Entscheidungsunterstützung innerhalb des Architekturentwicklungsprozesses hierfür in zwei Phasen:

---

[177] Eigene Darstellung.

- *Die Informationsversorgung* abstrahiert existierende und potenzielle Architekturansätze innerhalb der Anwendungsdomäne[178] zur Bereitstellung wiederverwendbarer Erkenntnisse als Wissensbasis[179].
- Die *fallspezifische Anwendung* ermöglicht die Eingrenzung des Lösungsraums und Ableitung von Handlungsempfehlungen basierend auf Rahmenbedingungen eines beliebigen Szenarios.[180]

Die Ansätze zur Entwicklung und Verwendung von IT-Referenzarchitekturen aus Abschnitt 2.2.3 lassen sich als Ausgangspunkt zur Gestaltung des Abstraktionsprozesses in der Informationsversorgung verorten. Das erarbeitete Funktionsverständnisses der Datenhaltung in analytischen Informationssystemen[181] kann hierbei zur Strukturierung der technischen Aspekte herangezogen werden. Das Konzept der analytischen Capabilities[182] ermöglicht analog dazu eine systematische Analyse der fachlichen Aspekte.

---

[178] Die Anwendungsdomäne dieser Arbeit ist die Datenhaltung in analytischen Informationssystemen.

[179] Der Begriff Wissensbasis entlehnt sich dem Bereich der Expertensysteme und umfasst eine aggregierte Abbildung des für die Problemlösung notwendigen fachspezifischen Wissens (Gesetzmäßigkeiten, Fakten, Erfahrungen etc.). Vgl. Mertens und Wieczorrek (2000), S. 202 und Gehring und Gabriel (2022), S. 349 f.

[180] Die in diesem Bereich enthaltenen Mechanismen zur Wissensverarbeitung werden im Bereich der Expertensysteme auch als Inferenz bezeichnet. Vgl. Mertens und Wieczorrek (2000), S. 202 f.

[181] Siehe Abschnitt 2.1.2.

[182] Siehe Abschnitt 2.3.

Empirische Exploration

Die Konstruktion eines für die Praxis nutzenstiftenden Artefakts erfordert neben einer theoretischen Analyse eines Sachverhalts auch dessen Betrachtung in einem realen Umfeld. Aus diesem Grund exploriert die qualitativ-empirische Studie in diesem Kapitel verschiedene Umgebungen mit dezentralen Datenhaltungen in analytischen Informationssystemen. Das Ziel ist ein tieferes Verständnis der Anwendungsdomäne sowie die Ableitung von Konzeptanforderungen (KE) als Ausgangspunkt für den weiteren Konstruktionsprozess. Methodisch lässt sich die Exploration der Analyse-Phase des gestaltungsorientierten Erkenntnisprozesses zuordnen (siehe Abbildung 3.1).

Der Gang des Kapitels gestaltet sich wie folgt: Abschnitt 3.1 definiert die Ziele der Studie und begründet das methodische Vorgehen. Abschnitt 3.2 erläutert die Auswahl der Fälle sowie das empirische Mengengerüst der Erhebung. Abschnitt 3.3 stellt die Rahmenbedingungen und Inhalte der betrachteten Fälle dar. Abschnitt 3.4 diskutiert anschließend die Kernergebnisse der Exploration. Das Zwischenfazit in Abschnitt 3.5 ordnet die Ergebnisse in den Forschungsprozess ein und leitet Konzeptanforderungen für den weiteren Entwurf ab.

Ergänzende Information Die elektronische Version dieses Kapitels enthält Zusatzmaterial, auf das über folgenden Link zugegriffen werden kann https://doi.org/10.1007/978-3-658-43357-4_3.

J. Ereth, *Konzeption eines IT-basierten Entscheidungsunterstützungssystems für die Gestaltung dezentraler Datenhaltungen in analytischen Informationssystemen,*

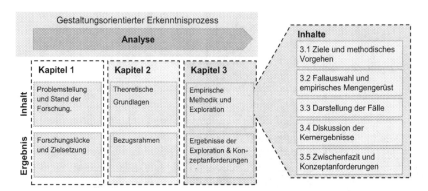

Abbildung 3.1   Einordnung Kapitel 3. Empirische Exploration[1]

3.1   Ziele und methodisches Vorgehen

Eine Exploration ist eine „systematische Gegenstandserkundung"[2] mit dem Ziel, durch die Betrachtung der Realität induktiv Erkenntnisse zu einem Sachverhalt abzuleiten, die anschließend zur Theorie- oder Hypothesenbildung verwendet werden können. Eine Exploration ist dementsprechend vor allem bei wenig bekannten und neuen Forschungsgebieten sinnvoll.[3]

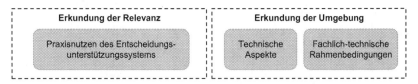

Abbildung 3.2   Erkundungsziele der Explorationsstudie[4]

Die Explorationsstudie dieser Arbeit verfolgt zwei grundsätzliche Erkundungsziele (siehe Abbildung 3.2):

---

[1] Eigene Darstellung.

[2] Döring und Bortz (2016), S. 173.

[3] Vgl. Reiter (2017), S. 144 und Stebbins (2001), S. 3 ff.

[4] Eigene Darstellung.

(i) die Erkundung der Relevanz der Forschung in Form des potenziellen Praxisnutzens des geplanten Entscheidungsunterstützungssystems sowie

(ii) die Erkundung von technischen Aspekten und fachlich-technischen Rahmenbedingungen in realen Umgebungen.

Für die Gestaltung einer Explorationsstudie lassen sich verschiedene Strategien unterscheiden.[5] Die nachfolgende Exploration ist als empirisch-qualitative Studie[6] angelegt, da sich diese Art des Vorgehens insbesondere für die Untersuchung komplexer und unübersichtlicher Sachverhalte eignet.[7] Der Begriff der qualitativen Forschung beschreibt ein breites Spektrum von Verfahren und interpretativen Techniken für eine „möglichst unverfälschte Erfassung der sozialen Wirklichkeit"[8]. Qualitative Methoden folgen Kernprinzipien wie Offenheit und Flexibilität und fokussieren die Kommunikation als Teil des Forschungsprozesses.[9] Diese Methoden erlauben es in der Studie, über standardisiert erfassbare Inhalte hinauszugehen und komplexe Phänomene, wie den Aufbau und die Wirkungszusammenhänge in umfangreichen analytischen Informationssystemen, in ihrer ganzen Breite und Tiefe zu erfassen.[10]

Dieser offene Ansatz und die fehlende Standardisierung sind gleichzeitig zentrale Kritikpunkte der qualitativen Forschung. Bewährte Qualitätskriterien wie die Reliabilität und Validität lassen sich nicht unmittelbar übernehmen[11] und es existiert noch kein „konsensfähiger einheitlicher Kanon von Kernkriterien"[12]

---

[5] Z. B. eine theoriebasierte Exploration zur Ableitung neuer Hypothesen aus vorhandenen Theorien, eine methodenbasierte Exploration zur Entdeckung neuer Methoden, eine empirisch-quantitative Exploration oder eine empirisch-qualitative Exploration. Vgl. Döring und Bortz (2016), S. 173.

[6] Ein empirisch-quantitatives Vorgehen wurde nicht gewählt, da dieses hauptsächlich standardisierbare Daten fokussiert und latente Sinnstrukturen und lebensweltliche Aspekte, wie sie in dieser Untersuchung zu erwarten sind, ignoriert. Zudem wäre die notwendige Grundgesamtheit zur Ableitung signifikanter Aussagen in dem zu betrachtenden Feld nur schwer erreichbar. (Vgl. Klima (1978), S. 581, Bogumil und Immerfall (1985), S. 53 f. und Steger (2003), S. 2 f.

[7] Vgl. Heinze (2001), S. 27.

[8] Lamnek (2005), S. 86.

[9] Vgl. Lamnek (2005), S. 16 ff.

[10] Vgl. Brosius u. a. (2012), S. 4.

[11] Vgl. Döring und Bortz (2016), S. 106 ff.

[12] Döring und Bortz (2016), S. 107.

zur Beurteilung der Qualität einer qualitativen Forschung.[13] Die Studie in dieser Arbeit fokussiert als Qualitätskriterien die Bewertung der Glaubwürdigkeit[14] und Nachvollziehbarkeit[15] der Forschung und betrachtet hierfür Faktoren wie die methodische Strenge und empirische Verankerung, die Indikation und Verfahrensdokumentation, die reflektierte Subjektivität sowie die grundsätzliche Relevanz der Forschung.[16]

Neben der grundlegenden Strategie der Exploration gilt es noch passende qualitative Werkzeuge zur Ausgestaltung des Forschungsansatzes zu wählen. Für eine qualitative Exploration nicht offensichtlicher Wirkungszusammenhänge in einem komplexen Umfeld, in welchem der Kontext nicht eindeutig von dem Phänomen getrennt werden kann, bietet sich ein fallstudienbasierter Ansatz an.[17] Dementsprechend ist die Exploration dieser Arbeit als Gruppenstudie konzipiert, die mehrere Einzelfälle untersucht und zusammenfassend betrachtet.[18]

| Definition des Untersuchungskontextes | Auswahl relevanter Fälle | Empirische Erhebung | Auswertung & Zusammenführung |

Abbildung 3.3   Vorgehen der fallstudienorientierten Forschung[19]

Abbildung 3.3 zeigt das Vorgehen der fallstudienorientierten Forschung. Der Begriff Fall beschreibt hierbei ein Phänomen, welches in einem bestimmten Kontext auftritt.[20] Das zu untersuchende Phänomen und die relevanten Kontexte sind nicht immer trivial ersichtlich, da die Grenzen zwischen Sachverhalten und der Umfang von Wirkungszusammenhängen oft unscharf sind. Um einen ausreichenden Fokus sicherzustellen, gilt es daher zuerst das zu untersuchende Phänomen zu definieren und den relevanten Kontext abzugrenzen.[21]

---

[13] Ein Überblick findet sich bspw. in Noyes u. a. (2008), S. 571 ff.

[14] Vgl. Lincoln und Guba (1985), S. 289 ff.

[15] Vgl. Steinke (1999), S. 207.

[16] Vgl. Steinke (1999), S. 205 ff., Mayring (2016), S. 140 ff. und Lincoln und Guba (1985), S. 289 ff.

[17] Vgl. Baxter und Jack (2008), S. 545 und Yin (2018), S. 5 ff.

[18] Vgl. Döring und Bortz (2016), S. 214 f. und Yin (2018), S. 55.

[19] Eigene Darstellung.

[20] Vgl. Miles u. a. (2014), S. 29.

[21] Vgl. Stake (1995), S. 15 ff. und Yin (2018), S. 81 ff.

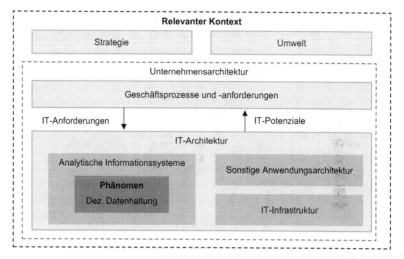

Abbildung 3.4 Abgrenzung des Phänomens und des relevanten Kontextes[22]

   Das Phänomen der Explorationsstudie dieser Arbeit ist die Architekturgestaltung einer dezentralen Datenhaltung in analytischen Informationssystemen und lässt sich in den Kontext aus Abbildung 3.4 als Teilbereich innerhalb der analytischen Informationssysteme verorten. Die analytischen Informationssysteme sind wiederum Teil der übergreifenden IT-Architektur, die auch sonstige Anwendungssysteme sowie die zugrunde liegende IT-Infrastruktur umfasst. Dieser erweitere Kontext ist für die Untersuchung relevant, da analytische Informationssysteme in die restliche IT-Infrastruktur eingebettet sind und Wechselwirkungen und Verflechtungen zwischen den Systemen bestehen. Bei der Betrachtung der IT-Infrastruktur begrenzt sich die Untersuchung allerdings auf unmittelbar für das Phänomen relevante Systeme und hat nicht den Anspruch einer vollständigen Sichtung der fallspezifischen IT-Landschaften.

   Für ein Verständnis der Begründung der Architekturgestaltung umfasst der relevante Kontext zudem Geschäftsprozesse und -anforderungen sowie eine grundsätzliche Betrachtung der Unternehmensstrategie und der Umwelt eines Falles. Auch hier begrenzt sich die Erhebung auf unmittelbar für die analytischen Informationssysteme und dessen Datenhaltung relevante Aspekte.

---

[22] Eigene Darstellung, in Anlehnung an die Funktionsbeschreibung einer IT-Architektur in Abbildung 2.11.

Diese Abgrenzung ermöglicht im nächsten Schritt die Identifikation relevanter Fälle. Sinnvolle Kriterien für die Auswahl von Fällen sind die Relevanz eines Falles für die Forschung (z. B. das Vorhandensein des Phänomens oder die Repräsentativität und Diversität eines Falles[23]) sowie der mögliche Erkenntnisgewinn (z. B. der Umfang des zur Verfügung stehenden Materials oder die Bereitschaft der Beteiligten zur Kooperation) (siehe Abbildung 3.5).[24]

Relevanz	Potenzieller Erkenntnisgewinn
• Vorhandensein des Phänomens	• Umfang des Kontextes
• Repräsentativität	• Bereitschaft zur Kooperation (Zugänglichkeit)
• Diversität der Umwelt	

Abbildung 3.5 Kriterien zur Auswahl relevanter Fälle[25]

Während der empirischen Datenerhebung kamen verschiedene qualitative Methoden (z. B. Beobachtungen oder Interviews) zum Einsatz, um die einzelnen Fälle möglichst vollständig zu durchdringen.[26] Als zentrale Erhebungswerkzeuge sind halb- oder semistrukturierte Interviews[27] hervorzuheben, bei welchen anhand eines groben Leitfadens mit einzelnen Ankerfragen offene Diskussionen mit einem oder mehreren Ansprechpartnern geführt werden. Dieser Ansatz ermöglichte neben einer systematischen Erfassung der Kernpunkte auch die Diskussion bisher unbekannter Sachverhalte sowie das Einbringen neuer Aspekte durch die Befragten.[28]

Die Interviews wurden per Audioaufnahme vollständig dokumentiert und anschließend in geglätteter Art und Weise verschriftlicht.[29] Des Weiteren wurden zusätzliche Materialien (z. B. technische Dokumentationen oder öffentliche

---

[23] Für eine realistische Abbildung des Phänomens sollen möglichst typisch Fälle betrachtet werden (vgl. Miles u. a. [2014], S. 31). Eine Ergänzung einzelner untypischer Fälle kann zudem eine höhere Vollständigkeit der Datenerfassung sowie die Berücksichtigung einzelner Ausreißer sicherstellen (Vgl. Stake [1995], S. 4 und Yin [2018], S. 105 f.).

[24] Die Auswahl der Fälle für die Explorationsstudie wird in Abschnitt 3.2 erläutert.

[25] Eigene Darstellung.

[26] Vgl. Yin (2015), S. 129 ff.

[27] Der Umfang des empirischen Mengengerüsts wird in Abschnitt 3.2 erläutert.

[28] Vgl. Döring und Bortz (2016), S. 358 f. und Yin (2015), S. 134 f.

[29] Bei umfangreicheren Interviews und Diskussionen wurden die relevanten Teile in zusammenfassenden Protokollen teiltranskribiert. Vgl. Döring und Bortz (2016), S. 583.

Geschäftsberichte) gesichtet sowie die Umgebungen der Fälle (insbes. die technischen Systemlandschaften) analysiert und in abstrahierten Strukturdiagrammen dokumentiert. Die Sichtung der zusätzlichen Materialien ermöglichte ein tieferes Durchdringen des Fallkontextes und somit eine effizientere Durchführung der Interviews.[30]

Anschließend wurden die erhobenen Daten ausgewertet, um für die zur Beantwortung der Forschungsfragen relevante Kernergebnisse zu identifizieren. Als Vorgehen der Auswertung wurde in dieser Arbeit eine strukturierende qualitative Inhaltsanalyse durchgeführt. Hierbei wurden relevante Inhalte anhand eines Kodierleitfadens[31] identifiziert, kategorisiert und zusammengefasst.[32] Diese Auswertungsmethode eignet sich aufgrund ihres induktiven Vorgehens insbesondere bei explorativen Fragestellungen und ist auch bei einer begrenzten Stichprobengröße wie in dieser Studie sinnvoll anwendbar.[33] Die aufbereiteten Auswertungen der Fälle wurden im Zuge einer Fallkontrastierung gegenüberstellend diskutiert, um Gemeinsamkeiten und Unterschiede aufzuzeigen und generischere Erkenntnisse hinsichtlich der ursprünglichen Forschungsfragen bzw. der abzuleitenden Konzeptanforderungen zu gewinnen.[34]

3.2   Fallauswahl und empirisches Mengengerüst

Zu Beginn der mehrstufigen Fallauswahl (siehe Abbildung 3.6) stand eine initiale Online-Recherche zur Identifizierung potenzieller Fallkandidaten in Organisationen sowie zugehöriger Ansprechpartner. Die zentralen Kriterien für eine Qualifikation als Fallkandidat war der zu erwartende Erkenntnisgewinn durch die Betrachtung des Falls[35] sowie ein Bezug des Ansprechpartners zum Themenbereich der analytischen Informationssysteme. Aus dieser Vorselektion resultierten

---

[30] Vgl. Yin (2015), S. 130 ff.

[31] Die Kategorien für die Kodierung leiten sich aus den Erkundungszielen (siehe oben) ab und teilten sich in: *Analytische Anwendungsfälle, Relevanz einer dezentralen Datenhaltung, Fachlich-technische Rahmenbedingungen* und die *technische Charakterisierung von Architekturansätzen.*

[32] Vgl. Mayring und Fenzl (2019), S. 633 ff.

[33] Vgl. Döring und Bortz (2016), S. 540 f.

[34] Vgl. Yin (2018), S. 55 und Kelle, U. und Kluge, S. (2010), S. 56 ff.

[35] Bspw. durch eine Unternehmensgröße oder ein Tätigkeitsfeld in welchem komplexere Datenhaltungen zu erwarten sind oder durch eine Auszeichnung einer Expertise in diesem Feld, z. B. durch Vorträge oder Veröffentlichungen.

74 Kontaktaufnahmen[36] mit 35 Rückmeldungen, woraus sich 18 Sondierungs-
gespräche für eine Vorqualifizierung ergaben. Hierbei wurde das Forschungsvorhaben vorgestellt und die Relevanz des Falls diskutiert. Durch die Analyse der
Relevanz sowie des möglichen Erkenntnisgewinns konnten acht Fallkandidaten
mit hoher Relevanz für die weitere Erhebung identifiziert werden, von welchen
zwei Fälle aufgrund der Bereitschaft der Organisationen zu einer umfangreichen
Untersuchung einen hohen Erkenntnisgewinn versprachen.

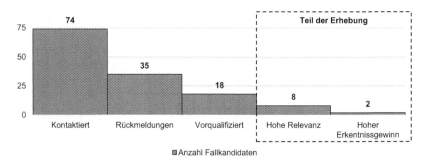

Abbildung 3.6 Auswahlprozess der Fälle[37]

Das Ergebnis der Fallauswahlprozess sind somit in acht für die Erhebung
relevante Fälle: die beiden Hauptfälle HF1 und HF2 mit einem hohen potenziellen Erkenntnisgewinn sowie sechs Unterstützungserhebungen UE1–UE6 mit einer
hohen Relevanz und einem geringeren Umfang.

Tabelle 3.1 zeigt das empirische Mengengerüst der Erhebung anhand der
Anzahl durchgeführter Workshops und Interviews sowie der Verfügbarkeit
zusätzlicher Materialien, wie bspw. technische oder fachliche Dokumente. Ein
Workshop stellt eine moderierte Diskussion mit mehreren Ansprechpartnern dar
und kann einen Umfang von mehreren Stunden aufweisen.[38] Bei den Inter-
views handelt es sich um semistrukturierte Interviews mit einem oder mehreren
Ansprechpartnern, die einen Umfang von jeweils 60–120 Minuten aufweisen.
Die Workshops ermöglichten eine inhaltliche Einordnung der Fälle sowie einen
Überblick über die technischen Systemlandschaften und wurden mit zusammen-
fassenden Protokollen sowie technischen Skizzen dokumentiert. Die Interviews

---

[36] Die Kontaktaufnahme erfolgte durch eine persönliche Ansprache oder per E-Mail.

[37] Eigene Darstellung.

[38] In der qualitativen Sozialforschung wird dieser Ansatz auch als Gruppendiskussion oder
Fokusgruppen-Interview bezeichnet. Vgl. Yin (2015), S. 140 f.

Tabelle 3.1 Empirisches Mengengerüst der Explorationsstudie

Fall	Organisation	Branche	#Workshops	#Interviews	Zus. Mater.
HF1	Seehafen	Logistik	2	13	x
HF2	Carsharing-Anbieter	Mobilität	3	6	x
UE1	Chemie-Unternehmen	Produktion	1	1	
UE2	Flughafen	Luftverkehr	2	1	x
UE3	Kommune	Verwaltung	1	1	x
UE4	Seehafen	Logistik	1	0	x
UE5	Windpark-Betreiber	Energie	0	1	
UE6	Energie-Anbieter	Energie	1	1	x
Gesamt			**11**	**24**	

hatten einen stärkeren Fokus auf einzelne Fragestellungen und wurden zusammenfassend transkribiert sowie im Zuge einer qualitativen Inhaltsanalyse[39] einzeln ausgewertet.

3.3 Darstellung der Fälle

Das folgende Unterkapitel stellt die Rahmenbedingungen und Ergebnisse der Explorationsfälle dar. Die Abschnitte 3.3.1 und 3.3.2 gehen auf die umfangreicheren Hauptfälle HF1 und HF2 ein. Abschnitt 3.3.3 erläutert die sechs Unterstützungserhebungen UE1–UE6.[40] Für eine ein erweitertes Verständnis der relevanten Kontexte werden jeweils zuerst die Rahmenbedingungen der Fälle eingeordnet (z. B. Umfang und Zeitraum der Erhebung, Branche, Unternehmensgrößen und relevante Stakeholder) sowie der erwartete Nutzen der Beteiligten und analytische Anwendungsfälle erläutert. Anschließend wird der Untersuchungsgegenstand durch relevante fachlich-technische Rahmenbedingungen und eingesetzte Architekturansätze in der Datenhaltung charakterisiert (siehe Abbildung 3.7).

---

[39] Vgl. Abschnitt 3.1.

[40] Einzelne Teile der Explorationsergebnisse wurden in Ereth und Baars (2022) zur Diskussion eines möglichen Einsatzes von analytischen Capabilities veröffentlicht. Der überwiegende Teil der Ergebnisse ist aber originär dieser Forschungsarbeit vorbehalten.

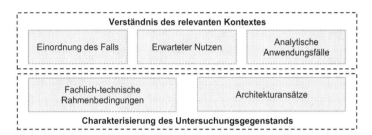

Abbildung 3.7 Aufbau der Fallpräsentationen[41]

3.3.1 Integriertes Verkehrscontrolling eines Seehafens

Im Folgenden wird der erste Hauptfall HF1 dargestellt. Hierfür werden zuerst die Rahmendaten des Falles erläutert und anschließend die Ergebnisse der Erhebung in aufbereiteter Form[42] präsentiert.

3.3.1.1 Einordnung des Falls

Bei der betrachteten Organisation handelt es sich um den größten Hafen in Deutschland und den drittgrößten Containerhafen Europas. Die Infrastruktur umfasste zum Zeitpunkt der Studie 277 Liegeplätze für Schiffe und 44 Terminals. Der Hafen hat einen jährlichen Umschlag von 136,5 Millionen Tonnen auf See, 45,5 Millionen Tonnen auf der Schiene und 10,7 Millionen Tonnen in der Binnenschifffahrt.[43] Die Organisation des Hafens ist funktional nach den verschiedenen Verkehrsträgern strukturiert.[44]

Der Einsatz von Daten und analytischen Informationssystemen spielt für den Hafen eine strategische Rolle. Die Hafenleitung betrachtet die Integration der Daten als strategisches Kernthema und sieht Themen wie Business Intelligence und Analytics als zentral zur Verbesserung der Prozesseffizienz sowie als Grundlage für neue Geschäftsmodelle. Die Untersuchung betrachtete in diesem Kontext die Umsetzungsmöglichkeiten eines integrierten Verkehrscontrollings[45] innerhalb

---

[41] Eigene Darstellung.

[42] Eine detaillierte Auflistung der Ergebnisse ist im elektronischen Zusatzmaterial einsehbar.

[43] Zum Zeitpunkt der Erhebung.

[44] Zum Zeitpunkt der Studie fand eine Restrukturierung der Organisation statt, um die öffentlichen Aufgaben besser von den privatwirtschaftlichen Interessen zu trennen.

[45] Verkehrscontrolling beschreibt die Überwachung und Auswertung von Verkehrsströmen mit dem Ziel diese zu verbessern.

der Hafeninfrastruktur, welches Verkehrsdaten der verschiedenen Verkehrsträger zusammenführen und in einem integrierten Port Traffic Center auswertbar machen soll.

Aufgrund der funktionalen Trennung der Organisationseinheiten verfügt jeder Verkehrsträger über ein eigenes Verkehrscontrolling, welches isoliert die Vorgänge des jeweiligen Bereichs betrachtet, ohne im Austausch mit anderen Einheiten zu stehen oder Wechselwirkungen zwischen den Verkehrsträgern zu berücksichtigen. Diese Silo-Strukturen können zu problematischen Situationen im Gesamtsystem führen, bei denen bspw. Züge aufgrund des Verkehrsplans eines Seeschiffs blockiert werden. Jeder der Funktionsbereiche verfügt zudem über eigene analytische Informationssysteme und Anforderungen an die Umsetzung des Verkehrscontrollings. Die zentrale Herausforderung für die Etablierung einer integrierten Verkehrscontrolling-Datenplattform liegt daher insbesondere in der Zusammenführung der verschiedenen Systeme, Technologien und Prozesse der Verkehrsträger, um eine übergreifende Auswertung und Verbesserung der Verkehrsflüsse im gesamten Hafen zu ermöglichen. Der hierfür notwendige Umgang mit heterogenen und verteilten Systemlandschaften zeigt die Relevanz des Falls für die Forschung. Aufgrund der breiten organisatorischen Verteilung der Stakeholder sowie die Bereitschaft der Organisation zur umfangreichen Kooperation bietet der Fall zudem einen hohen potenziellen Erkenntnisgewinn.

Abbildung 3.8 zeigt die Stakeholder (ST) des Falls und den relevanten Teil der Organisationsstruktur der betrachteten Hafenbehörde. Relevante Stakeholder sind die Verkehrsträger[46] sowie weitere für das Verkehrscontrolling wesentliche Bereiche[47]. Alle diese Stakeholder liefern Daten für ein übergreifendes Verkehrscontrolling und haben gleichzeitig ein berechtigtes Interesse an den Erkenntnissen, die eine übergreifende Lösung zur Verkehrssteuerung generieren kann. Somit sind alle Stakeholder des Falls sowohl Datenlieferanten als auch Konsumenten der Datenplattform.

Die Datenerhebung wurde im Zeitraum von November 2016 bis November 2017 durchgeführt und umfasste zwei Halbtags-Workshops mit Vertretern aller Stakeholder, die (i) zu Beginn der Exploration zur Schaffung eines initialen Überblicks und (ii) zum Abschluss zur Präsentation und Diskussion der Ergebnisse stattfanden. Zwischen diesen Terminen wurden insgesamt 13 semistrukturierte Interviews mit verschiedenen Ansprechpartnern der oben genannten Stakeholder

---

[46] Road Network & Traffic Management (Straßenverkehr, ST3) und Railway Infrastructure (Schienenverkehr, ST1).

[47] Landside Public Infrastructure (Landseitige Infrastruktur, ST2), Digital Affairs & Businessmodels (Digitalisierung, ST6), Port Development (Hafengesamtstrategie, ST5) und Transport & Environmental Strategy (Verkehrs- und Umweltstrategie, ST4).

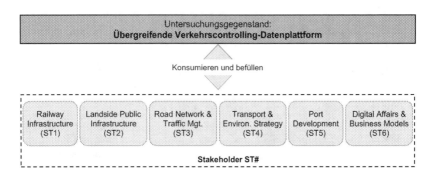

Abbildung 3.8 Stakeholder und Untersuchungsgegenstand in HF1[48]

durchgeführt. Hierbei wurden die Geschäftsprozesse und die Systemlandschaften der jeweiligen Verantwortungsbereiche analysiert und technische sowie fachliche Rahmenbedingungen einer übergreifende Verkehrscontrolling-Datenplattform erhoben. Darüber hinaus wurden verschiedene interne und öffentliche Dokumente (z. B. Referenzarchitekturen und Geschäftsberichte) des Unternehmens gesichtet, um ein besseres Verständnis der Unternehmensvision und der bestehenden Systemlandschaft zu erhalten.

3.3.1.2 Ergebnisse der Erhebung

Die folgenden Absätze stellen die aufbereiteten Ergebnisse des Hauptfalls HF1 dar. Die Ergebnisse der Interviews und der Analyse der Umgebung werden dabei in zusammengefasster Form präsentiert. Einzelaussagen und Erkenntnisse wurden für eine bessere Verständlichkeit ggf. in konsolidierte Formulierungen zusammengeführt.

Analytische Anwendungsfälle

Tabelle 3.2 listet analytische Anwendungsfälle des Falls auf und verdeutlicht die Intention der geplanten verkehrsträgerübergreifenden Analyselösung. Hauptanwendungen sind die verkehrsträgerübergreifende Frachtverfolgung sowie übergreifende Analysen und Planungen von Verkehrsströmen. Einer der Befragten nannte das Beispiel des Frachtcontainers, der für das Verkehrscontrolling der

---

[48] Eigene Darstellung.

Tabelle 3.2   Analytische Anwendungsfälle in HF1

Fokus	Beschreibung
Frachtverfolgung	Nachverfolgung und Analyse von Frachtwegen innerhalb sowie außerhalb (z. B. auf der Straße/ Schiene) des Hafengebiets.
Verkehrsplanung	Verkehrsträgerübergreifende Planung von Verkehrsströmen.
Auslastungsanalysen	Identifikation von Auslastungsschwerpunkten und Simulation von Lösungswegen.
Nachhaltigkeitsreporting	Deskriptive Analysen zur Erstellung von Berichten zur Emissionsdokumentation.
Anreiz- und Abrechnungsmodelle	Schaffung einer Datengrundlage für individuelle Anreiz- und Abrechnungsmodelle für Kunden (Mieter, Reedereien oder Logistikunternehmen).
Explorative Datenanalysen	Analyse verschiedener Daten zur Ableitung nicht-offensichtlicher Erkenntnisse.
Betriebswirtschaftliches Reporting	Erstellung betriebswirtschaftlicher und operativer Berichte zur dispositiven Entscheidungsunterstützung.
Ad-hoc-Fragestellungen	Beantwortung von Ad-hoc-Fragestellungen im Tagesgeschäft.

Bahn (ST1) nach dem Verladen auf die Straße (ST3) aktuell nicht mehr verfolgbar ist.[49] Die Kennzahlen aus dem Straßenverkehr wären bei der Planung der Verkehrsströme auf der Schiene aber hilfreich.

Eine weitere Anwendung ist die Identifikation von Auslastungsschwerpunkten (bspw. Wartezeiten von Zügen und Lastkraftfahrzeugen aufgrund blockierter Brücken durch den Seeverkehr[50]) sowie eine Simulation möglicher Lösungswege und deren verkehrsübergreifende Auswirkungen. Jeder dieser beschriebenen Anwendungen hat dabei eine unmittelbare Auswirkung auf das Tagesgeschäft sowie die operative Abstimmung der Verkehrsträger (bspw. sollen die verkehrsträgerübergreifenden Analysen mittelfristig den Verkehrsplan proaktiv Beeinflussen).

Neben diesen operativen Anwendungen soll die Plattform übergreifende Analysen für das Nachhaltigkeitsreporting ermöglichen (z. B. die Umrechnung der Emissionen einer Fracht) sowie eine Datengrundlage für neue Anreiz- und

---

[49] Vgl. Interview HF1.5 (ST2).
[50] Vgl. Interview HF1.9 (ST3).

Abrechnungsmodelle (z. B. an die Auslastung gekoppelte Mieten für Liegen-
schaften) schaffen. Darüber hinaus sind explorative Analysen zur Gewinnung
neuer Erkenntnisse sowie die Erstellung sonstiger betriebswirtschaftlicher und
operativer Berichte (z. B. jährliche Verkehrsberichte) und die Beantwortung tagesaktueller Ad-hoc-Fragestellung (z. B. bzgl. der Auslastung bei Veranstaltungen)
unter Berücksichtigung der erweiterten Datenbasis relevante Anwendungen.

Erwarteter Nutzen

Tabelle 3.3 konkretisiert den erwarteten Nutzen einer übergreifenden Lösung aus
Sicht der Stakeholder. Hierbei zeigt sich, dass alle Stakeholder eine bessere Datengrundlage für Entscheidungen durch die Berücksichtigung verkehrsträgerüber-
greifender Zusammenhänge erwarten. Hiervon versprechen sich die Stakeholder
Produktivitätssteigerungen, da der Hafen am Markt als übergreifender Logistikan-
bieter auftritt und Fracht vom internationalen Schiffverkehr bis zur Zustellung im
Hinterland per Binnenschiff, Zug oder LKW abwickelt. Ein Ansprechpartner sprach
in diesem Zusammenhang von „vielen Datenschätzen, die [durch eine Kombination]
gehoben werden könnten"[51].

Tabelle 3.3 Erwarteter Nutzen eines übergreifenden Verkehrscontrollings in HF1

	Stakeholder ST#					
Beschreibung	**ST1**	**ST2**	**ST3**	**ST4**	**ST5**	**ST6**
Bessere Datengrundlage für Entscheidungen durch Berücksichtigung verkehrsträgerübergreifender Zusammenhänge	x	x	x	x	x	x
Ermöglichung neuer Dienstleistung und Geschäftsmodelle	x			x	x	x
Bessere Kommunikation von Daten		x	x	x		
Einfachere Datenakquise		x		x	x	
Entlastung von Ressourcen		x	x	x	x	x
Konsistente Datenbasis für zielgerichtetere Diskussionen	x	x	x	x	x	

   Neben besseren und konsistenten Erkenntnissen versprechen sich einige Stakeholder zudem Entlastung von Ressourcen durch eine Vermeidung von redundanten

---

[51] Interview HF1.7 (ST4).

Tätigkeiten (insb. in der Datenaufbereitung bspw. durch das „manuelle Auflösungen von Widersprüchen"[52]) sowie ein einfacheres Auffinden von relevanten Daten (Datenakquise), da hier momentan noch „zahlreiche manuelle Prozesse und Excel-basierte Lösungen"[53] eingesetzt werden und nicht immer klar ist, an welchen Stellen welche Daten überhaupt verfügbar sind. Damit eng verbunden ist auch die Erwartung einer besseren Kommunikation der Daten zur Schaffung eines Bewusstseins für die unternehmensweite Verwertung von Daten („raus aus den Silos"[54]) sowie für die Präsentation nach Außen (bspw. durch die Schaffung einer höheren Transparenz im öffentlichen Bereich[55]). In einer letzten Stufe sollen die übergreifenden Analysen neue Dienstleistungen und Geschäftsmodelle ermöglichen. Als Beispiele wurden ein emissionsbasiertes Anreizsystem für Verkehrsteilnehmer[56] oder eine Monetarisierung durch die Bereitstellung von „Open Data für die am Hafen ansässigen Unternehmen"[57] genannt.

Fachlich-technische Rahmenbedingungen
Tabelle 3.4 zeigt eine aggregierte Liste fachlich-technischer Rahmenbedingungen für die Umsetzung einer verkehrsträgerübergreifenden Lösung in dem betrachteten Fall. Die Erhebung zeigt, dass es sich in dem Fall um eine überschaubare Systemlandschaft (R1.6) mit stabilen Strukturen (R1.5) handelt, die aktuell hauptsächlich für vordefinierte statische Auswertungen und Reportings verwendet werden soll (R1.2).

Mittelfristig wird allerdings der Bedarf gesehen, die „Zyklen [der Beladungen und Auswertungen] zu verkürzen"[58] und Daten in kürzeren Abständen oder sogar in (Nahe-)Echtzeit bereitzustellen. Bei der Bereitstellung der Daten soll die Lösung zudem über eine ausreichende Flexibilität verfügen, um Inhalte zielgruppengerecht und kompatibel für verschiedenste Folgesysteme aufzubereiten (R1.9, R1.11) und schnell neue Abnehmer und Datenquellen zu integrieren (R1.14).

---

[52] Interview HF1.18 (ST5).
[53] Interview HF1.18 (ST5).
[54] Interview HF1.18 (ST5).
[55] Vgl. Interview HF1.7 (ST4).
[56] Vgl. Interview HF1.7 (ST4).
[57] Interview HF1.4 (ST6).
[58] Interview HF1.11 (ST5).

Tabelle 3.4 Fachlich-technische Rahmenbedingungen in HF1

Fachlich-technische Rahmenbedingung R#		Stakeholder ST#					
		ST1	ST2	ST3	ST4	ST5	ST6
R1.1	Fachbereich entscheidet, wann und was bereitgestellt wird.	x		x		x	
R1.2	Zeitlich keine Kritikalität, da meist statische Berichte	x		x	x	x	
R1.3	Keine Notwendigkeit aller Rohdaten, aber Flexibilität für Vollständigkeit für explorative Fälle				x	x	
R1.4	Sensible Daten verbleiben in Quellsystem, Fachbereich entscheidet, welche Felder geteilt werden.	x			x	x	
R1.5	Strukturen der Daten in Quellsystemen sind stabil	x	x		x		
R1.6	Aktuell Integration von < 10 Drittsysteme	x	x	x	x	x	
R1.7	Speichern skalierbarer Mengen heterogener Daten mit und ohne Schema			x	x		
R1.8	Langfristige Speicherung (nichts wird gelöscht, bei Bedarf auch Rohdatenspeicherung), um zukünftig flexibel historische Analysen zu ermöglichen		x	x	x	x	x
R1.9	Schema-Flexibilität zur Abbildung versch. Datensätze in zielgruppengerechter Art	x	x		x	x	
R1.10	Zentraler technischer Betrieb durch übergreifende Partei	x			x	x	

(Fortsetzung)

Tabelle 3.4 (Fortsetzung)

Fachlich-technische Rahmenbedingung R#		Stakeholder ST#					
		ST1	ST2	ST3	ST4	ST5	ST6
R1.11	Flexible Bereitstellung von Daten für < 15 Folgesysteme in wenigen ausgewählten Organisationseinheiten.	x	x		x	x	x
R1.12	Möglichst hoher Grad an Automatisierung von Integration und Auswertungen der Daten	x		x	x	x	
R1.13	Einhaltung von Datenschutz und Richtlinien (bspw. durch Pseudonymisierung)		x		x	x	x
R1.14	Schnelle Anpassungen und Integration neuer Abnehmer			x		x	x
R1.15	Zentrale fachliche Verwaltung und Qualitätssicherung durch übergreifende Partei	x	x	x	x	x	
R1.16	Metadaten kommen von dezentralen Fachbereichen mit Domänenwissen und werden auch von diesen gepflegt	x		x	x	x	
R1.17	Vorgaben, Standards und Glossare kommen von zentraler Stelle und sind einheitlich	x	x	x	x		x
R1.18	Metadatenverwaltung soll möglichst automatisiert abgewickelt werden.	x		x	x		

(Fortsetzung)

Tabelle 3.4   (Fortsetzung)

Fachlich-technische Rahmenbedingung R#		Stakeholder ST#					
		ST1	ST2	ST3	ST4	ST5	ST6
R1.19	Metadaten sollen auch außerhalb dieses Ökosystems genutzt werden und erweitert werden (bspw. durch Geodaten)		x		x		x
R1.20	Möglichst vollständige Bereitstellung der Daten bei Bedarf (realistischer Ansatz ~ 70–80 %)	x		x	x		x
R1.21	Metadaten werden an zentraler Stelle verwaltet und sind einfach auffindbar	x	x	x		x	x

Die angedachte Lösung wird von den Stakeholdern als „organisationsweite Datenplattform"[59] gesehen, die Daten für nachgelagerte analytische Informationssysteme und Spezialanwendungen (z. B. ein übergreifendes Frachtcontainer-Tracking) integriert und bereitstellt. Die zu verarbeitenden Daten der Lösung sind heterogen und umfassen sowohl strukturierte Daten (z. B. strategische Finanzdaten des Hafens oder Fahrpläne aus der Seeschifffahrt) sowie unstrukturierte Datensätze (z. B. Zeitreihen von Umweltsensoren im Hafengelände oder Bildmaterial von Verkehrskameras).

Darüber hinaus soll die Plattform die Daten möglichst im Rohformat speichern, da verschiedene Anwendungen (z. B. explorative Analysen) von vollständigen und historisch kompletten Rohdaten profitieren können (R1.2, R1.8, R1.20). Mehrere Interviewpartner bezeichneten das Ziel einer hundertprozentigen Vollständigkeit allerdings als unrealistisch und nannten eine Vollständigkeit von 70–80 % als ausreichend für den Großteil der geplanten analytischen Anwendungen (z. B. einer Trendanalyse). Vier der sechs befragten Stakeholder formulierten zudem den Wunsch nach einem möglichst hohen Grad der Automatisierung in der Datenhaltung- und Verarbeitung. Insbesondere hinsichtlich der Wartung und des Betriebs der Lösung (R1.12). Als Hintergrund hierfür nannten die Ansprechpartner die aktuell sehr arbeitsintensiven manuellen Prozesse in der Datenakquise und -Transformation.

---

[59] Interview HF1.11 (ST5).

Zudem wurden fehlende personelle Ressourcen und Fachkenntnisse in der Datenanalyse als Problem genannt.

Zur Sicherstellung der Verknüpfung und integrierten Auswertbarkeit der Daten aus verschiedenen Bereichen schrieben die Befragten einem systematischen Metadatenmanagement eine hohe Wichtigkeit zu. Neben der Anforderung, eine entsprechende Automatisierung zu realisieren (R1.18), gab es auch konkrete Vorstellungen der Verteilung der Verantwortlichkeiten. Die meisten Ansprechpartner sprachen sich für einen föderierten Ansatz aus, bei dem eine zentrale Instanz Regeln und Vorgaben definiert (R1.15, R1.21) und die fachliche Kompetenz und Betreuung dezentral bei den jeweiligen Verkehrsträgern liegt (R1.1, R1.16). Ein Ansprechpartner beschrieb diese Anforderung wie folgt: „Wir brauchen zur Qualitätssicherung übergreifende Vorgaben"[60] zudem sollen aber „alle fachlichen Daten in eigenen Domänen liegen […] und die Eigentümer [der Daten] sollen bestimmen, wer mit welchen Werkzeugen was [mit diesen Daten] machen kann"[61].

Architekturansätze in der Datenhaltung
Abbildung 3.9 zeigt eine technische Architekturskizze der Datenhaltung in diesem Fall, die auf Basis der bestehenden Systemlandschaft sowie den zuvor genannten Rahmenbedingungen erarbeitet und gemeinsam mit den Verantwortlichen diskutiert wurde. Die Skizze stellt eine prototypische Diskussionsgrundlage dar, da sich die Plattform zum Zeitpunkt der Erhebung noch in der Konzeptionsphase befand und keine fertige Implementierung zur Untersuchung zur Verfügung stand. Die identifizierten Komponenten wurden zudem nach dem logischen Funktionsverständnis einer Datenhaltung in analytischen Informationssystemen[62] eingeordnet.

Über den Quellsystemen, die in den verschiedenen Verkehrsträgern anzusiedeln sind, sieht die Lösung eine Extraktionsschicht vor. Diese Schicht beinhaltet Komponenten zur automatisierten Extraktion und Transformation von Daten aus den unterschiedlichen Quellsystemen (S1.1). Die Extraktionsprozesse sollen entgegen dem aktuellen Zustand vollständig automatisiert werden und in regelmäßigen Abständen per Stapelverarbeitung Daten aus den vorgelagerten Systemen laden und in die nachgelagerte Speicherlösung übertragen. Entsprechend dem Wunsch nach einer föderierten Organisation obliegt die fachliche Betreuung der Extraktion (bspw. die Bestimmung und Beschreibung relevanter Felder) dem jeweiligen Fachbereich des Quellsystems, wohingegen die technische Bereitstellung, die Definition

---

[60] Interview HF1.12 (ST5).

[61] Interview HF1.12 (ST5).

[62] Vgl. Abschnitt 2.1.2.

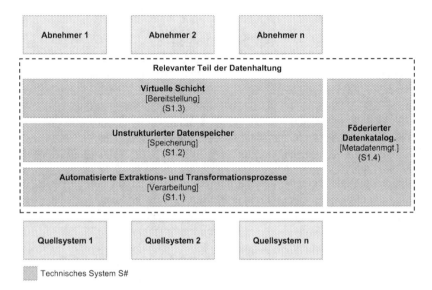

Abbildung 3.9   Technische Architekturskizze der Datenhaltung in HF1[63]

der Rahmenbedingungen (z. B. Datenformate) sowie die Überwachung des Betriebs durch eine zentrale Instanz der Plattform verantwortet wird.

Für die Speicherung der Daten erwies sich aufgrund der zu erwartenden Datenvolumen sowie der notwendigen Flexibilität beim Umgang mit den heterogenen Datenquellen ein unstrukturierter Datenspeicher (z. B. ein Objektspeicher oder eine NoSQL-Datenbank) als sinnvolle Lösung (S1.2). Dieser Aufbau bietet die notwendige Flexibilität, verschiedene Arten von Daten zu speichern und schnell neue Datenquellen anzubinden. Eine solche Speicherlösung kann zudem effizient mit umfangreichen Datensätzen (z. B. Zeitreihendaten von Sensoren aus dem Hafengelände) umgehen.

Hinsichtlich der Bereitstellung sieht die Architektur eine Abstraktion der Speicherungsschicht durch den Einsatz von Datenvirtualisierung vor (S1.3). Hierbei stellt eine Software technische Schnittstellen (z. B. über SQL oder http) für den Zugriff auf aufbereitete virtuelle Sichten der unstrukturierten Daten zur Verfügung. Somit können flexibel verschiedene Datensätze aus dem umstrukturierenden Datenspeicher kombiniert und integriert bereitgestellt werden. Zudem verringert diese Abstraktion die Komplexität der Datenkonsumierung durch Folgesysteme und

---

[63] Eigene Darstellung.

ermöglicht eine höhere Kontrolle über die weitergegebenen Inhalte und Zugriffe. So können bspw. Datenschutzvorgaben durch eine Pseudonymisierung eingehalten werden und die Auswirkungen auf die Leistung des Systems durch aufwendige Abfragen verringert werden. Da die Plattform selbst nur ein technisches Quellsystem für verschiedene Folgesysteme darstellen soll, reicht eine Bereitstellung technischer Schnittstellen aus und es besteht keine Notwendigkeit für nutzerorientierte Oberflächen o. Ä.

Zur Umsetzung des Metadatenmanagements sieht die Lösung den Einsatz eines föderierten Datenkatalogs vor (S1.4). Hierbei stellt die Plattform einen zentralen Datenkatalog bereit, der Vorgaben und Standards für die Erfassung und Dokumentation von Metadaten beinhaltet. Die fachliche Beschreibung der Daten und Begrifflichkeiten obliegt den jeweiligen Fachbereichen. Die Befüllung geschieht überwiegend automatisiert über die Extraktionsschicht. Die Integration einer neuen Datenquelle erfordert somit nur die Beschreibung der zentral vorgegebenen Minimalanforderungen (z. B. Georeferenzierungen, identifizierende Merkmale oder fachliche Verantwortlichkeiten), die eine Kombination mit anderen Daten ermöglichen.

Die vorgeschlagene Architektur basiert auf den erhobenen Rahmenbedingungen und berücksichtigt zukünftige Pläne zur Skalierung der Plattform. Die Skizze orientiert sich an die Strukturen eines traditionellen Data Warehouses, umfasst aber Strukturen die eine größere Bandbreite an Quellsystemen, den Umgang mit heterogenen Daten sowie Anwendungen mit einem operativen Charakter ermöglichen. Die Architektur sowie mögliche Wege der Implementierung mit Software-Werkzeugen wurden in einem abschließenden Workshop mit Verantwortlichen aus der IT sowie den Fachbereichen der Verkehrsträger diskutiert. Als positiv wurden hierbei insbesondere die föderierten Strukturen der Metadaten hervorgehoben, die zentrale Vorgaben beinhalten und gleichzeitig den Fachbereichen die Freiheit für eigene Initiativen lassen. Als potenzielle Limitierung brachten die Diskussionsteilnehmer mögliche Leistungsengpässe bei einer virtuellen Integration von Daten auf, die allerdings über eine teilmaterialisierte Zwischenspeicherung[64] aufgelöst werden können.

---

[64] Vgl. Van der Lans (2012), S. 119 ff.

3.3.2 Datenplattform eines Carsharing-Anbieters

Im Folgenden wird der zweite Hauptfall HF2 dargestellt. Hierfür werden zuerst die Rahmendaten des Falles erläutert und anschließend die Ergebnisse der Erhebung in aufbereiteter Form präsentiert.[65]

3.3.2.1 Einordnung des Falls

Der Fall exploriert den Aufbau einer unternehmensweiten Datenplattform bei einem Carsharing-Anbieter mit über drei Millionen Kunden und ungefähr 14 Tausend Fahrzeugen weltweit[66]. Der Kern des Geschäftsmodells des betrachteten Unternehmens besteht aus Kurzzeitmieten von Personenfahrzeugen in urbanen Gegenden. Die Abwicklung der Miete erfolgt ausschließlich digitale über eine Software-Anwendung für mobile Endgeräte, die das Auffinden und Reservieren verfügbarer Fahrzeuge sowie eine minutengenaue Abrechnung ermöglicht.

Zur Sicherstellung eines zukunftsorientierten Betriebs und der kontinuierlichen Verbesserung der Dienstleistungen sammelt und analysiert das Unternehmen Daten aus internen und externen Quellsystemen. Für einen effizienten Umgang mit diesen Daten plant das Unternehmen die Etablierung einer unternehmensweiten Datenplattform, die als übergreifende Sammel- und Verteilstelle für alle relevanten Informationen des Geschäftsbetriebs dienen soll. Zum Zeitpunkt der Erhebung existiert eine monolithisch aufgebaute Business-Intelligence-Umgebung, die hauptsächlich für eine finanzbezogene Managementunterstützung genutzt wird. Des Weiteren umfasst die Systemlandschaft zahlreiche Individuallösungen und manuelle Prozesse zur Auswertung und Verteilung von Daten. Die Relevanz des Falls für die Arbeit begründet sich somit (i) durch die heterogene technische Systemlandschaft und (ii) durch die operativen analytischen Anwendungsfälle, die anwendungsspezifische Datenhaltungen erfordern. Aufgrund der Bereitschaft des Unternehmens zu einer umfangreichen Kooperation bietet der Fall zudem einen hohen potenziellen Erkenntnisgewinn.

Abbildung 3.10 zeigt die für die Datenplattform relevanten Stakeholder (ST) sowie deren Verantwortlichkeiten. Die Abteilung System Landscape (ST6) verantwortet hierbei die übergreifende Planung, die Umsetzung sowie den späteren Betrieb der technischen Lösung. Die Abteilungen Management Reporting (ST1) verantwortet das statische Reporting hauptsächlicher strategischer Unternehmensdaten. Spezielle Anfragen und umfangreiche Analysen liegen im Aufgabengebiet

---

[65] Eine detaillierte Auflistung der Ergebnisse ist im elektronischen Zusatzmaterial einsehbar.

[66] Zum Zeitpunkt der Erhebung war das Unternehmen an 26 Standorten (14 in Europa, 11 in Nordamerika und einen in China) tätig.

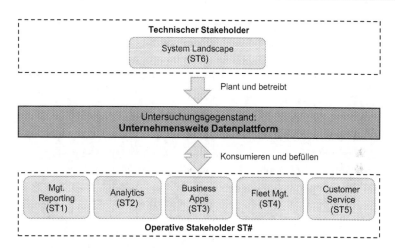

Abbildung 3.10 Stakeholder und Untersuchungsgegenstand in HF2[67]

des Bereichs Analytics (ST2). Neben diesen datenfokussierten Bereichen sind die operativen Stakeholder Customer Service (Kundenservice, ST5), Fleet Management (Flotten-Management, ST4) und Business Apps (Entwicklung neuer Anwendungen und Dienstleistungen, ST3) die initialen Hauptkonsumenten und gleichzeitig die wichtigsten Datenlieferanten der Datenplattform. In zukünftigen Ausbauschritten soll die Plattform um weitere interne sowie externe Anwender erweitert werden.

Die empirische Datenerhebung wurde im Zeitraum von April 2016 bis Mai 2017 durchgeführt und umfasste drei Halbtags-Workshops, die (i) eine Sichtung der Ausgangssituation, (ii) einen übergreifenden Austausch der operativen Stakeholder (ST3, ST4 und ST5) und (iii) eine abschließende Diskussion mit den Verantwortlichen und der Unternehmensführung ermöglichten. Zudem wurden sechs semistrukturierte Interviews mit Ansprechpartnern der verschiedenen Stakeholdergruppen geführt, um die Geschäftsprozesse und die Systemlandschaft zu analysieren und fachliche-technische Rahmenbedingungen zu erheben. Des Weiteren wurden im Zuge der Untersuchung interne und öffentliche Dokumente (z. B. technische Dokumentationen oder interne Strategiepapiere) ausgewertet und mit den Erkenntnissen der Erhebung kombiniert, um ein umfassendes Bild der Umgebung zu erhalten.

---

[67] Eigene Darstellung.

3.3.2.2 Ergebnisse der Erhebung

Die folgenden Absätze stellen die aufbereiteten Ergebnisse des Hauptfalls HF2 dar. Die Ergebnisse der Interviews und der Analyse der Umgebung werden dabei in zusammengefasster Form präsentiert. Einzelaussagen und Erkenntnisse wurden für eine bessere Verständlichkeit ggf. in konsolidierte Formulierungen zusammengeführt.

Analytische Anwendungsfälle

Tabelle 3.5 listet analytische Anwendungsfälle auf, die durch die geplante Daten-plattform bedient werden sollen. Die Anwendungen umfassen die Unterstützung des Managements durch die Erstellung wöchentlicher betriebswirtschaftlicher Berichte und der Beantwortung tagesaktueller Ad-hoc-Fragestellungen. Des Weiteren finden sich analytische Anwendungen zur Unterstützung des Tagesgeschäfts, wie z. B. die Aufbereitung von Daten für eine dynamische Bepreisung der Miete durch statistische Modelle zur Kalkulation eines passenden Minutenpreises oder Analysen zur Unterstützung des Relocation-Prozesses[68] unter Beachtung der aktuellen Auslastung oder des Fahrzeugstandorts mit der höchsten Wahrscheinlichkeit einer kurzfristig erneuten Miete.[69]

Ein weiteres operatives Anwendungsfeld ist die kontinuierliche Flottenüberwachung, die aktuell den Standort und Zustand der Fahrzeuge erfasst und auswertet. Dies ermöglicht eine Übersicht aller aktiven Fahrzeuge. Mittelfristig sollen weitere Fahrzeugdaten berücksichtigt werden, um z. B. ein proaktives Wartungsmanagement zu ermöglichen. Ein Ansprechpartner fasste diese Anwendung wie folgt zusammen: „wir wissen, ein Fahrzeug hat Batterie X und ist aus der Baureihe Y, dann können wir aus Erfahrungswerten sagen, es ist so und so wahrscheinlich, dass dieses Fahrzeug ausfällt"[70]. Die kontinuierliche Fahrzeugüberwachung ist zudem für die Betrugserkennung relevant, bei welcher zeitnah erkannt werden muss, wenn ein Fahrzeug einen zulässigen Mietbereich verlässt oder wenn ein Kunde ein auffälliges Nutzerverhalten aufweist. Die Ansprechpartner unterstrichen hierbei den zeitlichen Aspekt, da „es oft zu spät ist, wenn das Fahrzeug z. B. schon im Ausland ist"[71]. Die Erfassung und Analyse von Schäden an den Fahrzeugen sowie die Minimierung der Kosten bei der Abwicklung durch Partnerwerkstätten lassen sich auch diesen den operativen analytischen Anwendungen zuordnen. Zuletzt

---

[68] Relocation bezeichnet die Rückführung eines Fahrzeugs nach einer Miete sowie die bedarfsgerechte Positionierung dieses Fahrzeugs.

[69] Vgl. Interview HF2.1 (ST2).

[70] Interview HF2.6 (ST4).

[71] Interview HF2.6 (ST4).

Tabelle 3.5 Analytische Anwendungsfälle in HF2

Fokus	Beschreibung
Betriebswirtschaftliches Reporting	Erstellung betriebswirtschaftlicher und operativer Berichte zur dispositiven Entscheidungsunterstützung.
Ad-hoc-Fragestellungen	Beantwortung von Ad-hoc-Fragestellungen im Tagesgeschäft.
Dynamische Bepreisung	Berechnung von situationsbezogenen Preisen der Fahrzeugmiete (z. B. auf Auslastungsbasis).
Fahrzeugstandorte	Analyse des Flottenstatus sowie des Kundenbedarfs zur Verbesserung der Fahrzeugrückführung/ -standorte (Relocation).
Nutzungsverhalten der Kunden	Analyse des Kundenverhaltens (z. B. anhand der Smartphone-App-Nutzung) zur Verbesserung des Nutzererlebnisses.
Flottenüberwachung	Kontinuierliche Überwachung der Flotte zur Sicherstellung eines stabilen Betriebs (z. B. Standort, Status, Wartungsbedarf)
Betrugserkennung	Automatisierte Betrugserkennung durch die Auswertung des Kunden-/Fahrzeugverhaltens.
Explorative Analysen	Analyse verschiedener Daten zur Ableitung nicht-offensichtlicher Erkenntnisse (z. B. Mietverhalten, Ursachenanalyse)
Schadensabwicklung	Analyse der Schadensentstehung und -abwicklung zur Reduzierung der hierbei entstehenden Kosten.

umfasst die Liste explorative Analysen wie die Auswertung des Kundenverhaltens in der Smartphone-Anwendung zur Verbesserung des Nutzererlebnisses, explorative Trend-Analysen des Mietverhaltens oder Ursachenanalysen für durch den Kundenservice (ST5) erfasste Probleme.

Erwarteter Nutzen

Tabelle 3.6 fasst die wichtigsten Aspekte des erwarteten Nutzens einer multifunktionalen Datenplattform für die befragten Stakeholder zusammen. Alle Stakeholder nannten hierbei die Steigerung der Effizienz innerhalb der Prozesse und damit einhergehende Ressourceneinsparungen. Insbesondere die operativen Bereiche wie der Kundenservice (ST5) oder das Flottenmanagement (ST4) sprachen hier von unklaren Prozessen sowie starke Abhängigkeiten bei der Akquise von Daten aus anderen Bereichen (bspw. die Notwendigkeit von häufigen persönlichen Nach-fragen und aufwendigen manuellen Nacharbeiten). Dementsprechend umfasst der erwartete Nutzen eine Reduzierung dieser Abhängigkeiten sowie eine einfachere Datenakquise.

Tabelle 3.6 Erwarteter Nutzen der Datenplattform in HF2

Beschreibung	Stakeholder ST#				
	ST1	ST2	ST3	ST4	ST5
Aktuellere Daten (Nahezu-Echtzeit)	x		x	x	
Bessere Datengrundlage für Entscheidungen	x	x	x		x
Neue Dienstleistungen und Geschäftsmodelle			x		x
Reduzierung von Abhängigkeiten		x		x	x
Effizientere Prozesse und Ressourceneinsparungen	x	x	x	x	x
Einfachere Datenakquise und bessere Kommunikation		x		x	x

Vier der fünf befragten Stakeholder erwarteten eine grundsätzlich bessere Datengrundlage für Entscheidungen. Insbesondere durch die Bereitstellung und Verknüpfung von Rohdaten bzw. nicht-aggregierten Quelldaten („wir sehen etwas Gefiltertes und können gar nicht auf die [Quell]daten zugreifen"[72]) sowie die Integration und Berücksichtigung neuer Datenquellen (z. B. kommunale Open-Data-Quellen wie Informationen zur städtischen Straßenreinigung für eine bessere Flottenplanung[73]). Mit Hinblick auf zukünftige Entwicklungen des Geschäfts sahen die Stakeholder in der Plattform zudem das Potenzial für Auswertungen in gerin-geren Zeitabständen bis hin zu (Nahezu-)Echtzeitanalysen („das Ziel ist schon, dass wir [...] minutenaktuell sind"[74]). Eine schnellere und flexiblere Kombi-nation von Datenquellen ermöglicht des Weiteren neue Geschäftsmodelle und Dienstleistungen (bspw. stärker personalisierte Tarife oder ein Bonus-System für Partnerwerkstätten[75]).

---

[72] Interview HF2.6 (ST4).
[73] Vgl. Interview HF2.4 (ST3).
[74] Vgl. Interview HF 2.2 (ST1).
[75] Vgl. Interview HF 2.4 (ST3) und Interview HF 2.6 (ST4).

Fachlich-technische Rahmenbedingungen

Tabelle 3.7 zeigt eine Liste konsolidierter fachlich-technischer Rahmenbedingungen für die Umsetzung einer unternehmensweiten Datenplattform in dem betrachteten Fall.

Tabelle 3.7 Fachlich-technische Rahmenbedingungen in HF2

	Beschreibung	Stakeholder ST#				
		ST1	ST2	ST3	ST4	ST5
R2.1	Flexible Integration heterogener Quellsysteme.	x	x	x		
R2.2	Asynchrone Übertragung zur Ermöglichung von Streaming und zur Lastreduzierung.		x		x	x
R2.3	Kein direkter Zugriff auf Quellsystem, um Auswirkungen auf operative Systeme zu vermeiden.	x	x	x	x	x
R2.4	Schnelle Integration neuer Stakeholder und Quellsysteme.		x	x		x
R2.5	Integration in skalierbares Service-Ökosystem mit vielen Abnehmern.		x		x	x
R2.6	Bei Bedarf hohe Genauigkeit mit Übergabe von Rohdaten bis zu Losgröße 1.		x	x	x	
R2.7	Informationen über Inhalt, Struktur und Verantwortlichkeiten von Daten (Metadaten) müssen an zentraler Stelle verwaltet und vorgehalten werden.	x	x	x	x	x
R2.8	Eine einfach zu nutzende Datenbeschreibung zum Auffinden von Daten.		x	x	x	x
R2.9	Metadaten sollten von den jeweiligen fachlichen Stakeholdern verwaltet werden.	x		x	x	x
R2.10	Transformation der Daten sollte dokumentiert und historisiert werden (Data Lineage).	x		x		
R2.11	Hoher Grad an Automatisierung bei der Extraktion und Bereitstellung aus den Quellsystemen.	x			x	x

Die aktuelle Systemlandschaft besteht aus starren Datenschemata und langwierigen Änderungsprozessen, was einen effizienten Umgang mit den verschiedenen Quellsystemen und heterogenen Datenstrukturen (R2.1) erschwert. Die steigende

Agilität der Systemumgebung macht es allerdings notwendig, schnell neue Stakeholder und Datenquellen in die Plattform einzubinden (R2.4) und diese effizient
in ein wachsendes Service-Ökosystem mit zahlreichen Abnehmern zu integrieren
(R2.5). Ein IT-Ansprechpartner fasste die technische Vision wie folgt zusammen:
„Wir entwickeln unsere [IT-]Umgebung von einer monolithischen Lösung hin zu
vielen Microservices [...] mit vielen Schnittstellen"[76]. Diese Punkte zeigen die
zentrale Relevanz flexibler Strukturen in dem Fall.

Da es sich bei den Quellsystemen häufig um operative Systeme mit geschäfts-
kritischem Charakter handelt, unterstrichen alle Stakeholder die Wichtigkeit einer
Integration der Plattform ohne Auswirkungen auf den operativen Betrieb (R2.3).
Ein Ansprechpartner zog zur Verdeutlichung seiner Wunschlösung das Konzept
eines Audit Logs, also einer separaten Protokollierung aller operativen Vorgänge
für Analysezwecke, heran.[77] Die analytischen Anwendungsfälle zeigen zudem die
Notwendigkeit der Verringerung der Latenz zwischen der Datenerfassung und der
Auswertung auf. Vor allem bei operativen Anwendungen (z. B. im Flottenmanagement) sollen Auswertung unmittelbar mit aktuellen Daten möglich sein und
nicht wie bisher auf täglich oder sogar wöchentlich Ladezyklen basieren (R2.6).
In Zusammenhang mit der erforderlichen Latenz sowie der Unabhängigkeit von
operativen Systemen wurde als Lösungsvariante eine asynchrone Übertragung diskutiert, die Werte in einer Warteschlange (Message Queue) vorhält und Abnehmern
einen Abruf zu einem beliebigen Zeitpunkt ermöglicht (R2.2). Zuletzt erfordern
einige analytische Anwendungsfälle auch feingranulare Rohdaten langfristig zu
speichern und Transformationen der Daten chronologisch zu dokumentieren (sog.
Data Lineage[78]) (R2.10). Ein Beispiel sind explorative Ursachenanalysen, bei denen
es erforderlich ist „genau [zu] wissen, was bei dem einen Fahrzeug [zu einem
bestimmten Zeitpunkt] los war"[79].

Hinsichtlich der Einbindung und fachlichen Verwaltung von Metadaten zeigt sich
die Anforderungen einer technisch zentralen und fachlich föderierten Lösung, die
Metadaten über ein System verwaltet und bereitgestellt (R2.7), inhaltlich allerdings
von den entsprechenden Fachverantwortlichen (sog. Data Owner) gepflegt werden
kann (R2.9). Dies ermöglicht einen flexiblen Umgang mit den verteilten Quellsystemen und Fachdomänen. Als wichtige Anforderungen an ein solches System konnten

---

[76] Vgl. Interview HF 2.3 (ST6).

[77] Vgl. Interview HF 2.5 (ST5).

[78] Data Lineage (oder Data Provenance) beschreibt die Dokumentation des Ursprungs, der
Zusammensetzung sowie der Transformationen von Datensätzen oder Kennzahlen über einen
Zeitraum hinweg mit dem Ziel diese besser zu verstehen, Transformationen umzukehren oder
Dokumentationsvorschriften zu erfüllen. Vgl. Ikeda und Widom (2009), S. 1.

[79] Interview HF2.6 (ST4).

aus den erhobenen Informationen der Bedarf einer Automatisierung bei der Extraktion und Aktualisierung von Metadaten (R2.11) sowie eine einfache Möglichkeit zum Auffinden relevanter Daten aus allen Bereichen durch die Endnutzer (R2.8) abgeleitet werden.

Architekturansätze in der Datenhaltung

Die in Abbildung 3.11 gezeigte Architekturskizze zeigt die logische Struktur einer Datenhaltung, die sich durch die Diskussion der Rahmenbedingungen sowie der technischen Umgebung im Fall ergeben hat. Der Kern der Lösung besteht aus zwei Komponenten: einem Event Log (S2.1) als zentrale Datenvermittlung sowie ein zugehöriges föderiertes Metadatenmanagement (S2.2) zur Strukturierung und Dokumentation der Daten.

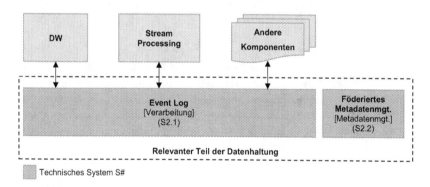

Abbildung 3.11 Technische Architekturskizze der Datenhaltung in HF2[80]

Die bestehenden Quellsysteme und Konsumenten (z. B. das DW oder andere Analysesysteme) sind an das zentrale Event Log angeschlossen, existieren aber weiterhin als autarke Komponenten. Der Ansatz bildet damit eine ereignisgesteuerte Architektur[81] ab und ermöglicht in dem Fall die notwendige Flexibilität und Erweiterbarkeit. Das Event Log S2.1 implementiert zudem eine asynchrone Übertragung, womit sich neue Datenquelle und Abnehmer schnell in die Architektur aufnehmen lassen und gleichzeitig eine Loslösung von operativen Datenquellen zur Verhinderung von Auswirkungen auf deren Leistung möglich ist. Des Weiteren ist mittels einer permanenten Speicherung der Daten innerhalb des Event Logs

---

[80] Eigene Darstellung.
[81] Siehe Abschnitt 2.1.2.

eine umfangreichere Historisierung von Datensätzen sowie deren Transformationen (z. B. für explorative Ursachenanalysen) möglich.

Aufgrund der Vielzahl potenzieller Datenquellen in der Systemlandschaft des Falls sind große Datenvolumen sowie eine hohe Anzahl an Message Queues zu erwarten. Dementsprechend sind eine systematische Verwaltung und Dokumentation der Daten und Strukturen notwendig. In der Lösungsskizze deckt dies ein föderiertes Metadatenmanagement (S2.2) ab. Das System S2.2 umfasst einen Datenkatalog, der eine Auflistung aller vorhandener Message Queues sowie eine Beschreibung der zugehörigen Daten und den fachlichen Verantwortlichkeiten beinhaltet. Der Datenkatalog ist für die Anwender mittels einer einfachen Web-Anwendung wie eine Web-Suchmaschine nutzbar. Für die Pflege der notwendigen Metadaten werden automatisiert technische Metadaten extrahiert (z. B. der letzte Aktualisierungszeitpunkt). Darüber hinaus steht den fachlich Verantwortlichen ein Software-Werkzeug zur manuellen Ergänzung inhaltlicher Informationen (z. B. Interpretationshinweise für Kennzahlen) zur Verfügung.

Die Diskussion der Architektur mit den Ansprechpartnern des Falls bestätigte die Adäquanz des Ansatzes. Insbesondere die Möglichkeiten, bestehende Systeme sukzessive in die ereignisgesteuerte Architektur einzugliedern und damit die aktuelle monolithische Lösung schrittweise abzubauen, wurde als großer Vorteil bewertet. Die fachlichen Stakeholder bewerteten zudem die föderierte Metadatenverwaltung positiv, da somit Wissen aus den Fachbereichen besser expliziert und mit anderen Beteiligten in der Organisation geteilt werden kann.

3.3.3   Unterstützungserhebungen

Die nachfolgenden Abschnitte stellen die Unterstützungserhebungen UE1–UE6 dar. Aufgrund des geringeren Umfangs der Fälle werden die Kontexte und Ergebnisse in komprimierter Form präsentiert.[82]

3.3.3.1   UE1: Landwirtschaftliche Datenplattform eines Chemieunternehmens

Der Fall UE1 wurde in Zusammenarbeit mit einem internationalen Chemiekonzern mit über 390 Produktionsstandorten in über 80 Ländern und weltweit knapp

---

[82] Eine Auflistung aller identifizierter Rahmenbedingungen und technischer Systeme ist im elektronischen Zusatzmaterial einsehbar.

120.000 Mitarbeitern durchgeführt. Der Konzern ist in zwölf Unternehmensbereiche geteilt und umfasst insgesamt über 400 Unternehmen.[83] Die Erhebung erfolgte im Bereich Pflanzenschutz und Ernährung, der insbesondere Produkte und Dienstleistungen für die industrielle Agrarbranche anbietet und an Landwirte weltweit vertreibt. Hier wurde eine Datenplattform betrachtet, die Daten aus verschiedenen internen und externen Datenquellen erfasst, aufbereitet und unterschiedlichen Abnehmern im Unternehmen sowie Kunden zur Verfügung stellt. Die hierbei aufgebaute heterogene Systemlandschaft der Plattform sowie der Umgang mit den organisatorisch verteilten Stakeholdern machen diesen Anwendungsfall dabei für die Forschung dieser Arbeit relevant.

Die Datenerhebung umfasste dabei (i) einen Sondierungsworkshop mit mehreren fachlichen und technischen Ansprechpartnern des Unternehmens zur Verschaffung eines generellen Überblicks sowie (ii) ein anschließendes semistrukturiertes Interview mit einem Architekturverantwortlichen der Datenplattform, in welchen insbesondere die technischen Details der Umsetzung diskutiert wurden. Aus den Erkenntnissen dieser Erhebungen konnten 27 fachlich-technische Rahmenbedingungen (R3.1–R3.27) sowie die abstrahierte Skizze der technischen Architektur der Datenhaltung in Abbildung 3.12 abgeleitet werden.

Typische analytische Anwendungsfälle in diesem Fall waren einerseits betriebswirtschaftliche Berichte im Controlling, aber auch die Erstellung umfangreichere statistische Modelle und explorative Analysen (z. B. prädiktive Modelle zur Vertriebsplanung). Zudem wies der Fall auch zahlreiche operative Anwendungen auf, die in Produkten und Leistungen des Unternehmens integriert sind (z. B. eine Bildanalysen zur Krankheitserkennung bei Pflanzen).

Zur Ermöglichung der analytischen Anwendungsfälle extrahiert die Lösung (siehe Abbildung 3.12) Daten aus verschiedenen internen und externen Quellsystemen mittels regelmäßiger Stapelverarbeitungsprozesse (S3.2). Die Beladungsprozesse werden fachlich von den jeweiligen Fachbereichen (sog. Data Stewards) gepflegt und technisch zentral von der Plattform (sog. Product Owner) verantwortet (R3.5, R3.6).

Aufgrund der Heterogenität der Daten ist die Speicherung und Verarbeitung von strukturierten Daten (z. B. Finanzdaten aus relationalen Systemen) und unstrukturierten Daten (z. B. dateibasierte Sensorzeitreihen oder Audio- und Video-Dateien) (R3.1, R3.19) eine Kernanforderung an die Plattform. Zur Erfüllung dieser Anforderungen umfasst die Datenhaltung sowohl eine skalierbare relationale Datenbank (S3.5) als auch einen dateibasierten HDFS-Speicher für unstrukturierte Inhalte (S3.1). Der unstrukturierte Speicher wird zudem zur

---

[83] Zum Zeitpunkt der Erhebung.

Archivierung und Historisierung von Rohdaten verwendet (R3.2), die insbesondere für noch unbekannte Anwendungsfälle in der Zukunft vorgehalten werden
(„Wir laden erst mal Daten [...] und machen uns dann erst im nächsten Schritt
an die Verwendung."[84]).

Abbildung 3.12 Technische Architekturskizze der Datenhaltung in UE1[85]

Zur Abdeckung von Echtzeit- und Streaming-Anforderungen (R3.16) beinhaltet die Lösung zudem eine Message Queue (S3.4), die zum Zeitpunkt der
Untersuchung zwar noch nicht in produktiven Einsatz war, aber schon für
verschiedene experimentelle Anwendungsfälle erprobt wurde. Die administra-
tive Verwaltung der Daten geschieht über ein internes Metadatenmanagement,
das zentral gepflegt wird, ausschließlich technische Metadaten umfasst und nur
innerhalb der Plattform zur Verfügung steht (R3.12–R3.14).

Der Zugriff auf die Datenplattform findet bis auf wenige Ausnahmen ausschließlich über eine Service-Plattform statt, die mittels einer serviceorientierten
Architektur[86] abstrahierte technische Schnittstellen (z. B. als Webservice) bereitstellt (S3.6). Die Schnittstellen werden in Abstimmung mit den fachlichen
Konsumenten entwickelt und zentral über die Plattform bereitgestellt und betrieben. Die Abstraktion durch eine Service-Plattform wurde in der Architektur

---

[84] Interview UE1.1

[85] Eigene Darstellung.

[86] Eine serviceorientierte Architektur beschreibt einen Architekturstil, in welchem IT-
Funktionen (z. B. die Bereitstellung von Daten) nach Geschäftslogik gebündelt und als aut-
arke und wiederverwendbare Module (sog. Services) bereitgestellt werden. Vgl. Perrey und
Lycett (2003), S. 116.

gewählt, da (i) die Konsumenten ausschließlich technische Nutzer (d. h. nachgelagerte Systeme) sind und (ii) die Abstraktionsschicht eine umfangreiche Kontrolle der Zugriffe hinsichtlich des Datenschutzes und der Sicherheit ermöglicht. Mit den Schnittstellen lässt sich bspw. flexibel der Umfang der abrufbaren Daten für jeden Abnehmer individuell steuern und überwachen, um notwendige Sicherheits- und Berechtigungskonzepte umzusetzen (R3.23).

Die dargestellte Plattform beinhaltet somit eine organisatorisch zentralisierte Datenhaltung, die auf ein Konglomerat aus heterogenen Speicher- und Bereitstellungsansätzen zurückgreift, um die unterschiedlichen Anforderungen der Stakeholder zu bedienen.

3.3.3.2 UE2: Integrierte Finanzauswertungen an einem Flughafen

Die Unterstützungserhebung UE2 wurde im Kontext eines internationalen Verkehrsflughafens durchgeführt. Der Flughafen befördert jährlich ungefähr zehn Millionen Passagiere und wickelt knapp 130 Tausend Starts und Landungen ab. Damit ist der Flughafen der achtgrößte Flughafen Deutschlands.[87] Der Kern der Erhebung betrachtete Möglichkeiten einer Integration und Auswertung von Daten aus operativen Systemen (z. B. aus der Vorfeldorganisation oder der Passagierabwicklung) und betriebswirtschaftlichen Anwendungen aus dem Controlling- und Finanzbereich des Flughafens. Die Relevanz für die Forschung ergibt sich hierbei aus dem unterschiedlichen Charakter der zu integrierenden operativen und dispositiven Systeme, die auf verschiedenen technologischen Paradigmen basieren und zudem organisatorisch über das gesamte Unternehmen hinweg verteilt sind. Insbesondere die Heterogenität der Daten und Technologien erschweren eine Integration über das bestehende zentrale Data Warehouse und rücken damit dezentrale Datenhaltungsansätze in den Fokus.

Die Datenerhebung des Falls umfasste zwei Workshops, in welchen (i) die Vision und Datenstrategie des Flughafens diskutiert wurden und (ii) die analytische Systemlandschaft der Organisation genauer gesichtet wurde. Ergänzt wurde diese Übersicht durch ein semistrukturiertes Interview, in dem die Integration von operativen Daten aus dem Flughafenvorfeld und dispositiven Daten aus dem Controlling als beispielhafte Fachdomänen genauer betrachtet wurden. Neben den Diskussionen mit den Ansprechpartnern wurden zudem interne und öffentlich zugängliche Dokumente des Unternehmens gesichtet, um ein möglichst vollständiges Bild des Kontextes zu erhalten. Die Erhebung resultierte in

---

[87] Zum Zeitpunkt der Erhebung.

18 fachlich-technischen Rahmenbedingungen (R4.1–R4.18) sowie der prototypischen Architekturskizze einer möglichen Datenhaltung in Abbildung 3.13. Als Haupteinsatzzweck der geplanten Datenhaltung definierten die Gesprächspartner die Bereitstellung einer integrierten Datenansicht für übergreifende Analysen, die sowohl Daten aus operativen Systemen als auch betriebswirtschaftlichen Systemen berücksichtigen. Beispielhafte analytische Anwendungsfälle sind daher (i) ein integriertes Reporting mit betriebswirtschaftlichen und operativen Daten (bspw. die Kombination von Umsatz- und Verkehrsdaten), (ii) explorative Analysen (bspw. die Analyse von Passagierbewegungen am Flughafen) sowie (iii) Analysen mit operativem Charakter (bspw. Unterstützung einer Automatisierung im Facility-Management).

Abbildung 3.13 Technische Architekturskizze der Datenhaltung in UE2[88]

Initial fokussiert die Lösung deskriptive Analysen historischer Daten. Der Aktualität der Daten wurde daher eine untergeordnete Priorität zugewiesen (R4.2) und eine regelmäßige Beladung durch automatisierte ETL-Strecken (S4.1) als ausreichend bezeichnet. Weitaus wichtiger wurde die Vollständigkeit der Datenbasis bewertet (R4.3, R4.14). Aus diesem Grund ist die vom Finanzbereich bereitgestellte relationale Datenbank des bestehenden Data Warehouses, die eine vollständige und konsistente Basis der betriebswirtschaftlichen Daten liefert, eine wichtige Komponente und ist in der Architektur als strukturierter Speicher (S4.3) vorgesehen.

Zur Abbildung der Speicherung aller anderer (meist operativer) Datensätze (z. B. Sensordaten aus dem Flugvorfeld oder Texte aus Flugberichten) ist ein

---

[88] Eigene Darstellung.

skalierbarer unstrukturierter Datenspeicher (S4.2) angedacht, der Rohdaten mit unterschiedlichen Schemata aus beliebigen operativen Systemen vorhalten kann. Dies ist insbesondere notwendig, da die meisten der betrachteten operativen Systeme keine langfristige Speicherung oder analyseorientierte Bereitstellung von Daten umfassen. Für die Umsetzung wurde eine NoSQL-Datenbank evaluiert, die semi-strukturierte JSON-Dokumente speichert und so trotz der geringen Struktur der Daten umfangreiche Abfragefunktionen ermöglicht.

Die Integration und Bereitstellung der Daten erfolgt in einer virtuellen Zugriffsschicht (S4.4), in welcher die technischen und fachlichen Verantwortlichen virtuelle Ansichten erstellen können, um Daten in anwendungsspezifischer Form bereitzustellen. Technisch bilden diese Ansichten föderierte Abfragen ab, die Daten aus dem unstrukturierten und strukturierten Speichern integrieren und als ein transparentes Ergebnis in SQL-konsumierbaren Tabellen bereitstellen. Diese Art der Bereitstellung wurde gewählt, da (i) dieselben Daten in unterschiedlichen Schemata mit simplen Transformationen zur Verfügung gestellt werden sollen (R4.15–R4.17) und (ii) die Konsumenten meist nur recht einfache Visualisierungen und Auswertungen benötigen, für die keine umfangreichen Transformationen notwendig sind (R4.9, R4.13).

Die Datenhaltung in diesem Fall stellt damit eine einfache virtuelle Integration unstrukturierter operativer und strukturierter betriebswirtschaftlicher Daten dar. Durch die automatisierte Beladung ergibt sich zudem eine Entkopplung der operativen Systeme, wodurch die Lösung einen stärker zentralisierten Charakter erhält. Organisatorisch soll die Lösung allerdings dezentral über mehrere Fachbereiche verteilt eingesetzt und betrieben werden.

3.3.3.3 UE3: Öffentliche Datenplattform einer Kommune

Der Fall UE3 begleitete eine der größten Städte Deutschlands bei einem kommunalen Digitalisierungsprojekt mit dem Ziel, ein öffentliches Angebot an urbanen Daten in der Stadt zu schaffen, auf das Unternehmen, die öffentliche Verwaltungen, wissenschaftliche Einrichtungen sowie die gesamte Stadtgesellschaft zugreifen können. Hierfür wurde eine Plattform entwickelt, die Daten aus verschiedenen Bereichen (z. B. Verkehr, Umwelt, Soziales oder Wirtschaft) speichert, verknüpft und auswertbar macht. Zum Zeitpunkt der Erhebung wurden weitere externe Datenquellen (z. B. von Vereinen, Unternehmen oder Bürgern) an die Plattform angebunden. Die Relevanz dieses Falls für die vorliegende Arbeit liegt in den Herausforderungen der Speicherung und Verarbeitung der vielen unterschiedlichen Datenquellen sowie im Umgang mit den heterogenen Informationskonsumenten, die sowohl technisch als auch organisatorisch verteilt sind.

Die Erhebung umfasste ein initiales semistrukturiertes Interview mit dem Projektverantwortlichen zur Erfassung des generellen Projektrahmens. Anschließend wurden die Details der bestehenden Lösung sowie die bisherige und zukünftige technische Umsetzung in einem Workshop mit technischen und organisatorischen Verantwortlichen des Projektes genauer erörtert. Des Weiteren umfasste die Erhebung die Sichtung verschiedener Dokumente (z. B. die im Projekt verwendeten Referenz-Architektur für die Umsetzung von Datenplattformen in Kommunen). Aus der Erhebung konnten 22 fachlich-technische Rahmenbedingungen für die Umsetzung (R5.1–R5.22) sowie die sieben Kernkomponenten der Datenhaltung in der Architekturskizze in Abbildung 3.14 identifiziert werden.

Abbildung 3.14 Technische Architekturskizze der Datenhaltung in UE3[89]

Die analytischen Anwendungsfälle in dem Fall umfassten einerseits repetitive deskriptive Analysen (bspw. zur Erstellung öffentlicher Transparenzberichte), andererseits explorative Analysen jeglicher Art durch beliebige Konsumenten (bspw. eine Kombination öffentlicher Verkehrsdaten mit Vereinsdaten durch ein Privatunternehmen). Zudem werden operative Anwendungen unterstützt (bspw. eine Echtzeitbereitstellung der Belegungsinformationen von Ladestation für Elektrofahrzeuge zur Visualisierung dieser in einer Smartphone-Anwendung).

Die Beladung der Plattform findet bei größeren Datenlieferanten und kommunalinternen Systemen täglich oder wöchentlich (R5.16) über automatisierte ETL-Strecken (S5.6) statt. Daneben können externe Stakeholder (z. B. Vereine oder Unternehmen) über eine Web-Schnittstelle manuell Datensätze in die

---

[89] Eigene Darstellung.

Plattform laden (S5.5).[90] Die Spezifikation und Qualitätssicherung obliegt den jeweiligen Datenbereitstellern (R5.17), muss aber den durch die Kommune zentral vorgegebenen Standards entsprechen (R5.9). Die Beschreibung der Daten sowie die semantische Verknüpfung verschiedener Datensätze werden über ein föderiertes Metadatenmanagement umgesetzt (S5.3), das sowohl internen als auch externen Nutzern eine Web-Anwendung zur Pflege von Metadaten zur Verfügung stellt (R5.10).

Zur Abbildung der verschiedenen Anforderungen der Anwendungsfälle kombiniert die Plattform mehrere Speicherungs- und Bereitstellungskonzepte. Die Speicherung besteht aus einer skalierbaren relationalen Datenbank (S5.2) als Speicher für die stetig wachsende Menge an strukturierten Daten mit fixen Schemata (R5.4, R5.6). Daneben findet sich eine Spezialdatenbank, die eine Strukturierung der Daten nach Geoinformationen fokussiert (S5.7), da viele der kommunalen Daten einen Raumbezug im Stadtgebiet aufweisen und eine Verknüpfung über die physischen Lokationen in vielen Anwendungsfällen einen Mehrwert bietet (bspw. bei der Planung der städtischen Müllabfuhr).

Die Bereitstellung der Daten erfolgt bei einfacheren Datensätzen über einen manuellen Download innerhalb der Web-Oberfläche der Open-Data-Plattform. Zudem bietet die Plattform die Möglichkeit, Daten über http-basierte Webservices (S5.4) abzurufen. Diese Bereitstellungsart deckt dabei gleich mehrere Kernanforderungen der Stakeholder ab: (i) können so umfangreichere Datensätze mit komplexeren Zusammenhängen abgebildet werden, (ii) können Daten aus verschiedenen Datenquellen kombiniert und entsprechend den Anforderungen transformieren werden, (iii) ermöglicht dies eine Kontrolle und Einschränkungen der Zugriffe je nach Konsumenten (bspw. für eine Monetarisierung oder für den Datenschutz) und (iv) lassen sich standardisierte Webservices einfach in Drittprodukte (z. B. eine städtische Smartphone-Anwendung) integrieren. Zum Zeitpunkt der Erhebung wurde die Plattform zudem um ein System zur Stream-Verarbeitung (S5.1) erweitert, mit welchem zukünftig durch Messaging-Technologie vermehrt Echtzeitanforderungen (R5.1, R5.2) bedient werden können.

Die Datenhaltung stellt eine dezentrale Zusammenstellung verschiedener Konzepte zur Speicherung und -bereitstellung dar, die einen flexiblen Umgang mit heterogenen Datenarten ermöglicht und dabei auf individuelle Anforderungen der unterschiedlichen Konsumenten eingeht. Als aktuelle Herausforderungen

---

[90] Da die manuelle Beladung nicht über eine explizite technische Komponente, sondern einfach über einen tabellenbasierten Import in den strukturierten Speicher durch technischversierte Nutzer (Power User) stattfindet, wurde dieser Teil in der weiteren Betrachtung nicht als technisches System betrachtet.

benannten die Ansprechpartner zum einen den Umgang mit den schnell zunehmenden unstrukturierten Datenvolumen und deren Historisierung (z. B. Bild- und
Video-Daten), weswegen eine Ergänzung eines dateibasierten Speichersystems
für unstrukturierte Daten diskutiert wurde.

3.3.3.4 UE4: Stoffstrom-Controlling in einem Seehafen

Diese Unterstützungserhebung wurde im Zuge eines spezifischen Anwendungsfalls des Seehafens aus HF1 durchgeführt. Die Rahmendaten des Unternehmens
entsprechen daher denen in HF1.[91] Die untersuchte Datenplattform zur Analyse
und Steuerung des Stoffstroms[92] im Hafen ist allerdings von dem zuvor betrachteten Bereich des Verkehrscontrollings vollständig unabhängig und auch fachlich an
anderer Stelle verankert. Die untersuchte Datenplattform ermöglicht die Erhebung
und Auswertung von Sensordaten im Hafenbecken, die Übermittlung dieser Daten
an die relevanten Stakeholder (z. B. Baggerschiffe oder die Hafendisposition)
sowie die Nachverfolgung der einzelnen Stoffströme in den Entsorgungs- und
Aufbereitungsprozessen. Die verteilte Erfassung und Speicherung von Sensor-
und Prozessdaten aus verteilten operativen Prozessen sowie die anschließende
Kombination mit übergreifenden Controlling-Systemen aus anderen Bereichen
der Organisation macht diesen Anwendungsfall für das Forschungsvorhaben
relevant.

Die Erhebung bestand aus einem halbtägigen Workshop mit Verantwortlichen
aus den verschiedenen Prozessbereichen des Stoffstromcontrollings, in welchem
die Rahmenbedingungen und die technische Lösung der Plattform diskutiert
wurden. Ergänzt wurde diese Diskussion durch die Sichtung der technischen
Dokumentation der Plattform, welche die Implementierung der beteiligten Systeme und Schnittstellen genauer beschreibt. Aus diesem Vorgehen resultierten
19 fachlich-technische Rahmenbedingungen (R6.1–R6.19) sowie die Skizze der
Datenhaltung in Abbildung 3.15.

Die analytischen Anwendungen dieses Falls umfassen die Erstellung von statischen Berichten mit betriebswirtschaftlichen und operativen Kennzahlen (z. B. zu
Durchlaufzeiten oder der Wasserqualität). Zudem beantwortet das System tages-
aktuelle Ad-hoc-Fragestellungen (z. B. zur Auslastung einzelner Deponien),

---

[91] Siehe Abschnitt 3.3.1.1.

[92] Der Begriff Stoffstrom bezeichnet im generellen den Weg eines Stoffes innerhalb eines
Prozesses und bezieht sich in diesem konkreten Fall auf den Prozess des Ausbaggerns des
Hafenbeckens sowie die Aufbereitung bzw. Entsorgung des Schlicks und der darin enthalte-
nen Materialien.

ermöglicht explorative Analysen (z. B. die Nachverfolgung einzelner Materialflüsse) und unterstützt operative Anwendungen (z. B. die Disposition der Baggerschiffe). Den Kern der Datenhaltung stellt eine skalierbare relationale Datenbank als strukturierter Speicher (S6.4) dar, der alle für die involvierten Systeme relevanten Daten in einer möglichst generischen Art und Weise speichert (R6.12). Eine relationale Datenbank eignet sich hierbei, da die Schemata der Daten bekannt sind und sich nur selten verändern (R6.11). Zudem nutzen die Folgesysteme ausschließlich SQL-basierte Abfragen (R6.18).

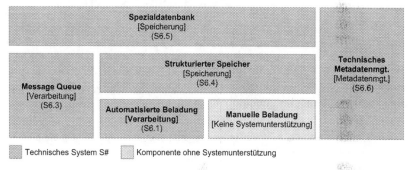

Abbildung 3.15 Technische Architekturskizze der Datenhaltung in UE4[93]

Die Beladung findet bis auf wenige manuelle Prozesse über täglich ausgeführte ETL-Skripte (S6.1) statt. Da die auf diesem Weg extrahierten Daten hauptsächlich für ein deskriptives Reporting auf Tages- bzw. Wochenbasis verwendet werden, spielt die Aktualität der Daten an dieser Stelle nur eine untergeordnete Rolle (R6.13). Zu den Datensätzen werden automatisch technische Metadaten (z. B. Änderungszeitpunkte oder Informationen zu den Quellsystemen) in einem zentralen Metadatenmanagement (S6.6) erfasst. Die erfassten Informationen sind hierbei rudimentär und weisen einen technischen Fokus auf. Dies ist allerdings ausreichend, da die Metadaten ausschließlich für Überwachungs- und Analyseprozesse sowie bei der technischen Anbindung von Folgesystemen zum Einsatz kommen (R6.16, R6.17) und nicht zur Verknüpfung oder semantischen Erläuterung von Daten verwendet werden.

Als zweite Säule umfasst die Systemlandschaft ein hochskalierbares Messaging-System (S6.3) zur Übermittlung einer hohen Anzahl an Datensätzen

---

[93] Eigene Darstellung.

(> 10.000 pro Sekunde) in Nahezu-Echtzeit (R6.9). Das System dient hierbei nur der Übertragung und umfasst keine weitere Transformations- oder Speicherlogik (R6.8). Die Speicherung und Verarbeitung finden in den konsumierenden Systemen statt, bei denen es sich um operative Systeme handelt, die ggf. ein kurzfristiges Handeln erfordern und welchen die Daten daher unmittelbar zur Verfügung stehen müssen (bspw. die Überwachung von Pegelständen und Wasserqualitäten). Zudem werden Daten an den strukturierten Speicher übermittelt, der für ausgewählte Datenreihen (z. B. die Wasserqualität) aggregierte Werte historisiert. Die nachgelagerte Spezialdatenbank (S6.5) unterstützt fallspezifische Analysen (z. B. die Planung von Baggereinsätzen), indem sie Extrakte aus dem strukturierten Speicher in multidimensionalen Strukturen bereitstellt.

Die in diesem Fall beschriebene Lösung ähnelt einer sog. Hub-and-Spoke-Architektur (Nabe-Speiche-Architektur), in welcher eine zentrale Basisdatenbank mit abhängigen Extrakten zur Abbildung einzelner Anwendungsfälle ergänzt wird.[94] Allerdings weisen die eingesetzten Systeme einen höheren Grad an Unabhängigkeit auf und die eingesetzten Technologien sind heterogener als in konventionellen DW-Architekturen.

3.3.3.5 UE5: Sensorauswertungen eines Offshore-Windparks

Der Kontext des Falls in UE5 ist eine Lösung zur Erfassung und Auswertung von Sensordaten eines Offshore-Windparks. Der Betreiber des Windparks und damit der betrachteten Systemlandschaft ist ein führender Energieanbieter im Bereich der Windenergie. Insgesamt betreibt das Unternehmen weltweit 23 Windparks, von denen es sich bei 20 Anlagen um Offshore-Installationen handelt.[95] Das Ziel der untersuchten Lösung ist es, Sensordaten aus den verschiedenen Windrädern mit möglichst geringer Latenz zu erfassen und auszuwerten, um so Erkenntnisse für die Wartung, Reparatur und Verbesserung der Geschäftsprozesse zu erhalten. Die technische und physische Verteilung der Datenhaltungen über die Windräder hinweg sowie die Herausforderungen bei der Übertragung und Auswertung der Daten machen den Fall für diese Arbeit relevant.

Die Erhebung umfasste ein semistrukturiertes Interview mit dem Architekturverantwortlichen der technischen Lösung, in welchem die technische Implementierung sowie die Herausforderungen in der speziellen Umgebung diskutiert wurden. Das Ergebnis des Interviews waren 17 fachlich-technische Rahmenbedingungen (R7.1–R7.17) sowie die Architekturskizze der Datenhaltung in Abbildung 3.16.

---

[94] Vgl. Baars und Kemper (2021), S. 24.
[95] Zum Zeitpunkt der Erhebung.

Der Fall weist zwei Arten von analytischen Anwendungsfällen auf: (i) eine kontinuierliche Überwachung des Zustands der Windräder anhand vordefinierter Kennzahlen sowie (ii) explorative Analysen zur Erkennung von Mustern zur Effizienzsteigerung im Betrieb des Windparks (bspw. durch eine prädiktive Instandhaltung auf Basis von Erosionsschäden an Rotorblättern).

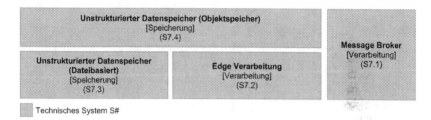

Abbildung 3.16 Technische Architekturskizze der Datenhaltung in UE5[96]

Zentral für die Implementierung der untersuchten Lösung war die Möglichkeit, Sensordaten der Windräder mit möglichst geringer Latenz zu übertragen und auszuwerten (R7.2). Zudem sollten die Daten für explorative Analysen mit einer möglichst hohen Vollständigkeit historisiert werden (R7.10). Eine Herausforderung waren hierbei die sehr großen Datenmengen (bis zu 100.000 Messwerten pro Sekunde) und die gleichzeitig eingeschränkte Bandbreite der sich auf dem Meer befindlichen Windräder. Die Datenerfassung beinhaltet aufgrund dieser speziellen Umgebungsfaktoren eine direkte Vorverarbeitung der Daten an der Datenquelle (S7.2).[97] Hierbei werden die erfassten Sensordaten eines Windrads durch ein System an derselben physischen Lokation temporär gespeichert und teilweise aggregiert, um so die zu übertragenden Datenmengen zu reduzieren. Die immer noch sehr umfangreichen Datensätze werden dann in einem speziellen Dateiformat an einen unstrukturierten Speicher (S7.3) übertragen. Durch dieses Vorgehen konnte eine Bereitstellung der Daten mit einem Zeitversatz von maximal 10–60 Minuten realisiert werden.

Bei dem unstrukturierten Datenspeicher handelt es sich um ein einfaches Dateisystem, welches auf eine hochskalierbare Anzahl von Lesevorgängen ausgelegt ist (R7.10), aber nur eine rudimentäre Zugriffsverwaltung bereitstellt (R7.12). Für die Auswertung werden die Daten daher aus dem dateibasierten Speicher

---

[96] Eigene Darstellung.

[97] Die Verarbeitung von Daten nahe der Datenquelle wird auch unter dem Begriff Edge Computing diskutiert. Vgl. Satyanarayanan (2017), S. 30 ff.

geladen, transformiert und in einem für die weitere Analyse vorbereiteten Format in einem unstrukturierten Objektdatenspeicher (S7.4) ohne fixe Schemavorgaben (R7.14) vorgehalten. Für die Übertragung der Daten innerhalb dieses Teils der Lösung wird ein Message Broker (S7.1) als zentrale Vermittlungsstelle zwischen den Komponenten eingesetzt. Somit können nachgelagerte analytische Werkzeuge die Daten asynchron abrufen.

Die Datenhaltung bildet damit eine Art ereignisorientierte Architektur ab, die sich durch einen sehr speziellen Beladungsmechanismus auszeichnet. Zum Zeitpunkt der Studie befand sich die Lösung in einem Testbetrieb, der die grundsätzliche Funktionsfähigkeit bestätigte. Um die Latenz der Verarbeitung weiter zu reduzieren, evaluierte das Unternehmen die Ablösung des aktuellen dateibasierten Übertragungsmechanismus in einen komplett Message-orientierten Ansatz über den Message Broker (S7.1).

3.3.3.6 UE6: Integration operativer und dispositiver Daten eines Kraftwerks

Die Untersuchung in UE6 erfolgte in Kooperation mit einer deutschen Tochter eines internationalen Energiekonzerns. Das Unternehmen betreibt in Deutschland Anlagen zur Erzeugung von Energie aus Wasserkraft, Steinkohle, Gas, Wind, Biomasse sowie der Müllverbrennung und belieferte zum Zeitpunkt der Studie ca. 3 Millionen Kunden mit Strom und ca. 500 Tausend Kunden mit Gas.[98] Der Fall thematisiert ein Vorhaben zur Integration operativer und dispositiver Datenströme im Bereich der Kraftwerküberwachung, um interne Prozesse (z. B. in der Wartungsplanung) zu verbessern. Die Relevanz des Falls für die Forschungsfrage ergibt sich durch die technische und organisatorische Verteilung der analytischen und operativen Systeme über den Finanzbereich sowie den Kraftwerksbetrieb.

Die Erhebung umfasste ein semistrukturiertes Interview mit zwei Ansprechpartnern aus dem Bereich der betrieblichen Datenauswertung des Unternehmens, in welchem die Vision einer integrierten Datenauswertung sowie die aktuelle Ausgangslage erfasst wurden. Anschließend wurde das Vorhaben in einer größeren Runde in einem Workshop mit Ansprechpartnern aus dem Finanzbereich und dem Kraftwerksbetrieb sowie einem externen Implementierungspartner genauer diskutiert. Zudem wurden im Zuge der Erhebung unternehmensinterne Dokumente zur Analyse der existierenden Systemlandschaft gesichtet. Aus der Untersuchung ergaben sich 18 fachlich-technische Rahmenbedingungen (R8.1–R8.18) sowie eine prototypische Skizze der Datenhaltung mit fünf Kernsystemen (siehe Abbildung 3.17).

---

[98] Zum Zeitpunkt der Erhebung.

Typische analytische Anwendungsfälle des Falls sind (i) ein erweitertes Reporting sowie Ad-hoc-Analysen, die neben betriebswirtschaftlichen Kennzahlen auch Werte aus operativen Systemen der Kraftwerksüberwachung berücksichtigen (z. B. Risikobewertungen von Vorfällen) und (ii) explorative Analysen zur Identifikation von Verbesserungen in Geschäftsprozessen (z. B. Effizienzsteigerungen in der Wartungsplanung).

Abbildung 3.17 Technische Architekturskizze der Datenhaltung in UE6[99]

Vor diesem Hintergrund muss die Datenhaltung einer potenziellen Lösung sowohl den Anforderungen des betriebswirtschaftlichen Bereichs mit überwiegend strukturierten und konsistenten Finanzdaten (R8.1, R8.2) als auch dem operativen Kraftwerksbetrieb mit umfangreichen und oft heterogen strukturierten Prozessdaten (R8.8) gerecht werden. Die Architekturskizze sieht daher den Einsatz einer skalierbaren relationalen Datenbank, die aktuell auch für das Data Warehouse im Management Reporting eingesetzt wird, als strukturierten Speicher (S8.1) vor. Als Pendant für die unstrukturierten Daten (z. B. Sensor- und Prozessdaten) aus dem Kraftwerksbetrieb umfasst die Datenhaltung eine für diese Datenstrukturen angepasste NoSQL-Datenbank (S8.2), die eine effiziente Speicherung vollständiger Rohdaten ermöglicht (R8.13).

Konsumenten sind insbesondere Standard-Dashboard- und Reporting-Werkzeuge. Dementsprechend müssen die Daten über eine standardisierte SQL-Datenbankschnittstelle abrufbar sein. Die Stakeholder formulierten zudem die Anforderungen, dass die Datenansichten schnell für einzelne Systeme anpassbar sein müssen (R8.14), um auf sich ändernde Geschäftsanforderungen zu reagieren und Vorgaben bzgl. Daten- und Zugriffsschutz zu erfüllen (R8.15). Aus diesen Gründen sieht die Architektur den Zugriff über eine virtuelle Schicht vor, die Daten über föderierte Abfragen zur Laufzeit integriert und

---

[99] Eigene Darstellung.

transparent als individuelle Tabellen bereitstellt (S8.4). Damit wird die dezen-
trale Datenbasis abstrahiert und die darunterliegende Komplexität verborgen.
Die fachliche Integration der beiden Fachdomänen (Kraftwerksüberwachung und
betriebswirtschaftliche Datenströme) wird dabei automatisiert über entsprechende
Metadatenmodelle integriert (bspw. durch die Verknüpfung physischer Positio-
nen). Zur Erfassung und Pflege dieser Daten sieht die Datenhaltung ein föderiertes
Metadatenmanagement (S8.3) vor, das übergreifende Standards definiert und eine
Integration verschiedener Arten von Datensätze ermöglicht (R8.11). Aufgrund
der spezifischen Daten innerhalb des Kraftwerkbetriebs ist hierbei eine dezentrale
Pflege der Metadaten durch die Systemverantwortlichen notwendig (R8.9).

Die skizzierte Datenhaltung stellt eine mehrstufige Datenvirtualisierung dar,
die verschiedene Quellsysteme als eine integrierte Lösung erscheinen lässt. Die
genauen Möglichkeiten der Beladung und Anbindung an die Quellsysteme konnte
im Zuge der Erhebung nicht abschließend geklärt werden. In der ersten Ausführung ist eine direkte Anbindung der operativen Systeme an die Spezialdatenbank
(S8.2) geplant. Dies reduziert die Komplexität und den Verzug bei der Bereitstellung operativer Daten. Um Auswirkungen auf den operativen Betrieb zu
verhindern, könnte zudem eine zusätzliche Materialisierung (z. B. über eine
synchronisierte Kopie der operativen Datenbanken) vorgesehen werden.

3.4   Diskussion der Kernergebnisse

Die folgenden Abschnitte diskutieren die Ergebnisse der Exploration. Das Ziel
dieses Unterkapitels ist es, fallübergreifende Gemeinsamkeiten sowie fallspezifische Besonderheiten in Kernergebnissen festzuhalten. Die Diskussion orientiert
sich an den zuvor aufgestellten Erkundungszielen und betrachtet dementsprechend (i) die Relevanz einer dezentralen Datenhaltung in den Fällen sowie den
Nutzen einer Entscheidungsunterstützung in diesem Bereich und (ii) die fachlich-
technischen Rahmenbedingungen und die eingesetzten Architekturansätzen in den
Fällen (siehe Abbildung 3.18).

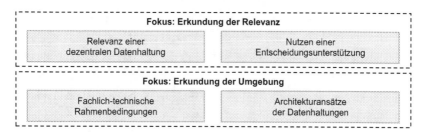

Abbildung 3.18 Aufbau der Diskussion der Kernergebnisse[100]

Zuerst betrachtet diese Diskussion die Ausgangsbedingungen der Fälle. Die fachlichen Erhebungskontexte der Fälle unterscheiden sich aufgrund der unterschiedlichen Branchen und Handlungsfelder der Organisationen teilweise erheblich (insb. hinsichtlich der Geschäftsprozesse und regulativer Anforderungen). Trotzdem lassen sich Gemeinsamkeiten beobachten: Alle Organisationen umfassen mehrere Hundert oder Tausend Mitarbeitern und weisen arbeitsteilige Aufbaustrukturen mit mehreren Organisationseinheiten auf. Die Fälle HF2, UE1, UE5 umfassen zudem einen internationalen Kontext. Vier der acht Fälle beschränken sich auf unternehmensinterne Strukturen. Nur die Datenplattformen des Chemieunternehmens (UE1) und der Kommune (UE3) legen einen Fokus auf die Einbindung externer Parteien. Die anderen Fälle beinhalten zwar teilweise externe Stakeholder (z. B. Partnerwerkstätten in HF2), legen allerdings einen Schwerpunkt auf interne Prozesse.

Die betriebliche Entscheidungsunterstützung trägt bei sieben von acht Fällen indirekt zur Wertschöpfung bei und lässt sich als Unterstützungsfunktion charakterisieren (z. B. bei der Verkehrsplanung in HF1). Nur der Carsharing-Anbieter (HF2) betrachtete sich als originär datengetriebenes Unternehmen mit einem digitalen Kerngeschäft. Alle Organisationen bestätigten allerdings, dass sie von dem digitalen Wandel betroffen sind, die Wichtigkeit der digitalen Erfassung und Auswertung von Daten stetig zunimmt und sie zunehmend datengetriebene Geschäftsmodelle verfolgen (z. B. die Monetarisierung kommunaler Daten in UE3 oder emissionsbasierte Abrechnungsmodelle für die Schifffahrt in HF1).

---

[100] Eigene Darstellung.

Tabelle 3.8 Fokus analytischer Anwendungen in den Fällen

Typ analytischer Anwendung	Fokus in den Fällen							
	HF1	HF2	UE1	UE2	UE3	UE4	UE5	UE6
Managementunterstützung	●	●	◗	●	◗	●	◗	◗
Explorative Analysen	●	◗	●	●	●	◗	●	●
Operative Anwendungen	◗	●	●	◗	●	●	●	◗

● Zentraler Fokus ◗ Teilfokus oder Ausbaustufe

Die analytischen Anwendungsfälle in den Erhebungen (siehe Tabelle 3.8) umfassen (i) traditionelle Aufgaben der betrieblichen Managementunterstützung (z. B. die Bereitstellung betriebswirtschaftlicher und operativer Kennzahlen oder die Beantwortung tagesaktueller Ad-hoc-Fragestellungen). Darüber hinaus finden sich in jedem Fall (ii) explorative Analysen, bei welchen durch die Betrachtung und Verknüpfung von Datensätzen aus verschiedenen Fachbereichen neue Erkenntnisse gewonnen werden sollen (z. B. Trend-Analysen des Nutzerverhaltens in HF2). Zuletzt sind (iii) Analysen zur aktiven Unterstützung bzw. zur Ermöglichung operativer Prozesse zu nennen (z. B. bei der proaktiven Passagierstromplanung am Flughafen in UE2 oder die Betrugserkennung in HF2). Diese Beobachtungen decken sich mit den formulierten Visionen der Fälle, die durchweg analytische Anwendungen beschreiben, die über ein statisches Reporting zur Entscheidungsunterstützung des Managements hinaus gehen und neben finanziellen und betriebswirtschaftlichen Daten auch operative Datensätze aus den Geschäftsprozessen sowie aus externen Quellen miteinbeziehen.

Als erwarteter Nutzen durch den Einsatz einer dezentralen Datenhaltung (siehe Tabelle 3.9) wurden vor allem (i) eine umfangreichere Datengrundlage für Entscheidungen, (ii) die Gewinnung von neuartigen Erkenntnissen durch die Verknüpfung heterogener Datenquellen, (iii) ein einfacheres Auffinden und Kommunizieren von Informationen sowie (iv) effizientere Prozesse und Ressourceneinsparungen angeführt. Besonders viel versprachen sich die Befragten aus der Verknüpfung dispositiver Daten aus Finanz- und Controlling-Systemen und operativer Daten aus fachlichen Systemen. Darüber hinaus wurden die Ermöglichung neuer Geschäftsmodelle sowie die Verkürzung von Analysezyklen bis hin zu Echtzeitauswertungen genannt. Hervorzuheben ist, dass viele dieser Erwartungen von Stakeholdern aus den Fachbereichen formuliert wurden, was für die zunehmende fachliche Relevanz einer adäquaten Datenhaltung in analytischen Informationssystemen spricht (bspw. fordert der Kundenservice in HF2 einen eigenständigen Zugriff auf Quelldaten, um Abhängigkeit zu reduzieren).

Tabelle 3.9 Übersicht des erwarteten Nutzens in den Fällen

Erwarteter Nutzen	Relevanz in den Fällen							
	HF1	HF2	UE1	UE2	UE3	UE4	UE5	UE6
Umfangreichere Datengrundlage	●	●	●	●	●	●	●	●
Erkenntnisse durch neue Datenquellen	●	◑	●	●	●	◑	●	●
Effizientere Datenakquise/ -kommunikation	◑	●	●	◑	◑	◑	○	◑
Ressourceneinsparungen	●	●	◑	○	○	◑	○	◑
Aktuellere Daten	○	◑	◑	○	◑	●	●	○
Ermöglichung neuer Geschäftsmodelle	◑	◑	●	◑	●	○	◑	◑

● Hoher Relevanz ◑ mittlere Relevanz ○ geringe Relevanz

Als Ursachen einer zunehmenden Dezentralisierung der Datenhaltungen in den Fällen wurde insbesondere die steigende Heterogenität von Quellsystemen, Datenarten und fachlichen Anforderungen genannt.[101] Die operativen Quellsysteme sind oft transaktionsorientiert und es fehlen Funktionen für analytische Auswertungen.[102] Zudem liefern diese Systeme häufig unstrukturierte und ggf. fehlerhafte Daten, die mit den bestehenden Werkzeugen zur analytischen Managementunterstützung (z. B. ein Data Warehouse) nicht immer sinnvoll verarbeitbar sind. Dies führt zu einer sukzessiven Integration neuer Systeme in der analytischen Datenhaltung. Des Weiteren wurden fachliche Ursachen genannt, die aus einer steigenden Anzahl heterogener Stakeholder aus verschiedenen Fachbereichen resultieren. Die neu hinzukommenden Fachdomänen erhöhen die semantische Komplexität durch weitere Anwendungsfälle, Begriffsverständnisse und Logiken, die in neuartigen Anforderungen an die Datenhaltung resultieren. In einer Abstraktion dieser heterogenen Anforderungen und einer Verknüpfung mit adäquaten Ansätzen in der Datenhaltung sahen die Ansprechpartner den größten

---

[101] Z. B. „der Gedanke, dass man ein Geschäftsprozess zentral implementieren und abbilden kann, ist nicht mehr der Fall" (Interview HF 2.3) oder „das Ziel […] die vielen [Daten]silos […] dezentral zusammenzufassen […] anstatt ein neues globales Data-Warehouse-Projekt zu starten" (Interview UE1.1).

[102] Bspw. konnten in UE6 keine Trend-Analysen durchgeführt werden, da das System zur Überwachung des Kraftwerks nur bei einer temporären Überschreitung eines bestimmten Grenzwertes anschlägt und dementsprechend keine Historisierung von Datensätze ermöglichte.

Mehrwert einer Entscheidungsunterstützung in diesem Bereich (bspw. „die Skills [dt. Fähigkeiten/Kenntnisse] sind noch sehr auf das klassische orientiert"[103] oder „[es gibt] so viele unterschiedliche Anforderungen im Augenblick, dass ich mich nicht auf ein Verfahren einschießen würde"[104]).

Die Kernergebnisse des ersten Teils der Diskussion lassen sich wie folgt festhalten:

KE1[Expl.]**:** Wesentliche Treiber für die Dezentralisierung der Datenhaltung in analytischen Informationssystemen sind:

- Die Ausweitung der traditionellen IT-basierten Managementunterstützung auf neue analytische Anwendungsfälle wie explorative Analysen oder Anwendungen mit operativem Bezug.
- Die steigende fachliche Komplexität durch die Integration neuer Fachbereiche in das analytische Spektrum.

KE2[Expl.]**:** Der erwartete Nutzen einer dezentralen Datenhaltung in analytischen Informationssystemen liegt insbesondere in:

- Einer umfangreicheren Datengrundlage und der Gewinnung neuer Erkenntnisse durch eine Zusammenführung von Datensätzen aus verschiedenen Fachbereichen.
- Der Verbesserung bestehender Prozesse und der Ermöglichung neuer Geschäftsmodelle.

KE3[Expl.]**:** Ein zentraler Mehrwert einer Entscheidungsunterstützung bei der Gestaltung einer dezentralen Datenhaltung in analytischen Informationssystemen liegt in der Abstraktion der heterogenen Rahmenbedingungen und einer Verknüpfung dieser mit passenden Ansätzen zur Umsetzung.

---

[103] Interview UE1.1.
[104] Interview UE5.1.

Als zweiten Teil betrachtet die Diskussion die Umgebungen der Fälle, um generalisierbare Erkenntnisse für die Entscheidungsunterstützung bei der Gestaltung adäquater Datenhaltungen abzuleiten.

Die aggregierte Darstellung der erhobenen fachlich-technischen Rahmenbedingungen in Tabelle 3.10 zeigt die Relevanz einer Flexibilität (i) bei der Speicherung von Daten (bspw. für der Umgang mit unstrukturierten Daten) sowie (ii) bei der Verarbeitung und Bereitstellung von Datensätzen (bspw. die anwendungsspezifische Aufbereitung und Bereitstellung). Zudem ist es in sechs von acht Fällen relevant, schnell neue Datenquellen in die Systemlandschaft aufnehmen zu können.

Tabelle 3.10 Fokus der fachlich-technischen Rahmenbedingungen in den Fällen

Fokus der fachlich-technischen Rahmenbedingungen	Relevanz in den Fällen							
	HF1	HF2	UE1	UE2	UE3	UE4	UE5	UE6
Flexibilität bei der Speicherung von heterogenen Daten	●	●	●	●	●	●	●	●
Flexibilität bei der Verarbeitung und Bereitstellung von Daten	●	◑	●	●	●	◑	●	●
Schnelle Integration von Datenquellen	◑	●	●	○	◑	◑	○	◑
Automatisierung von Betrieb und Datenpflege	●	●	◑	◑	◑	◑	◑	●
Föderierte Strukturen zur Pflege von Metadaten	●	●	◑	◑	●	○	○	◑

● Hoher Relevanz ◑ mittlere Relevanz ○ geringe Relevanz

Darüber hinaus betonten die Ansprechpartner die Relevanz qualitativ hochwertiger Metadaten für (i) die nicht-triviale Integration verschiedener Datenquellen (z. B. eine Zusammenführung über physische Standorte in HF1), (ii) die Möglichkeiten zur Automatisierung von Prozessen sowie (iii) ein einfacheres Auffinden relevanter Datensätze und eine Unterstützung bei der Interpretation dieser (insb. bei explorativen Analysen durch menschliche Nutzer). In sechs Fällen wurden zudem explizit föderierte Strukturen zur Pflege von Metadaten durch fachspezifische Ansprechpartner thematisiert.

Neben diesen generellen Rahmenbedingungen für dezentrale Datenhaltungen zeigt die Erhebung, dass sich die Anforderungen an die Güte von Daten je nach betroffenen analytischen Anwendungsfall unterscheiden (siehe Tabelle 3.11).

Tabelle 3.11 Anforderungen an die Güte von Daten nach analytischer Anwendung[105]

Anforderungen an Güte der Daten	Relevanz für analytische Anwendung		
	Management-unterstützung	Explorative Analysen	Operative Anwendungen
Genauigkeit	◑	◑	●
Zugänglichkeit	●	○	◑
Vollständigkeit	●	◑	◑/●
Konsistenz	●	○	◑/●
Aktualität	◑	○	●
Vertraulichkeit	●	◑	◑
Zugriffsschutz	●	◑	◑

● Hoher Relevanz ◑ mittlere Relevanz ○ geringe Relevanz

Die Notwendigkeit vollständiger und konsistenter Daten mit einer hohen Zugänglichkeit findet sich vor allem in analytischen Anwendungsfällen mit einem Schwerpunkt auf der Managementunterstützung (z. B. das Kostencontrolling des Flughafens in U2). Für die Abbildung explorativer Analysen (z. B. die Ableitung von Verkehrstrends in HF1 oder die Analyse aggregierter Sensorwerte in UE5) spielen Faktoren wie die Vollständigkeit, Konsistenz, Zugänglichkeit oder Genauigkeit laut den Befragten eine untergeordnete Rolle. Im Kontext von operativen Anwendungen ist demgegenüber meist eine hohe Genauigkeit, Vollständigkeit und Konsistenz erforderlich, da die Daten teilweise für die aktive Unterstützung einzelner Prozesse dienen (z. B. die Flottenüberwachung in HF2), in welchen fehlerhaften Informationen zu unmittelbaren geschäftlichen Schäden führen können.

Auch die Anforderungen hinsichtlich der Aktualität unterscheiden sich je nach der Intention der Anwendung. Die Unterstützung operativer Anwendung (z. B. die Kraftwerksüberwachung in UE6) bedarf aktuellere Daten als die Erstellung statischer Geschäftsberichte (z. B. die monatlichen Nachhaltigkeitsreporte in HF1). Für explorative Analysen, die meist historische Daten auswerten, ist die

---

[105] Diese Klassifizierung orientiert sich an den Qualitätskriterien aus Abschnitt 2.3.3.

Aktualität nebensächlich. Die Faktoren Vertraulichkeit und Zugriffsschutz sind demgegenüber für alle Anwendungsfälle relevant.[106]

Die Betrachtung der fachlich-technischen Rahmenbedingungen lässt sich mit den folgenden Kernergebnissen zusammenfassen:

KE4[Expl.]**:** Zentrale fachlich-technische Rahmenbedingungen für die Gestaltung dezentraler Datenhaltungen in analytischen Informationssystemen sind:

eine hohe Flexibilität bei der Speicherung, Verarbeitung und Bereitstellung von Daten,
die schnelle Integration neuer Datenquellen,
effiziente Strukturen für den Betrieb (Automatisierung) und die Erfassung und Pflege von Metadaten.

KE5[Expl.]**:** Unterschiedliche analytische Anwendungen stellen unterschiedliche Anforderungen an die Güte der Daten, z. B. hinsichtlich Vollständigkeit, Konsistenz oder Aktualität.

Die folgenden Abschnitte diskutieren die Architekturansätze in den Datenhaltungen der Fälle. Auffällig ist hier der unterschiedliche Grad der Dezentralisierung. Bspw. sieht die Datenplattform des Carsharing-Anbieters in HF2 eine Dezentralisierung von Komponenten aller logischer Bereiche vor, während sich die Dezentralisierung in der Verkehrsplattform in HF1 auf die Verarbeitung und Bereitstellung begrenzt und die Datenspeicherung von einer zentralen Speicherkomponente abgebildet wird.

Die Architekturansätze lassen anhand der abgebildeten Flexibilität und Skalierung in die drei Kategorien aus Abbildung 3.19 unterteilen.

- **Fallspezifische Datenintegrationen:** anwendungsspezifische Integrationen mit einem klar abgrenzbaren und stabilen Kontext. Beispiele sind die Integration von Controlling-Daten und Daten aus dem Flugvorfeld in UE2, die Sensorauswertung des Offshore-Windparks in UE5 oder die Integration dispositiver und operativer Daten im Kraftwerkkontext in UE6.

---

[106] Mit wenigen Ausnahmen bei explorativen und operative Anwendungen, bspw. bei der Verwendung öffentlich zugänglicher Daten in UE3.

Abbildung 3.19 Kategorisierung der Architekturen in den Fällen[107]

- **Generische Datenplattformen:** flexiblen Architekturen zur Abdeckung mehrerer vordefinierter Anwendungsfälle in umfangreicheren Umgebungen mit einer höheren Anzahl an Datenquellen und Konsumenten sowie einem dynamischeren Umfeld. Diesem Ansatz sind bspw. die Plattform für ein übergreifendes Verkehrscontrolling in HF1 oder das Stoffstrom-Controlling in UE4 zuzuordnen.

- **Dynamische Datennetzwerke:** Datenplattform in Umgebungen mit einer hohen Skalierung und Dynamik, die zahlreiche Datenquellen integrieren und eine Vielzahl (ggf. noch unbekannte) interner und externer Anwendungsfälle bedienen. Beispiele sind die landwirtschaftliche Datenplattform in UE1, die kommunale Plattform für Open Data in UE3 sowie die Datenplattform des Carsharing-Anbieters in HF2.

Diese Beobachtungen führen zu folgendem Kernergebnis:

> **KE6^{Expl.}:**   Die strukturellen Ansätze einer dezentralen Datenhaltung lassen sich nach deren Flexibilität- und Skalierungsanforderungen in fallspezifische Integrationen, generische Datenplattformen sowie dynamische Datennetzwerke unterscheiden.

Für die Analyse der Systemlandschaften in den Fällen können die einzelnen Elemente der Architekturen anhand der logischen Funktionsbereiche einer Datenhaltung(Verarbeitung, Speicherung, Bereitstellung und Metadatenmgt.) eingeordnet und charakterisiert werden.[108] Diese logische Unterteilung findet sich

---

[107] Eigene Darstellung.
[108] Siehe Abschnitt 2.1.2.

in allen Fällen wieder. Bei der strukturellen Anordnung der Komponenten ist auffallend, dass flexiblere und skalierbarere Architekturen, die zuvor als Datennetzwerk eingeordneten wurden, weniger sequenzielle Abfolgen im Aufbau[109] aufwiesen und teilweise ereignisorientierte Architekturen einsetzten, die sich stärker an fachlichen Prozessen als an technischen Abfolgen orientieren (bspw. sind bei dem Event-Log-zentrierten Ansatz in HF2 die Abfolge der Verarbeitung, Speicherung und der Bereitstellung kaum abgrenzbar). Bei stabileren und besser abgrenzbaren Szenarios lassen sich demgegenüber eher logisch-sequenzielle Schichten erkennen (bspw. die regelmäßige Extraktion über Stapelverarbeitungsprozesse und die anschließende zentrale Speicherung der transformierten Daten in HF1). Die Architekturen in diesen Fällen ähneln somit traditionellen Ansätzen aus dem Data Warehousing (z. B. einer Hub-and-Spoke-Architektur). Diese Beobachtung führt zu Kernergebnis KE7[Expl.].

> **KE7[Expl.]:** Umso flexibler und skalierbar eine Datenhaltung ist, desto weniger orientiert sich diese an sequenziellen Schichten zur Ordnung der logisch-funktionalen Komponenten.

Verarbeitungskomponenten:

Für die der Verarbeitung der Daten lassen sich eine Kombination aus mehreren Ansätzen beobachten, die sich nach ihrer Topologie, Synchronität sowie der Verteilung der fachlichen und technischen Administration unterscheiden (siehe Tabelle 3.12).[110]

Jede der untersuchten Systemlandschaften umfasst eine oder mehrere automatisierte Stapelverarbeitungen zur Extraktion, Transformierung und Übermittlung von Datensätzen. Fälle mit höheren Latenzanforderungen (bspw. bei der Unterstützung operativer Anwendungen wie dem Flottenmanagement in HF2) beinhalteten zudem Streaming-orientierte Ansätze (insb. Messaging) zur Übertragung von Daten in kleineren Losgrößen (sog. Micro Batches[111]). Die Ausgestaltung der Messaging-Ansätze unterscheidet sich je nach Verwendungszweck. Bei einer geringen Komplexität (z. B. unilaterale Topologien) und der Notwendigkeit einer

---

[109] Wie bspw. in dem architektonischen Ordnungsrahmen (Abbildung 2.6 in Abschnitt 2.1.2) vorgesehen.

[110] Die Merkmale zur Analyse der Komponenten in den Fällen orientieren sich an den charakterisierenden Kriterien der logischen Funktionsbereiche aus Abschnitt 2.1.2.

[111] Vgl. Ounacer u. a. (2017), S. 6 ff.

Tabelle 3.12 Spezifikation der Verarbeitungssysteme in den Fällen

Merkmal und Ausprägung		Relevanz für technische Systeme S# in den Fällen									
		S1.1	S2.1	S3.2	S3.4	S4.1	S5.1	S5.6	S6.1	S6.3	S7.1
Topologie	Unilateral	●	○	●	●	●	●	●	●	●	○
	Multilateral	○	●	○	○	○	○	○	○	○	●
Synchronität	Synchron	●	○	●	○	●	○	●	●	○	○
	Asynchron	○	●	○	●	○	●	○	○	●	●
Fachliche Administration	Zentral	○	○	○	○	●	○	○	○	○	○
	Föderiert	●	●	○	○	○	●	○	○	○	●
	Verteilt	○	○	●	●	○	○	●	●	●	○
Technische Administration	Zentral	○	●	○	●	●	●	○	●	●	●
	Föderiert	○	○	○	○	○	○	○	○	○	○
	Verteilt	●	○	●	○	○	○	●	●	○	○

● relevant ○ nicht relevant

schnellen Verarbeitung (z. B. die Verarbeitung von Sensordaten in S5.1) finden sich Systeme mit einzelnen skalierbaren Message Queues. Für die multilaterale Bedienung mehrerer Abnehmer und zur Abbildung einer zusätzlichen Verarbeitungslogik kommen umfangreichere Ansätze wie Event Logs zum Tragen (z. B. in S2.1 oder S7.1).

Begründet wurde der Einsatz von Messaging insbesondere mit der hierdurch entstehenden Möglichkeit einer asynchronen Kommunikation, mit welcher Verarbeitung zu jederzeit und in beliebigem Umfang stattfinden können. Dieser Ansatz ermöglicht eine höhere Flexibilität und Resilienz. In der ereignisorientierten Architektur in Hauptfall HF2 dient ein Event Log mit Hunderten von Warteschlangen so bspw. als flexible und skalierbare Vermittlung in einem umfangreichen Datennetzwerk. Als weiterer Grund wurde die einfache Integration von Drittsystemen angeführt, da neue Abnehmer oder Datenquellen unmittelbar bestehende Warteschlangen konsumieren und neue Warteschlangen bereitstellen können.

In der Diskussion der Architekturansätze unterschieden die Ansprechpartner des Weiteren zwischen technischen und fachlichen Administrationsaufgaben. Die technischen Verantwortlichkeiten beziehen sich auf Aufgaben wie den Betrieb der Technologie oder die Überwachung der Ausführung und sind meist zentral in den IT-Abteilungen der Organisationen angesiedelt. Die fachlichen Verantwortlichkeiten umfassen Aufgaben mit fachlichem Bezug (z. B. die Erstellung der Transformationslogik oder die Sicherstellung der Datenqualität) und verteilen sich auf die Fachabteilungen und weisen teilweise föderierte Hierarchien auf (z. B. zentrale Transformationsvorgaben mit lokalen Individualisierungen). Die folgenden Kernergebnisse fassen die Beobachtungen bzgl. des Aufbaus und Einsatzes der verschiedenen Verarbeitungskomponenten zusammen.

KE8[Expl.]:	Adäquate Ansätze zur Umsetzung einer Verarbeitungskomponente sind bei geringeren Latenzanforderungen eine regelmäßige Stapelverarbeitung und bei höheren Latenzanforderungen ein Streaming-orientiertes Messaging.
KE9[Expl.]:	Umfangreichere Messaging-Systeme können als multilaterale Vermittler zwischen mehreren Systemen in komplexeren Umgebungen eingesetzt werden.
KE10[Expl.]:	Eine asynchrone Kommunikation ermöglicht eine Entkopplung der Systeme sowie eine flexible und skalierbare Integration neuer Systeme.
KE11[Expl.]:	Bei den Verantwortlichkeiten für die Administration von Verarbeitungskomponente lassen sich ein technischer und ein fachlicher Fokus unterscheiden.

Speicherkomponenten:

Für die Analyse der Speicherkomponenten können die Strukturiertheit der Daten, die Anwendungsspezifität sowie erneut die Verteilung der fachlichen und technischen Administration herangezogen werden (siehe Tabelle 3.13).

Für die Umsetzung der Speicherung verwenden die Architekturen in den Fällen für überwiegend strukturierte Daten vor allem relationale Ansätze. Für den Umgang mit unstrukturierten Daten finden sich alternative Speicherkomponenten wie bspw. unstrukturierte Massendatenspeicher oder anwendungsspezifische Spezialdatenbanken. Entsprechend dieser Einordnung lassen folgende Typen unterscheiden:

- **Strukturierte Datenspeicher:** basieren meist auf relationalen Strukturen und finden sich vermehrt in Fällen mit höheren Konsistenzanforderungen und stabilen Strukturen (z. B. beim betriebswirtschaftlichen Reporting in UE4). Beispiele sind S3.5, S4.3, S5.2, S6.4, S8.1.

Tabelle 3.13 Spezifikation der Speicherungssysteme in den Fällen

Merkmal und Ausprägung		Relevanz für technische Systeme S# in den Fällen												
		S1.2	S3.1	S3.5	S4.2	S4.3	S5.2	S5.7	S6.4	S6.5	S7.3	S7.4	S8.1	S8.2
Datentyp	Strukturiert	○	○	●	○	●	●	●	●	●	○	○	●	○
	Unstrukt.	●	●	○	●	○	○	○	○	○	●	●	○	●
Spezifität	Anw.neutral	●	●	●	●	●	●	○	●	○	●	●	●	○
	Anw.spez.	○	○	○	○	○	○	●	○	●	○	○	○	●
Fachliche Administration	Zentral	○	○	○	○	●	○	●	●	●	○	○	●	○
	Föderiert	●	●	●	●	○	●	○	○	○	●	●	○	○
	Verteilt	○	○	○	○	○	○	○	○	○	○	○	○	●
Technische Administration	Zentral	●	●	○	●	●	●	●	●	●	○	●	●	○
	Föderiert	○	○	○	○	○	○	○	○	○	○	○	○	○
	Verteilt	○	○	○	○	○	○	○	○	○	●	○	○	●

● relevant ○ nicht relevant

- **Unstrukturierte Datenspeicher:** ermöglichen eine flexible und skalierbare Speicherung von semistrukturierten oder schemalosen Daten und werden je nach Anforderungen über spezielle Datenbankensysteme (z. B. die NoSQL-Datenbank für Sensordaten S4.2) oder über dateisystemorientierte Lösungen (z. B. der Rohdatenspeicher in S7.4) implementiert.
- **Anwendungsspezifische Spezialdatenbanken:** sind explizit auf die Unterstützung einzelner Anwendung ausgerichtet (bspw. die Datenbank für Geoinformationen S5.7 zur Speicherung und Verknüpfung von Datensätzen mit Raumbezug) und können sowohl relationale als auch nicht relationale Ansätze beinhalten.

Die technische Heterogenität begründeten die Befragten mit der Ausweitung des analytischen Spektrums und der damit verbundenen Notwendigkeit zum Umgang mit heterogenen Datensätzen aus den verschiedenen dispositiven und operativen Quellsystemen. Mit den starren Strukturen und der begrenzten Skalierbarkeit der bestehenden relationalen Systeme können die Anforderungen neuer Anwendungsfälle nicht ausreichend abgedeckt werden. Zudem sei es oft billiger und einfacher, eine für die Art der Daten passende Speicherkomponente zu verwenden. Diese Aussagen erklären, dass alle der betrachteten Architekturen mehrere Speicheransätze kombinieren. Dabei finden sich sowohl komplementäre Ansätze, in denen die Systeme losgelöst einzelne Funktionsbereiche oder Datenarten nebeneinander abdecken (z. B. in UE2 oder UE6), als auch sequenzielle Implementierungen, in denen ein Speicher als Vorsystem eines weiteren Speichers agiert (z. B. in S6.4 und S6.5). Zuletzt lässt sich bei der Administration der Speichersysteme eine Unterscheidung zwischen technischen Aufgaben (z. B. Betrieb, Skalierung u. Ä.), die überwiegend zentral von einer technischen Instanz verantwortet werden, sowie fachlichen Aufgaben (z. B. Datenmodelle, Datenqualität u. Ä.), die häufig einen verteilten Charakter aufweisen, beobachten.

Aus diesen Sachverhalten leiten sich die Kernergebnisse KE12[Expl.]– KE14[Expl.] ab.

KE12[Expl.]: Die Art einer Speicherkomponente hängt von der Strukturiertheit der zu speichernden Daten sowie der Anwendungsspezifität bzw. -neutralität ab.

KE13[Expl.]: Die Kombination verschiedener Speicherkomponenten ermöglicht eine flexiblere Abdeckung von heterogenen Anforderungen.

KE14^Expl.:   Bei der Administration von Speicherkomponenten lassen sich technische und fachliche Aufgaben unterscheiden.

Bereitstellungskomponenten:
Die Bereitstellung der Daten in den Fällen unterscheidet sich hinsichtlich der Abstraktion des Anwendungsbezugs sowie der fachlichen und technischen Administration (siehe Tabelle 3.14).

In der einfachsten Ausführung erfolgt die Bereitstellung über einen direkten Zugriff (bspw. direkte SQL-Abfragen der Spezialdatenbank in UE4), welcher in den meisten Datenbanksystemen standardmäßig möglich ist und wofür keine separate Bereitstellungskomponente benötigt wird. Allerdings wurden die begrenzte Kontrolle aufgrund unzureichender Rollenkonzepte oder das Risiko von Leistungseinbußen durch unnötig aufwendige Abfragen als Limitationen dieses Ansatzes angeführt. Zudem erschwert ein direkter Zugriff eine transparente Integration mehrerer Datenquellen in dezentralen Datenhaltungen, da hierfür eine zusätzliche Materialisierung notwendig wäre, die ressourcenfordernd ist und zu inkonsistenten und redundanten Daten führen kann.

Tabelle 3.14 Spezifikation der Bereitstellungssysteme in den Fällen[112]

Merkmal und Ausprägung		Relevanz für technische Systeme S#					
		S1.3	S3.6	S4.4	S5.4	S7.2	S8.4
Abstraktionsgrad	Virtualisiert	●	●	●	●	●	●
	Materialisiert	◐	◐	○	○	○	○
Spezifität	Anwendungsneutral	●	○	●	○	○	●
	Anwendungsspezifisch	○	●	○	●	●	○
Fachliche Administration	Zentral	●	●	●	○	○	●
	Föderiert	○	○	○	●	●	○
	Verteilt	○	○	○	○	○	○
Technische Administration	Zentral	●	●	●	●	○	●
	Föderiert	○	○	○	○	○	○
	Verteilt	○	○	○	○	●	○

● relevant ◐ teilweise relevant ○ nicht relevant

---

[112] Teilweise relevant bedeutet, dass die Ausprägung in der aktuellen Umsetzung nicht explizit enthalten ist, aber in möglichen Ausbauschritt thematisiert wurde.

Als flexiblere Alternative nutzen die Architekturen in den Fällen eine Datenvirtualisierung, um über föderierte Abfragen Daten aus mehreren Quellen zur Laufzeit
integriert bereitzustellen. Als Gründe für eine Virtualisierung nannten die Befragten
insbesondere den höheren Grad an Kontrolle, die Abstraktion der unterliegenden
Komplexität für die Folgesysteme sowie die Flexibilität auf individuelle Anforderungen der Konsumenten eingehen zu können. Die virtuelle Schicht in HF1 (S1.3)
stellt bspw. verschiedene Ansichten derselben Daten aus einem unstrukturierten
Datenspeicher bereit. In UE2 (S4.4) ermöglicht die Datenvirtualisierung zudem
eine höhere Datenaktualität, da die Virtualisierung bei jeder Anfrage die operativen
Quellen auf Veränderungen prüft und dies mit den stabileren Strukturen aus dem
Controlling-Bereich kombiniert.

Die Systeme zur Virtualisierung S3.6 und S5.4 stellen in einem Servicepor-
tal mehreren anwendungsspezifische Webservices bereit, die eine Identifikation
einzelner Konsumenten und nutzerindividuelle Anpassung in der Bereitstellung
sowie eine feingranulare Steuerung von Zugriffsrechten und eine genauere Überwachung der Lastverteilungen ermöglichen. Mit diesem Ansatz können strenge
Regularien hinsichtlich Daten- und Zugriffsschutz erfüllt werden. Zudem sind
(Web-)serviceorientierte Integrationen technisch weit verbreitet und lassen sich
mit wenig Aufwand in Drittsysteme integrieren. Die Ansprechpartner in den Erhebungen betonten die hieraus entstehenden Vorteile hinsichtlich der Integration in
Produkte und Dienstleistungen (z. B. die Integration von Analyseergebnissen in
eine Smartphone-App in UE1) sowie für den Umgang mit externen Abnehmern
(z. B. Drittunternehmen bei der kommunalen Datenplattform in UE3).

Auch bei den Komponenten zur Datenbereitstellung ist eine Unterscheidung
zwischen fachlichen (z. B. die Erstellung von Datenmodellen oder die Verwaltung
von Zugriffsrechten) und technischen (z. B. der Betrieb der Werkzeuge oder die
Bereitstellung der Webservices) Administrationsaufgaben festzustellen. Diese sind
mit Ausnahme von S5.4 und S7.2 zentral bei einer technischen bzw. fachlichen
Instanz verortet.

Basierend auf diesen Beobachtungen lassen sich folgende Kernergebnisse
formulieren:

KE15$^{Expl.}$:   Ein direkter Zugriff über die Datenbankschnittstellen ermöglicht eine einfache Datenbereitstellung, weist allerdings Einschränkungen hinsichtlich der Kontrolle auf.

KE16[Expl.]**:** Der Einsatz von Datenvirtualisierung ermöglicht eine flexible Abdeckung individueller Anforderungen verschiedener Abnehmer.

KE17[Expl.]**:** Die Datenbereitstellung über ein (Web-)Serviceportal ermöglicht eine hohe Kontrolle und eine komfortable Bereitstellung von Daten für technische Drittsysteme und externe Parteien.

KE18[Expl.]**:** Bei der Administration des Metadatenmanagements lassen sich technische und fachliche Aufgaben unterscheiden.

Komponenten für das Metadatenmanagement:
Für die Bereitstellung eines Metadatenmanagements sahen mit Ausnahme von UE2 und UE5, alle Architekturen eigenständige logische Komponenten vor. Die Gestaltung dieser Komponenten lässt sich durch die Art der Metadaten sowie die fachlichen und technischen Administrationsstrukturen charakterisieren (siehe Tabelle 3.15).

Tabelle 3.15 Spezifikation der Metadatenmanagementsysteme in den Fällen

Merkmal und Ausprägung		Relevanz für technische Systeme S#					
		S1.4	**S2.2**	**S3.3**	**S5.3**	**S6.6**	**S8.3**
Art der Metadaten	Technisch	●	●	●	●	●	●
	Fachlich	●	●	○	●	○	●
Fachliche Administration	Zentral	○	●	○	○	●	○
	Föderiert	●	○	●	●	○	●
	Verteilt	○	○	○	○	○	○
Technische Administration	Zentral	●	●	●	●	●	●
	Föderiert	○	○	○	○	○	○
	Verteilt	○	○	○	○	○	○

● relevant ○ nicht relevant

Die Systeme in S1.4 und S3.3 fokussieren technische Metadaten, die überwiegend für die Automatisierung von Prozessen (bspw. die Dokumentation von Transformationen) oder zur Integration von Datensätzen eingesetzt werden und über technische Schnittstellen mit anderen Komponenten kommunizieren.

In den anderen Fällen umfasst das Metadatenmanagement neben technischen Informationen auch fachliches Wissen (z. B. Glossare, Ansprechpartner, semantische Erläuterungen u. Ä.). Die hierfür eingesetzten Werkzeuge sind auf die Nutzung durch menschliche Anwender ausgelegt und bieten Funktionalitäten zur interaktiven Durchsuchung der Metadaten (bspw. anhand eines physischen Standorts im Hafen in HF1), zur Kollaboration (bspw. Kommentieren und Bewerten von Metadaten) sowie zur einfachen Anreicherung der Informationen durch fachliche Ansprechpartner. Die Befragten bezeichneten diese Systeme häufig als Datenkataloge.

Bei der Ausgestaltung der Verantwortlichkeiten für das Metdatenmanagement lässt sich eine Unterscheidung zwischen technischen (z. B. Betrieb und Automatisierung) und fachlichen Aufgaben (z. B. Anreicherung von fachlichen Metadaten) feststellen.

Die technischen Aufgaben sind bei allen Fällen an einer zentralen Stelle (z. B. die IT-Abteilung) organisiert. Die fachlichen Aufgaben sind bei Fällen mit einer geringeren Komplexität in der Umgebung eher zentral organisiert (z. B. im Stoffstrom-Controlling in UE4). Bei Fällen mit einer höheren fachlichen Komplexität finden sich hierfür föderierte Administrationsstrukturen mit gemeinsamen Standards und Formate und einer auf die Fachbereiche verteilten Pflege und Befüllung. Die föderierte Verteilung wurde von den Befragten mit der besseren Berücksichtigung von Domänenwissen begründet (z. B. Kenntnisse zur korrekten Interpretation von fachlichen Kennzahlen[113]).

Zusammenfassend lassen sich die Kernergebnisse KE19[Expl.]–KE21[Expl.] für den Bereich des Metadatenmanagements festhalten.

KE19[Expl.]: Die Ausgestaltung des Metadatenmanagements unterscheidet sich nach der Art der Metadaten (technisch oder fachlich) sowie der Verteilung der technischen und fachlichen Verantwortlichkeiten.

KE20[Expl.]: Für die Verwendung durch menschliche Anwender eignen sich Datenkataloge mit erweiterten Funktionalitäten zur Interaktion (z. B. Suche, Kollaboration u. Ä.).

---

[113] Ein Beispiel zur Verdeutlichung dieser Problematik ist die fachliche Heterogenität in Fall HF1, in welchem jeder Verkehrsträger ein unterschiedliches Verständnis der Anzahl von Zugfahrten aufwies (z. B. mit oder ohne Leerfahrten, mit oder ohne Rangieraktionen etc.). Die jeweiligen Interpretationen waren nur Experten innerhalb der einzelnen Verkehrsträger bekannt und konnten auch nur von diesen auf einen übergreifenden Standard normalisiert werden.

KE21[Expl.]**:** Ein föderiertes Metadatenmanagement ermöglicht eine bessere Berücksichtigung von Domänenwissen.

3.5 Zwischenfazit und Konzeptanforderungen

Dieser Abschnitt ordnet die Ergebnisse der Exploration in den Gesamtkontext der Forschung ein und zeigt mögliche Limitierungen der Studie auf. Zudem werden aus den Kernergebnissen Konzeptanforderungen für den weiteren Konstruktionsprozess abgeleitet.

Die Kernergebnisse ermöglichen einerseits ein tieferes Verständnis einer dezentralen Datenhaltung in analytischen Informationen, indem sie wesentliche Treiber (KE1[Expl.]) und den erwarteten Nutzen (KE2[Expl.]) aufzeigen. Darüber hinaus strukturieren die Ergebnisse die Rahmenbedingungen und relevanten Kriterien (KE4[Expl.]–KE21[Expl.]), die es bei einer Entscheidungsunterstützung in der betrachteten Anwendungsdomäne zu beachten gilt.

Tabelle 3.16 ordnet die Kernergebnisse der Exploration nach ihrem Beitrag zur Beantwortung der Teilforschungsfragen dieser Arbeit.

Tabelle 3.16 Einordnung der Kernergebnisse der Exploration

Teilforschungsfragen	Erkenntnisfokus	Kernergebnisse
TF1	Verständnis der dezentralen Datenhaltung analytischer Informationssysteme	KE1[Expl.], KE2[Expl.], KE4[Expl.], KE5[Expl.], KE6[Expl.], KE7[Expl.]
TF2, TF3	Mehrwert einer Entscheidungsunterstützung	KE2[Expl.], KE3[Expl.]
	Genereller Aufbau und Rahmenbedingungen dezentraler Datenhaltungen	KE4[Expl.], KE5[Expl.], KE6[Expl.], KE7[Expl.]
	Beschaffenheit einzelner Architekturkomponenten in dezentralen Datenhaltungen	KE8[Expl.], KE9[Expl.], KE10[Expl.], KE11[Expl.], KE12[Expl.], KE13[Expl.], KE14[Expl.], KE15[Expl.], KE16[Expl.], KE17[Expl.], KE18[Expl.], KE19[Expl.], KE20[Expl.], KE21[Expl.]

Zur systematischen Konstruktion eines Artefakts im weiteren Entwurfsprozess werden aus den Kernergebnissen Konzeptanforderungen (KA) abgeleitet. Die Kernergebnisse KE4$^{Expl.}$, KE5$^{Expl.}$, KE6$^{Expl.}$, KE7$^{Expl.}$ liefern hierfür Erkenntnisse bzgl. den Rahmenbedingungen dezentraler Datenhaltungen in analytischen Informationssystemen, aus denen sich die folgenden Konzeptanforderungen ableiten lassen.

KA1$^{Expl.}$: Abstraktion fachlich-technischer Rahmenbedingungen	Das zu gestaltende System muss fachlich-technische Rahmenbedingungen berücksichtigen und sollte ein Vorgehen zur fachlichen Abstraktion bereitstellen, welches (i) eine ausreichende Flexibilität zur Abbildung der heterogenen analytischen Anwendungen ermöglicht und (ii) Möglichkeiten zur Anpassung an fallspezifische Umgebungsfaktoren bietet.
KA1.1$^{Expl.}$: Berücksichtigung der notwendigen Güte der Daten	Das zu gestaltende System muss bei der Abstraktion der fachlich-technischen Rahmenbedingungen die für einen analytischen Anwendungsfall notwendige Güte hinsichtlich der Genauigkeit, Zugänglichkeit, Vollständigkeit, Konsistenz, Aktualität, Vertraulichkeit und des Zugriffsschutzes der Daten berücksichtigen.
KA1.2$^{Expl.}$: Berücksichtigung von Umgebungsfaktoren	Das zu gestaltende System muss bei der Abstraktion der fachlich-technischen Rahmenbedingungen die fallspezifischen Umgebungsfaktoren wie die technische und organisatorische Breite und Tiefe, die Agilität, die Spezifität oder die Skalierbarkeit berücksichtigen.

Die Analyse der Architekturansätze in den Fällen sowie die hieraus resultierenden Kernergebnisse KE8$^{Expl.}$–KE21$^{Expl.}$ ermöglichen zudem eine Konkretisierung des technischen Kontextes einer Entscheidungsunterstützung. Für die weitere Konstruktion lassen sich hieraus folgende Konzeptanforderungen ableiten.

KA2^Expl.: Abstraktion von Architekturansätzen

Das zu gestaltende System muss ein Vorgehen zur Abstraktion bestehender oder prototypischer Architekturansätze bieten, welches
(i) alle logischen Teilbereiche (Verarbeitung, Speicherung, Bereitstellung, Metadatenmgt.) einer Datenhaltung in analytischen Informationssystemen berücksichtigt und
(ii) Möglichkeiten zur Anpassung an fallspezifische Umgebungsfaktoren bietet.

KA2.1^Expl.: Abbildung von Verarbeitungskomponenten

Das zu gestaltende System muss eine Spezifikation von Komponenten zur Verarbeitung von Daten unter Beachtung der Topologie, Synchronität sowie der fachlichen und technischen Administrationsstrukturen ermöglichen.

KA2.2^Expl.: Abbildung von Speicherungskomponenten

Das zu gestaltende System muss eine Spezifikation von Komponenten zur Speicherung von Daten unter Beachtung der Datenstruktur, Anwendungsspezifität sowie der fachlichen und technischen Administrationsstrukturen ermöglichen.

KA2.3^Expl.: Abbildung von Bereitstellungskomponenten

Das zu gestaltende System muss eine Spezifikation von Komponenten zur Bereitstellung von Daten unter Beachtung des Abstraktionsgrads, der Anwendungsspezifität sowie der fachlichen und technischen Administrationsstrukturen ermöglichen.

KA2.4^Expl.: Abbildung eines Metadatenmanagements

Das zu gestaltende System muss eine Spezifikation von Komponenten für das Metadatenmanagement unter Beachtung der Art der Metadaten sowie der fachlichen und technischen Administrationsstrukturen ermöglichen.

Zuletzt zeigt die Exploration, dass ein zentraler Mehrwert einer Entscheidungsunterstützung in der Verbindung der fachlich-technischen Rahmenbedingungen mit adäquaten Architekturansätzen liegt. Hieraus lassen sich die Konzeptanforderungen KA3$^{Expl.}$ und KA4$^{Expl.}$ ableiten.

KA3$^{Expl.}$: Verknüpfung abstrahierter Rahmenbedingungen mit adäquaten Architekturansätzen	Das zu gestaltende System muss es ermöglichen, die abstrahierten fachlich-technischen Rahmenbedingungen mit passenden Architekturansätzen für eine Datenhaltung zu verknüpfen, um eine ganzheitliche Betrachtung von Architekturentscheidungen abzubilden.
KA4$^{Expl.}$: Ableitung fallspezifischer Handlungsempfehlungen	Das zu gestaltende System muss es ermöglichen, aus fallspezifischen Gegebenheiten begründete Handlungsempfehlungen abzuleiten.

Bei der Interpretation der Explorationsergebnisse sowie dem Einsatz der daraus abgeleiteten Konzeptanforderungen gilt es potenzielle Limitierungen der Erhebung zu beachten. Obwohl bei der Auswahl der Fälle auf eine Abbildung mehrerer Branchen und Organisationsarten geachtet wurde, gilt es die begrenzte Grundgesamtheit von acht Fällen und die daraus resultierenden Einschränkungen bzgl. der Generalisierbarkeit der Ergebnisse zu beachten. Zudem ist nicht auszuschließen, dass einige der Erkenntnisse auf spezifische Gegebenheiten (z. B. historisch gewachsenen Infrastrukturen oder regulatorische Vorgaben) einer Umgebung zurückzuführen sind. Zuletzt ist zu beachten, dass einige der betrachteten Architekturen sich zum Zeitpunkt der Erhebung in einem prototypischen Status befanden und die Funktionalität sowie der Nutzen der Ansätze in einer produktiven Umgebung noch nicht belegt wurden.

Entwicklung eines Fachkonzepts

4

Dieses Kapitel erarbeitet ein Fachkonzept für das zu entwickelnde IT-basierte Entscheidungsunterstützungssystem und bildet damit die Entwurfsphase des gestaltungsorientierten Erkenntnisprozesses ab (siehe Abbildung 4.1). Das Fachkonzept stellt als Kernartefakt der Arbeit eine „(semi-)formale, implementierungsunabhängige Beschreibung"[1] des Aufbaus (statische Aspekte) sowie des Verhaltens (dynamische Aspekte) des zu entwickelnden Systems bereit und dient als Grundlage einer späteren Implementierung.[2]

Abbildung 4.1
Einordnung Kapitel 4.
Entwicklung eines
Fachkonzepts[3]

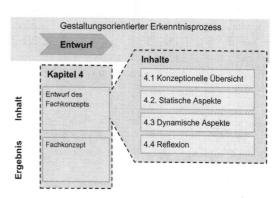

Der erste Abschnitt des Kapitels ordnet die Elemente des Fachkonzepts in einer konzeptionellen Übersicht und erläutert die grundsätzliche Funktionsweise

---

[1] Rautenstrauch und Schulze (2003), S. 227.

[2] Vgl. Laudon u. a. (2016), S. 534 f. und Balzert (2009), S. 547 ff.

[3] Eigene Darstellung.

J. Ereth, *Konzeption eines IT-basierten Entscheidungsunterstützungssystems für die Gestaltung dezentraler Datenhaltungen in analytischen Informationssystemen*,

des Entscheidungsunterstützungssystems. Abschnitt 4.2 und Abschnitt 4.3 spezifizieren dann die statischen und dynamischen Aspekte des Fachkonzepts. Die Reflexion in Abschnitt 4.4 betrachtet den Entwurfsprozess und das Fachkonzept abschließend hinsichtlich der zuvor aufgestellten Konzeptanforderungen und dem Gesamtkontext der Arbeit.

4.1 Konzeptionelle Übersicht

Die konzeptionelle Übersicht in Abbildung 4.2 veranschaulicht die Zusammenhänge der Kernelemente des Fachkonzepts und unterteilt diese in Anlehnung an den Bezugsrahmen der Arbeit sowie dem Fokus der Akteure in die Informationsversorgung für die Anwendungsdomäne (unterer Bereich) und die fallspezifische Anwendung des Systems (oberer Bereich).

In Anlehnung an die Anspruchsgruppen der Arbeit lassen sich für die Interaktion mit dem zu entwickelnden Entscheidungsunterstützungssystem zwei Arten von Akteuren[4] identifizieren:

- **Normierende Akteure** generalisieren die charakterisierenden Merkmale mehrerer Basisfälle, um eine Wissensbasis für eine Entscheidungsunterstützung bereitzustellen. Das Ziel dieser Rolle ist die Schaffung aussagekräftiger Architekturmuster, die eine effektive Gestaltung einer dezentralen Datenhaltung in analytischen Informationssystemen (Anwendungsdomäne) ermöglichen.[5]
- **Anwendende Akteure** nutzen die abstrahierte Wissensbasis für eine fallspezifische Entscheidungsunterstützung in konkreten Szenarios. Das Ziel dieser Rolle ist die effiziente Auswahl relevanter Architekturmuster zur Eingrenzung eines Szenario-spezifischen Lösungsraums und die Ableitung entsprechender Handlungsempfehlungen.[6]

In Anlehnung an diese Unterscheidung lassen sich die konzeptionellen Teilbereiche des Entscheidungsunterstützungssystems wie folgt abgrenzen:

---

[4] Ein Akteur repräsentiert eine Nutzerrolle eines menschlichen Anwenders oder eines technischen Systems, welches mit dem zu modellierenden System interagiert (Vgl. OMG® [2017], S. 640 und Kecher u. a. [2018], S. 211). Ein Nutzer kann somit sowohl normierender Akteur als auch anwendender Akteur sein. Die Bezeichnung der Akteursgruppen leitet sich aus den Anspruchsgruppen (siehe Tabelle 1.1) sowie deren Einordnung in den Bezugsrahmen der Arbeit (siehe Abbildung 2.23) ab.

[5] Vgl. KA2$^{\text{Gdl.}}$.

[6] Vgl. KA3$^{\text{Gdl.}}$.

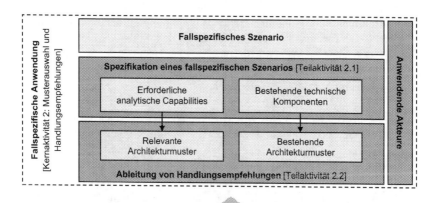

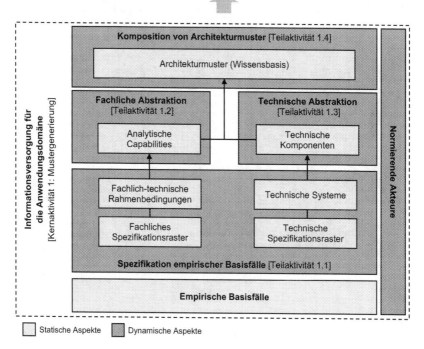

Abbildung 4.2 Konzeptionelle Übersicht des Fachkonzepts[7]

---

[7] Eigene Darstellung basierend auf dem Bezugsrahmen der Arbeit (siehe Abbildung 2.23).

- **Informationsversorgung für die Anwendungsdomäne:** Die Informationsversorgung umfasst alle notwendigen Prozesse und Strukturen zur Schaffung einer ausreichenden Wissensbasis für eine Entscheidungsunterstützung durch die normierenden Akteure. Die zentrale Kernaktivität der Mustergenerierung umfasst hierfür:

    i) Die Spezifikation empirischer Basisfälle (Teilaktivität 1.1), in welcher über fachliche und technische Spezifikationsraster die Rahmenbedingungen und technischen Systeme der fallspezifischen Architekturansätze systematisch beschrieben werden.

    ii) Eine Generalisierung der fallspezifischen Informationen zu fallübergreifenden analytischen Capabilities (fachliche Abstraktion, Teilaktivität 1.2) bzw. technischen Komponenten (technische Abstraktion, Teilaktivität 1.3).

    iii) Eine Zusammenführung der abstrahierten technischen und fachlichen Elemente in integrierte Architekturmuster (Teilaktivität 1.4), die Aussagen über die Eignung einzelner Architekturansätze bei gegebenen Bedingungen ermöglichen und somit die Wissensbasis des Entscheidungsunterstützungssystems darstellen.[8]

- **Fallspezifische Anwendung:** Dieser Bereich fokussiert die Anwendung des Entscheidungsunterstützungssystems für fallspezifische Architekturentscheidungen durch die anwendenden Akteure. Die zugehörige Kernaktivität 2 umfasst eine fallspezifische Musterauswahl und eine Ableitung entsprechender Handlungsempfehlungen.[9] Hierfür wird zuerst ein fallspezifisches Szenario durch die Selektion notwendiger analytischer Capabilities und bestehender technischer Komponenten spezifiziert (Teilaktivität 2.1) und anschließend die für das Szenario relevanten Architekturmuster und Handlungsempfehlungen abgeleitet und für eine weitere Analyse des Lösungsraums bereitgestellt (Teilaktivität 2.2).

---

[8] Vgl. KA2$^{Gdl.}$.
[9] Vgl. KA3$^{Gdl.}$.

Die beiden Teilbereiche stehen somit in existenzieller Abhängigkeit, da ohne eine initiale Informationsversorgung keine fallspezifische Entscheidungsunterstützung möglich ist.

Darüber hinaus ordnet die konzeptionelle Übersicht die Elemente des Fachkonzepts noch nach deren Beschaffenheit in statische und dynamische Aspekte.[10]

- **Statische Aspekte** beschreiben den strukturellen Aufbau eines Informationssystems, was in diesem Fall die drei zentralen Informationsobjekte zur Entscheidungsunterstützung (analytische Capabilities, technische Komponenten und Architekturmuster) sowie die Strukturen zur Abbildung der Basisfälle (fachlich-technische Rahmenbedingungen, technische Systeme, fachliche und technische Spezifikationsraster) umfasst.
- **Dynamische Aspekte** spezifizieren das Verhalten und die Interaktion eines Informationssystems. In der konzeptionellen Übersicht gehören hierzu die Akteursgruppen sowie die zwei Kernaktivitäten (Mustergenerierung und fallspezifischen Musterauswahl) und die zugehörigen Teilaktivitäten.

Die weiteren Abschnitte spezifizieren nun den Inhalt und Aufbau der statischen und dynamischen Aspekte. Für die Darstellung der Spezifikation wird im Weiteren die Unified Modeling Language (UML) eingesetzt.[11] Zur Modellierung der statischen Aspekte kommen Klassen- und Objektdiagramme zum Einsatz. Anwendungsfall- und Aktivitätsdiagramme ermöglichen eine Formalisierung der Abläufe des Systems.[12]

---

[10] Vgl. Balzert (2009), S. 102, Broy und Kuhrmann (2021), S. 30 und Tremp (2022), S. 31.

[11] Die Unified Modeling Language (UML) liefert (objektorientierte) Notationselemente zur Modellierung, Dokumentation, Spezifizierung und Visualisierung komplexer Systeme, unabhängig von deren Fach- und Realitätsgebiet (vgl. OMG® [2017]). UML wurde als Modellierungssprache aufgrund der Bandbreite von Notation für statische und dynamische Aspekte sowie dem hohen Verbreitungsgrad in der Praxis gewählt (vgl. Anke und Bente [2019], S. 8 ff. und Petre [2013], S. 722 ff.). Vergleichbare Notationsmöglichkeiten wären z. B. BPMN für die Darstellung von Abläufen oder ER-Modelle für die Darstellung von Aufbaustrukturen (vgl. Geambaşu [2012], S. 934 ff.).

[12] Vgl. Hruschka (2019), S. 107 ff. und Tremp (2022), S. 32 ff.

4.2   Statische Aspekte

Entsprechend den in den vorherigen Kapiteln formulierten Konzeptanforderungen müssen die zu entwickelnden statischen Strukturen eine Beschreibung und Abstraktion technischer und fachlich-technischer Aspekte ermöglichen[13], diese als generalisierte Entscheidungsgrundlage (Wissensbasis) bereitstellen[14] und mit fallspezifischen Gegebenheiten verknüpfen[15].

4.2.1   Klassendiagramm des Entscheidungsunterstützungssystems

Das Klassendiagramm in Abbildung 4.3 zeigt die hierfür relevanten semantischen Bestandteile des zu entwickelnden Entscheidungsunterstützungssystems als UML-Klassenelemente[16] sowie deren Zusammenhänge durch Assoziationen[17]. Zur Übersichtlichkeit hebt die Abbildung die für die Entscheidungsunterstützung zentralen Informationsobjekte sowie die Klassen für eine fallspezifische Gruppierung farblich hervor.

Zu den zentralen Informationsobjekten des Klassendiagramms gehören:

- **Fachlich-technische Rahmenbedingung:** Eine fachlich-technische Rahmenbedingung ist eine semi-formale Spezifizierung[18] von fallspezifischen Umgebungsfaktoren (z. B. Geschäftsanforderungen, regulatorische Vorgaben u. Ä.), die ein *technisches System* in einem Architekturansatz fachlich begründen.

---

[13] Vgl. KA1$^{Gdl.}$ sowie KA1$^{Expl.}$–KA3$^{Expl.}$.

[14] Vgl. KA2$^{Gdl.}$.

[15] Vgl. KA3$^{Gdl.}$ und KA4$^{Expl.}$.

[16] Klassen repräsentieren Typen von Objekten und spezifizieren deren Struktur über sog. Attribute. Vgl. OMG® (2017), S. 192 und Kecher u. a. (2018), S. 39 f.

[17] Eine Assoziation repräsentiert einen Zusammenhang zwischen Klassen. Vgl. OMG® (2017), S. 197 ff. und Kecher u. a. (2018), S. 75 f.

[18] Eine Spezifikation erfolgt über das fachliche Spezifikationsraster, das im nächsten Abschnitt definiert wird. Zudem umfassen alle Informationsobjekte einer qualitativen Beschreibung in Textform.

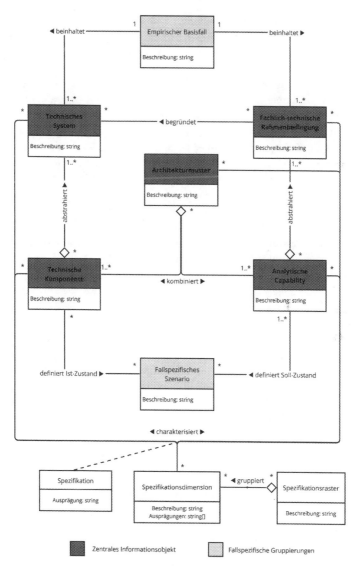

Abbildung 4.3 Klassendiagramm des Entscheidungsunterstützungssystems[19]

---

[19] Eigene Darstellung in UML 2.5.1.

- **Technisches System:** Ein technisches System ist eine semi-formale Spezifizierung[20] einer konkreten technischen Implementierung (z. B. eines Anwendungssystems) in einer Datenhaltung eines Basisfalls und dient der technischen Charakterisierung des jeweiligen Architekturansatzes.
- **Analytische Capability:** Eine analytische Capability ist eine fallübergreifende Aggregation mehrerer *fachlich-technischer Rahmenbedingungen* der Basisfälle und dient der abstrahierten Abbildung fachlicher Rahmenbedingungen in Architekturmustern sowie als Vehikel zur Auswahl passender Architekturmuster in einer fallspezifischen Entscheidungsunterstützung.[21]
- **Technische Komponente:** Eine technische Komponente ist eine fallübergreifende Aggregation[22] mehrerer *technischer Systeme* der Basisfälle und dient der abstrahierten Abbildung des technischen Teils eines Architekturmusters sowie der Auswahl bestehender Architekturmuster in einer fallspezifischen Entscheidungsunterstützung.[23]
- **Architekturmuster:** Ein Architekturmuster kombiniert *analytische Capabilities* und *technischen Komponenten* und ermöglichen so eine ganzheitliche Darstellung von Architekturansätzen sowie die Ableitung von Aussagen bzgl. der Eignung technischer Komponenten bei gegebenen Rahmenbedingungen.[24]

Die Informationsobjekte lassen sich somit nach deren Abstraktionsgrad (fallspezifisch oder fallübergreifend) und dem jeweiligen Fokus (technisch oder fachlich) einordnen (siehe Tabelle 4.1).

Die Zusammenhänge der Informationsobjekte liefern zudem die notwendigen Aufbaustrukturen für die Abstraktionslogik im Informationsversorgungsprozess.[25] Tabelle 4.2 erläutert die Assoziationen sowie die hierdurch abgebildete Abstraktionshierarchie.

---

[20] Eine Spezifikation erfolgt über eines der technischen Spezifikationsraster, die im nächsten Abschnitt definiert werden.

[21] Vgl. KA1[Expl.].

[22] Eine Aggregation stellt eine konsolidierende Sonderform der Assoziation dar, die verdeutlicht, dass ein Element ein Teil eines Ganzen ist. Vgl. OMG® (2017), S. 197 ff. und Kecher u. a. (2018), S. 75 f.

[23] Vgl. KA2[Expl.].

[24] Vgl. KA3[Expl.] und KA4[Expl.].

[25] Die Abläufe dieser Abstraktionslogik sind Teil der dynamischen Aspekte und werden in Abschnitt 4.3 erläutert.

Tabelle 4.1 Einordnung der zentralen Informationsobjekte nach deren Fokus und Abstraktionsgrad

Informationsobjekt	Fokus		Abstraktionsgrad	
	Technisch	Fachlich	Fallspezifisch	Fallübergreifend
Technisches System	●	○	●	○
Fachlich-technische Rahmenbedingung	○	●	●	○
Technische Komponente	●	○	○	●
Analytische Capability	○	●	○	●
Architekturmuster	●	●	○	●

Die fallspezifischen Gruppierungen verknüpfen die zentralen Informationsobjekte in semantische Einheiten. Folgende Arten von Gruppierungen lassen sich hierbei unterscheiden:

- **Empirischer Basisfall:** Ein empirischer Basisfall gruppiert die relevanten *Rahmenbedingungen* und *technische Systeme* einer Datenhaltung in einer realen Umgebung, die als Datengrundlage für die Abstraktion im Rahmen der Informationsversorgung als relevant erachtet wird.[26]
- **Fallspezifisches Szenario:** Ein fallspezifisches Szenario charakterisiert eine reale oder fiktive Umgebung im Rahmen einer fallspezifischen Anwendung und besteht aus einem Set *analytischer Capabilities* zur Abbildung des angestrebten Soll-Zustands sowie einem Set *technischer Komponenten* zur Abbildung der bestehenden Systemlandschaft.[27]

Tabelle 4.3 zeigt die Assoziationen der Gruppierungen und erläutern die Interpretation der zugehörigen Kardinalitäten.

---

[26] Vgl. KA2$^{\text{Gdl.}}$.

[27] Vgl. KA3$^{\text{Gdl.}}$. Hinweis: Bei sog. Green-Field-Szenarios (vgl. Walden [2019], S. 1085) ohne bestehende Systemlandschaft ist bspw. keine Spezifikation des Ist-Zustands notwendig.

Tabelle 4.2 Erläuterungen der Assoziationen der zentralen Informationsobjekte[28]

Assoziation	Erläuterung
Fachlich-technische Rahmenbedingung `*` ──begründet▶── `*` Technisches System	Ein oder mehrere fachlich-technische Rahmenbedingung begründen den Einsatz von ein oder mehreren technischen Systemen in einem Basisfall.
Technische Komponente `*` ──abstrahiert▶──◇ `1..*` Technisches System	Eine oder mehrere technische Komponenten abstrahieren ein oder mehrere technische Systeme. Eine technische Komponente ist eine Aggregation von technischen Systemen.
Analytische Capability `*` ──abstrahiert▶──◇ `1..*` Fachlich-technische Rahmenbedingung	Eine oder mehrere analytische Capabilities abstrahieren ein oder mehrere fachlich-technische Rahmenbedingungen. Eine analytische Capability ist eine Aggregation von Rahmenbedingungen.
Architekturmuster `*` ──kombiniert▶──◇ `1..*` Analytische Capability / `1..*` Technische Komponente	Mehrere Architekturmuster kombinieren ein oder mehrere analytische Capabilities bzw. technische Komponenten. Ein Architekturmuster ist somit eine Aggregation dieser Entitäten.

---

[28] Eigene Darstellungen in UML 2.5.1.

Tabelle 4.3 Assoziationen der gruppierenden Klassen[29]

Assoziation	Erläuterung
	Ein empirischer Basisfall beinhaltet jeweils ein oder mehrere fachlich-technische Rahmenbedingungen sowie ein oder mehrere technische Systeme, die wiederum nur Teil eines Basisfalls sein können.
	Ein fallspezifisches Szenario nutzt ein oder mehrere analytische Capabilities zur Definition des Soll-Zustands und beliebig viele technische Komponenten zur Definition des Ist-Zustands. Analytische Capabilities und technische Komponenten können beliebig viele fallspezifische Szenarios charakterisieren.

---

[29] Eigene Darstellungen in UML 2.5.1.

Neben diesen semantischen Informationsentitäten umfasst das Klassendiagramm zudem Strukturen zur Abbildung einer flexiblen und einfach erweiterbaren Spezifikationslogik[30], die sich aus den folgenden Elementen zusammensetzt:

- **Spezifikationsdimension:** Eine Spezifikationsdimension ermöglicht eine Beschreibung eines Merkmals eines technischen oder fachlichen Elements mittels vorgegebener Ausprägungen in Textform.
- **Spezifikationsraster:** Ein Spezifikationsraster gruppiert mehrere Spezifikationsdimensionen als semantische Einheit, die ein technisches oder fachliches Element (z. B. eine Speicherkomponente) charakterisieren.
- **Spezifikation:** Die Spezifikation ist eine Assoziationsklasse[31], die ein technisches oder fachliches Informationsobjekt mithilfe der Ausprägungen einer Spezifikationsdimension charakterisiert.

Abbildung 4.4 stellt die Spezifikationsstrukturen in einem generischen Klassenmodell dar und veranschaulicht die Spezifikationslogik anhand einer exemplarischen Instanziierung in einem Objektdiagramm[32]. Die Flexibilität dieses Aufbaus ergibt sich aus der freien Zuordnung beliebig vieler Spezifikationsdimensionen zu Informationsobjekten (z. B. die Strukturiertheit der Daten in einem Datenspeicher). Die Spezifikationsraster gruppieren die Dimensionen für eine sinnvolle Charakterisierung von Typen von Elementen (z. B. typische Merkmale einer Speicherkomponente). Die Beschreibung der Ausprägungen in Textform ermöglicht zudem die Abbildung von nominalen und ordinalen Merkmalen.[33]

---

[30] Vgl. KA1[Expl.] und KA2[Expl.].

[31] Assoziationsklassen ermöglichen eine attribuierte Verknüpfung von zwei oder mehreren Klassen. Vgl. OMG® (2017), S. 198 f.

[32] Ein Objektdiagramm zeigt die aus einem Klassendiagramm erzeugten Objekte (Instanzen), deren Attributwerte und Beziehungen zu einer bestimmten Zeit und verdeutlicht so die Anwendung eines Klassendiagramms. Vgl. Kecher u. a. (2018), S. 121.

[33] Z. B. die Strukturiertheit der Daten mit den Ausprägungen strukturiert und unstrukturiert. Eine Definition der relevanten Spezifikationsdimensionen und -raster folgt im nächsten Abschnitt.

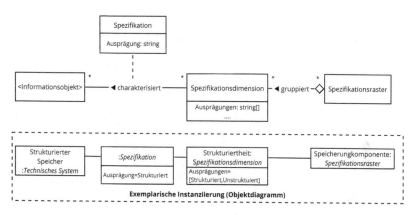

Abbildung 4.4 Generisches Modell der Spezifikationsstrukturen[34]

Das Klassendiagramm beinhaltet somit Datenstrukturen zur Unterstützung (i) der Informationsversorgung durch die systematische Spezifikation und Generalisierung von Basisfällen sowie (ii) dem Einsatz der abstrahierten Elemente in einem fallspezifischen Szenario. Um diesen generischen Ansatz auf die Anwendungsdomäne der dezentralen Datenhaltung in analytischen Informationssystemen anzuwenden, gilt es im nächsten Schritt passende fachliche und technische Spezifikationsdimensionen und -raster zu definieren.

4.2.2 Definition eines fachlichen Spezifikationsrasters

Das Ziel der fachlichen Spezifikation ist die systematische Beschreibung fallspezifischer fachlich-technischer Rahmenbedingungen, so dass diese in fallübergreifende analytische Capabilities überführt werden können. Dementsprechend orientiert sich das fachliche Spezifikationsraster in Abbildung 4.5 an den Strukturen

---

[34] Eigene Darstellung in UML 2.5.1 als Klassendiagramm und die Instanziierung als Objektdiagramm.

zur Operationalisierung analytischer Capabilities[35] und umfasst Spezifikationsdimensionen zur Charakterisierung von Umgebungsfaktoren einer Datenhaltung[36] sowie der notwendigen Güte von Daten als erwartetes Resultat[37].

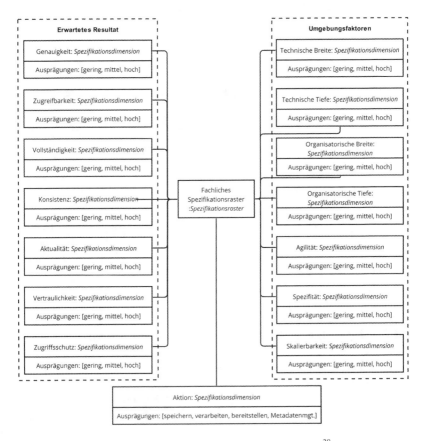

Abbildung 4.5   Objektdiagramm des fachlichen Spezifikationsrasters[38]

---

[35] Siehe Abschnitt 2.3.3.
[36] Vgl. KA1.2$^{Expl.}$.
[37] Vgl. KA1.1$^{Expl.}$.
[38] Eigene Darstellung in UML 2.5.1.

Die Ausprägungen beschreiben die Relevanz der jeweiligen Dimension für die fachliche Charakterisierung der Informationsobjekte mithilfe einer ordinalen Skala bestehend aus den Werten gering, mittel und hoch.[39] Um dem handlungsbezogenen Verständnis einer analytischen Capability zu entsprechen, beinhaltet das Spezifikationsraster zudem eine Dimension *Aktion*. Die Ausprägungen hierfür leiten sich aus den funktionalen Teilbereichen einer Datenhaltung ab.[40]

	Aktion	Erwartetes Resultat							Umgebungsfaktoren						
		Genauigkeit	Zugreifbarkeit	Vollständigkeit	Konsistenz	Aktualität	Vertraulichkeit	Zugriffsschutz	Tech. Breite	Tech. Tiefe	Org. Breite	Org. Tiefe	Agilität	Spezifität	Skalierbarkeit
<Fachliches Informationsobjekt>	Verarbeiten						●	●						●	◔

● hohe Relevanz ◐ mittlere Relevanz ◔ geringe Relevanz

Abbildung 4.6 Tabellarische Darstellung des fachlichen Spezifikationsrasters

Abbildung 4.6 veranschaulicht das fachliche Spezifikationsraster anhand einer tabellarischen Darstellung und zeigt eine exemplarische Bewertung der Ausprägungen. Das gezeigte Beispiel charakterisiert ein fachliches Informationsobjekt[41], indem es die Relevanz der Vertraulichkeit und des Zugriffsschutzes der Daten als hoch definiert und die Umgebung als sehr spezifisch und mit einer geringen Relevanz der Skalierbarkeit beschreibt. Diese Charakterisierung könnte bspw. auf ein spezifisches Anwendungsfeld mit sensiblen Daten zurückgehen (z. B. eine Risikobewertung einer Versicherung).

---

[39] Eine ordinale Beschreibung erscheint sinnvoll, da eine metrische Bewertung der qualitativen Ausgangsdaten nicht sinnvoll machbar ist (vgl. Abschnitt 2.3.3).

[40] Siehe Abschnitt 2.1.2.

[41] Fachliche Informationsobjekte sind *fachlich-technische Rahmenbedingungen* und *analytische Capabilities*.

4.2.3   Definition technischer Spezifikationsraster

Für die Spezifikation technischer Informationsobjekte[42] werden die logischen Funktionsbereiche einer Datenhaltung in analytischen Informationssystemen herangezogen.[43] Das Fachkonzept definiert für jeden dieser Teilbereiche ein technisches Spezifikationsraster (siehe Abbildung 4.7–Abbildung 4.10).[44] Die Spezifikationsdimensionen und Ausprägungen leiten sich aus den charakterisierenden Merkmalen der jeweiligen Teilbereiche[45] sowie aus Erkenntnissen der empirischen Exploration ab.

Das Objektdiagramm in Abbildung 4.7 definiert ein Spezifikationsrater für den Bereich des Metadatenmanagements.[46] Als Spezifikationsdimensionen dienen:

- die *Art der Metadaten* mit den Ausprägungen technisch und fachlich,[47]
- der *strukturelle Aufbau der technischen und fachlichen Administration*, bei welchen sich zentrale, föderierte und verteilte Strukturen unterscheiden lassen.[48]

Für die Spezifikation von Speicherkomponenten[49] nutzt das Fachkonzept das Raster in Abbildung 4.8 mit folgenden Dimensionen:

- *Spezifität* mit den Ausprägungen anwendungsneutral oder -spezifisch,[50]
- *Datentyp* mit den Ausprägungen strukturiert oder unstrukturiert.[51]
- Die *Struktur der technischen und fachlichen Administration* (zentral, föderiert und verteilt).[52]

---

[42] Technische Informationsobjekte sind *technische Systeme* und *technische Komponenten*.

[43] Vgl. KA2.1[Expl.]–KA2.4[Expl.].

[44] Im Weiteren werden die Spezifikationsraster auch als Komponententypen bezeichnet.

[45] Eine Erläuterung der Merkmale und Ausprägungen findet sich in Abschnitt 2.1.2 und Abschnitt 3.4.

[46] Vgl. KA2.4[Expl.] und Charakterisierung in Abschnitt 2.1.2.

[47] Vgl. KE19[Expl.].

[48] Vgl. KE21[Expl.]. Der strukturelle Aufbau der technischen und fachlichen Administration ist für alle Spezifikationsraster relevant und findet sich daher in allen technischen Spezifikationsrastern wieder.

[49] Vgl. KA2.2[Expl.] und Charakterisierung in Abschnitt 2.1.2.

[50] Vgl. KE12[Expl.].

[51] Vgl. KE12[Expl.].

[52] Vgl. KE14[Expl.].

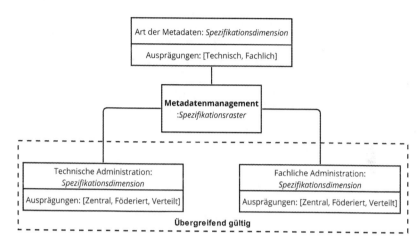

Abbildung 4.7 Technisches Spezifikationsraster Metadatenmanagement[53]

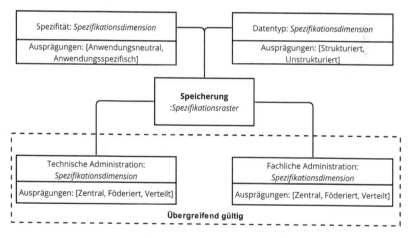

Abbildung 4.8 Technisches Spezifikationsraster Speicherung[54]

---

[53] Eigene Darstellung in UML 2.5.1.
[54] Eigene Darstellung in UML 2.5.1.

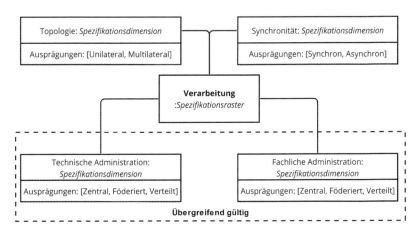

Abbildung 4.9   Technisches Spezifikationsraster Verarbeitung[55]

Das Spezifikationsraster in Abbildung 4.9 charakterisiert Verarbeitungskomponenten[56] anhand:

- des *Aufbaus der technischen und fachlichen Administrationsstrukturen* (zentral, föderiert und verteilt),[57]
- der *Topologie* mit der Unterscheidung unilateraler oder multilateraler Zusammenhänge,[58]
- der *Synchronität* des Verarbeitungsprozesses (synchron oder asynchron).[59]

Zuletzt ermöglichen die Spezifikationsdimensionen in Abbildung 4.10 eine systematische Beschreibung von Bereitstellungskomponenten[60] anhand:

- der *Art der Abstraktion* (virtualisiert oder materialisiert),[61]

---

[55] Eigene Darstellung in UML 2.5.1.

[56] Vgl. KA2.1[Expl.] und Charakterisierung in Abschnitt 2.1.2.

[57] Vgl. KE11[Expl.].

[58] Vgl. KE9[Expl.].

[59] Vgl. KE10[Expl.].

[60] Vgl. KA2.3[Expl.] und Charakterisierung in Abschnitt 2.1.2.

[61] Vgl. KE15[Expl.]–KE17[Expl.].

- der *Spezifität* (anwendungsneutral oder anwendungsspezifisch),[62]
- und der *Verteilung technischer und fachlicher Administrationsaufgaben* (zentral, föderiert und verteilt)[63].

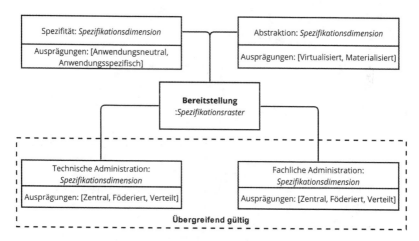

Abbildung 4.10 Technisches Spezifikationsraster Bereitstellung[64]

Abbildung 4.11 veranschaulicht den Aufbau der technischen Spezifikationsraster anhand einer Anwendung auf eine exemplarische Speicherkomponente. Die relevanten Ausprägungen sind farblich hervorgehoben und charakterisieren das technische Informationsobjekt als eine anwendungsneutrale Speicherkomponente für unstrukturierte Daten mit föderierter technischer und zentraler fachlicher Administration, was bspw. einem nicht zweckgebundenen Rohdatenspeicher für unstrukturierte Daten entsprechen könnte.

---

[62] Vgl. KE16[Expl.] und KE17[Expl.].

[63] Vgl. KE18[Expl.].

[64] Eigene Darstellung in UML 2.5.1.

Spezifikationsdimension	Ausprägungen			
Datentyp	Strukturiert	Unstrukturiert		
Spezifität	Anwendungs-neutral	Anwendungs-spezifisch		
Technische Administration	Zentral	Föderiert	Verteilt	
Fachliche Administration	Zentral	Föderiert	Verteilt	

Abbildung 4.11 Tabellarische Darstellung eines technischen Spezifikationsrasters[65]

4.3   Dynamische Aspekte

Die in diesem Unterkapitel thematisierten dynamischen Aspekte spezifizieren das Verhalten des zu entwickelnden Entscheidungsunterstützungssystems. Das Anwendungsfalldiagramm[66] in Abbildung 4.12 gibt einen Überblick über die Funktionalitäten des Systems aus Anwendersicht und zeigt die für das Systemverhalten relevanten Aktivitäten und deren Zusammenhänge zu den im vorherigen Abschnitt definierten Informationsobjekten.

In Anlehnung an die konzeptionelle Übersicht beinhaltet die Darstellung die zwei Akteursgruppen sowie die beiden zugehörigen Kernaktivitäten[67] der Mustergenerierung und der fallspezifische Musterauswahl[68], die aus mehrere Teilaktivitäten bestehen. In den folgenden Abschnitten werden für die gezeigten Kern- und Teilaktivitäten Abläufe erarbeitet und in Aktivitätendiagrammen[69] dokumentiert.

---

[65] Eigene Darstellung.

[66] Ein Anwendungsfalldiagramm zeigt die bereitzustellenden Funktionalitäten aus Anwendersicht sowie die Art der Interaktion auf hohem Abstraktionsniveau und ohne Definition der konkreten Abläufe. Vgl. OMG® (2017), S. 639 und Kecher u. a. (2018), S. 209 f.

[67] Eine Aktivität ist eine formale Ablaufreihenfolge mehrerer Aktionen, die ein Verhalten eines Systems abbilden. Aktivitäten können dabei hierarchisch verknüpft sein und Teilaktivitäten umfassen. Vgl. OMG® (2017), S. 373.

[68] Vgl. KA2$^{Gdl.}$ und KA3$^{Gdl.}$.

[69] Ein Aktivitätendiagramm stellt den Ablauf einer Aktivität durch die Verbindung mehrerer Aktionen in einem Kontroll- bzw. Datenfluss dar. Vgl. OMG® (2017), S. 373 und Kecher u. a. (2018), S. 225.

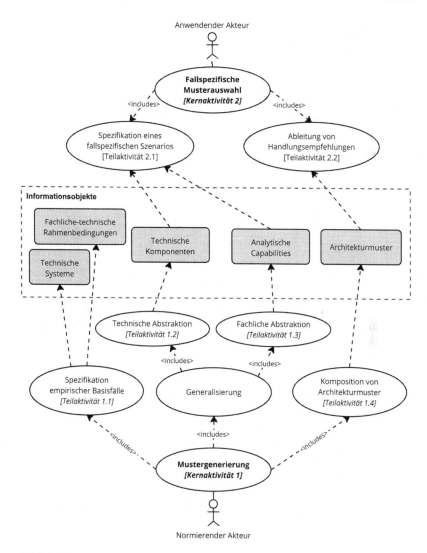

Abbildung 4.12   Anwendungsfalldiagramm des Entscheidungsunterstützungssystems[70]

---

[70] Eigene Darstellung in UML 2.5.1.

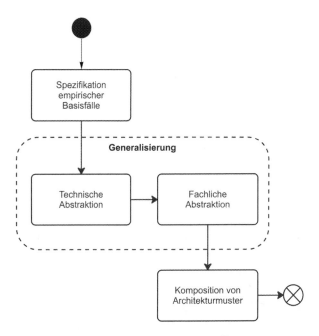

Abbildung 4.13   Aktivitätendiagramm Mustergenerierung[71]

4.3.1   Mustergenerierung

Die Mustergenerierung ist die Kernaktivität zur Informationsversorgung des Entscheidungsunterstützungssystems und beinhaltet somit die notwendigen Schritte zur Überführung der charakterisierenden Merkmale real existierender Architekturansätze in eine für die Entscheidungsunterstützung systematisch wiederverwendbare Form. Das Aktivitätendiagramm in Abbildung 4.13 zeigt den grundsätzlichen Ablauf der Mustergenerierung, welcher aus drei Phasen besteht:

(i) Die Spezifikation der empirischen Basisfälle, um diese in eine systematisch auswertbare Struktur zu bringen.

(ii) Die Generalisierung der charakterisierenden Merkmale der Basisfälle durch eine technische und eine fachliche Abstraktion.[72]

---

[71] Eigene Darstellung in UML 2.5.1.
[72] Vgl. KA1[Expl.] und KA2[Expl.].

(iii) Die Komposition der abstrahierten Informationen in integrierte Architektur-muster.

Tabelle 4.4 erläutert den Inhalt der Teilaktivitäten und definiert deren Eingabe-und Ausgabewerte als Ausgangspunkt einer weiteren Formalisierung in den nachfolgenden Abschnitten

Tabelle 4.4 Übersicht der Teilaktivitäten der Mustergenerierung

Teilaktivität 1.1: Spezifikation empirischer Basisfälle

Inhalt:	Spezifikation der charakterisierenden Merkmale eines Basisfalls für die Mustergenerierung.
Eingabe:	Empirische Basisfälle.
Ausgabe:	Semi-formale Spezifikationen von fallspezifischen fachlich-technischen Rahmenbedingungen und technischen Systemen.

Teilaktivität 1.2: Generalisierung – Technische Abstraktion

Inhalt:	Generalisierung charakterisierender Merkmale mehrerer technischer Systeme in fallübergreifende technische Komponenten.
Eingabe:	Semi-formal spezifizierte technische Systeme mehrerer Basisfälle.
Ausgabe:	Fallübergreifende semi-formal spezifizierte technische Komponenten.

Teilaktivität 1.3: Generalisierung – Fachliche Abstraktion

Inhalt:	Generalisierung charakterisierender fachlich-technischer Rahmenbedingungen in fallübergreifende analytische Capabilities.
Eingabe:	Semi-formal spezifizierte fachlich-technische Rahmenbedingungen mehrerer Basisfälle und fallübergreifende technische Komponenten.
Ausgabe:	Fallübergreifende semi-formal spezifizierte analytische Capabilities.

Teilaktivität 1.4:Komposition von Architekturmuster

Inhalt:	Verknüpfung technischer Komponenten und fachlicher Capabilities zu integrierten Architekturmustern, die Schlussfolgerungen über die Eignung von Architekturansätzen bei gegebenen Rahmenbedingungen ermöglichen.
Eingabe:	Semi-formal spezifizierte analytische Capabilities und technische Komponenten
Ausgabe:	Integrierte Architekturmuster mit fachlichem und technischem Zusammenhang.

Teilaktivität 1.1: Spezifikation empirischer Basisfälle Als Ausgangssituation der Mustergenerierung dient ein Set empirisch analysierter Basisfälle (bspw. mit textuellen Beschreibungen der jeweiligen Rahmenbedingungen und der beinhalteten Architekturansätze)[73]. Das Ziel der ersten Teilaktivität ist eine Spezifikation dieser Informationen, sodass anschließend eine systematische Generalisierung möglich ist. Als Zielstrukturen dienen die fachlichen und technischen Spezifikationsraster aus dem vorherigen Abschnitt.[74]

Abbildung 4.14 zeigt den Ablauf der Teilaktivität 1.1 als Aktivitätendiagramm. Das Diagramm zeigt das Vorgehen zur Spezifikation technischer Systeme (linker Bereich) und fachlich-technischer Rahmenbedingungen (rechter Bereich) sowie die abschließende Verknüpfung dieser Elemente in einem fallspezifischen Zusammenhang. Der Spezifikationsprozess unterteilt sich in drei Phasen:

- **Kategorisierung:** In einem ersten Schritt werden die fachlichen Rahmenbedingungen anhand der Aktionen des fachlichen Spezifikationsrasters und die technischen Systeme mithilfe der technischen Komponententypen[75] kategorisiert.[76] Sollte hier keine eindeutige Zuordnung möglich sein, ist eine Aufteilung der Informationen in mehrere Teilsysteme bzw. Teil-Rahmenbedingungen möglich.[77]

- **Spezifikation:** Anschließend wird die unstrukturierte Form der Elemente mithilfe der Spezifikationsraster spezifiziert. Hierfür werden im fachlichen Teil Aussagen bzgl. der notwendigen Güte der Daten sowie der fallspezifische Umgebungsfaktoren[78] quantifiziert.[79] Im technischen Teil dienen die identifizierten Merkmale der jeweiligen Komponententypen als Spezifikationsdimensionen.

---

[73] Für die vorgelagerte empirische Erhebung und Analyse eines Basisfalls macht das Fachkonzept keine bindenden Vorgaben. Ein mögliches Vorgehen liefert die qualitative Exploration in Kapitel 3.

[74] Siehe Abschnitt 4.2.2 und 4.2.3.

[75] Vgl. KA2.1[Expl.]–KA2.4[Expl.].

[76] Sowohl die Aktionen des fachlichen Spezifikationsrasters als auch die Komponententypen orientieren sich an den logischen Teilbereichen einer Datenhaltung: Speichern, Verarbeiten, Bereitstellen und Metadatenmgt. (siehe Abschnitt 2.1.2).

[77] Wenn bspw. eine Rahmenbedingung eine Verarbeitung und Bereitstellung von Daten in Echtzeit fokussiert, kann diese in eine Rahmenbedingung zur Verarbeitung und eine zur Bereitstellung geteilt werden.

[78] Vgl. KA1.1[Expl.] und KA1.2[Expl.].

[79] Das Fachkonzept sieht hier eine ordinale Bewertung der Relevanz (gering, mittel hoch) vor. Abhängig von der Datenlage, ist auch ein anderes Skalenniveau einsetzbar. Nicht bewertbare Dimensionen werden ausgespart.

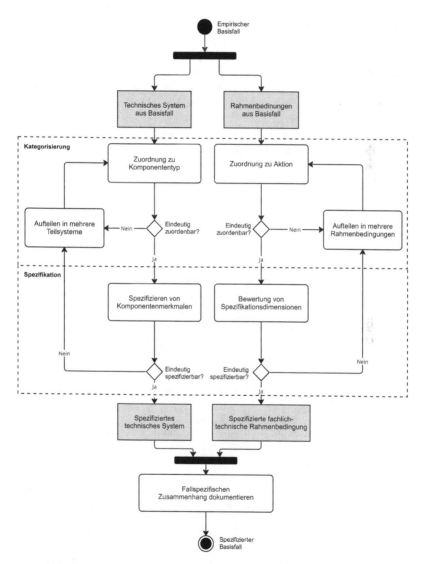

Abbildung 4.14 Teilaktivität Spezifikation empirischer Basisfälle[80]

---

[80] Eigene Darstellung in UML 2.5.1.

Bei nicht eindeutig spezifizierbaren Elementen ist eine erneute Aufteilung der Elemente möglich.

- **Fallspezifische Verknüpfung:** Um spätere Schlussfolgerungen zur Eignung einzelner Architekturansätze bei bestimmten fachlichen Gegebenheiten zu ermöglichen, gilt es abschließend den fallspezifischen Zusammenhang der identifizierten Rahmenbedingungen mit den zugehörigen technischen Systemen festzuhalten.[81]

Die aus dieser Teilaktivität resultierenden semi-formal spezifizierten technischen Systeme und fachlich-technischen Rahmenbedingungen sind die Eingabeparameter der darauffolgenden Teilaktivitäten 1.2 (technische Abstraktion) und 1.3 (fachliche Abstraktion), die auf dieser Basis technische Komponenten und analytische Capabilities als fallübergreifende Verallgemeinerungen ableiten.

Teilaktivität 1.2: Generalisierung – Technische Abstraktion Abbildung 4.15 zeigt den Ablauf der technischen Abstraktion, die aus den semi-formal spezifizierten technischen Systemen fallübergreifende technische Komponenten ableitet.

Der Ablauf besteht aus einer Gruppierung der fallspezifischen technischen Systeme und einer anschließenden Spezifikation technischer Komponenten.

- **Gruppierung:** Für eine fallübergreifende Verallgemeinerung werden die fallspezifischen technischen Systeme anhand des zuvor zugeordneten Komponententyps gruppiert[82] und einem Ähnlichkeitsvergleich unterzogen. Abbildung 4.16 zeigt einen beispielhaften Ähnlichkeitsvergleich der nominalen Spezifikationsraster mithilfe des SMC-Koeffizienten[83]. Ergebnisse, die über einem definierten Schwellwert[84] liegen, werden als Generalisierungskandidaten vor einer weiteren Aggregation unter Berücksichtigung des originären Einsatzzweckes und

---

[81] Die fachlich-technischen Rahmenbedingungen begründen die Wahl einzelner technischer Systeme. Z. B. wurde eine relationale Datenbank (technisch) gewählt, um den konsistenten Umgang mit strukturierten Daten in der Finanzbuchhaltung (fachlich) zu ermöglichen. Vgl. KA3[Expl.] und KA4[Expl.].

[82] Eine Gruppierung ist notwendig, da nur ein Ähnlichkeitsvergleich desselben Komponententyps bzw. Spezifikationsrasters sinnvolle Ergebnisse liefern kann.

[83] Aufgrund der nominalen Struktur der Spezifikationsraster können Ähnlichkeitsmaße für binäre Variablen eingesetzt werden. Entsprechend der Skalierung der Variablen bieten sich hier unterschiedliche Ähnlichkeitsmaße an, z. B. Jaccard (S-Koeffizient), Simple-Matching-Koeffizient (SMC) oder der Phi-Koeffizient. Vgl. Bortz und Schuster (2010), S. 454 f.

[84] Ein plausibler Schwellwert ist in Abhängigkeit der Anzahl der Variablen zu definieren (z. B. > = 75 %).

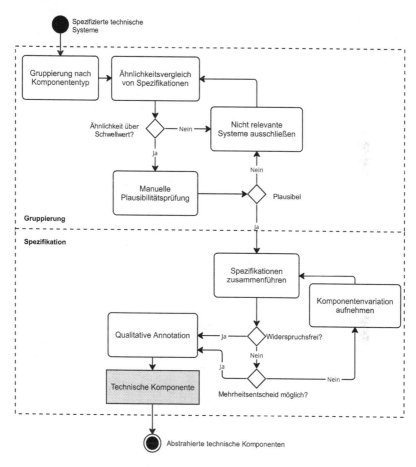

Abbildung 4.15 Teilaktivität technische Abstraktion[85]

des Kontextes der jeweiligen Falls manuell auf Plausibilität geprüft und ggf. verworfen.

---

[85] Eigene Darstellung in UML 2.5.1.

Spezifikationsdimensionen		S1	S2
Topologie	Unilateral	1	0
	Multilateral	0	1
Synchronität	Synchron	1	0
	Asynchron	0	1
Fachliche Administration	Zentral	0	0
	Föderiert	1	1
	Verteilt	0	0
Technische Administration	Zentral	0	1
	Föderiert	0	0
	Verteilt	1	0

Simple-Matching-Koeffizient (SMC)

$$\ddot{A}hnl._{S1,2} = \frac{Anzahl\ identischer\ Auspr\ddot{a}gungen}{Gesamtanzahl\ Auspr\ddot{a}gungen}$$

$$= \frac{4}{10} = 40\%$$

Abbildung 4.16 Exemplarischer Ähnlichkeitsvergleich technischer Systeme (S#)[86]

- **Spezifikation:** Sobald mehrere Systeme mit einer ausreichenden Ähnlichkeit identifiziert sind, werden die zugehörigen Spezifikationen zusammengeführt. Widersprüche in den Spezifikationsrastern können durch eine Mehrheitsentscheidung aufgelöst werden. Für nicht auflösbare Unterschiede sind Variationen[87] einer Komponente vorzusehen. Erläuterungen zu den Variationen und sonstige Hinweise bzgl. der Interpretation der Komponente können zudem in einer abschließenden qualitativen Annotation in Textform ergänzt werden.[88]

Die so abgeleiteten technischen Komponenten stellen generalisierte technische Bausteine dar, die es im Weiteren mit fachlichen Informationen anzureichern gilt.

---

[86] Eigene Darstellung. Die Ausprägungen wurden mit binären Werten codiert (0 = nicht relevant, 1 = relevant). Identische Ausprägungen wurden hervorgehoben.

[87] Bei einer Variation handelt es sich um verschiedenes Arten der Ausgestaltung einer Komponente. Z. B. ein Metadatenmgt., dass je nach Anforderung zentral oder föderiert administriert werden kann. Im weiteren Prozess können Variationen wie eigenständige Komponenten behandelt werden.

[88] Die Ergänzung qualitativer Informationen erhöht die Verständlichkeit der Generalisierung und vermeidet, in Anlehnung an die Idee eines Mixed-Methods-Ansatz, Missverständnisse durch eine rein quantitative Interpretation (vgl. Kuckartz und Rädiker [2022], S. 18 ff.) und ermöglicht zudem die Abbildung fallspezifischer Besonderheiten (vgl. KA1[Expl.] und KA2[Expl.]).

Teilaktivität 1.3: Generalisierung – Fachliche Abstraktion

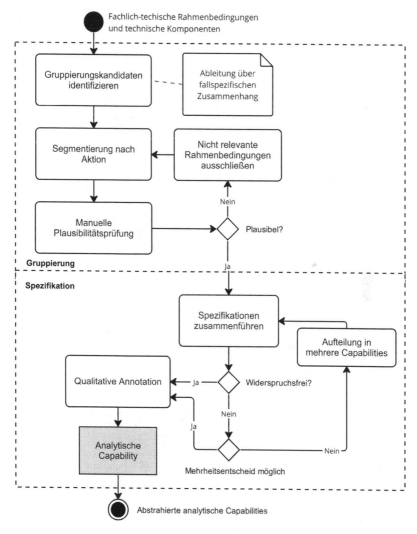

Abbildung 4.17 Teilaktivität fachliche Abstraktion[89]

---

[89] Eigene Darstellung in UML 2.5.1.

Für die Ableitung fallübergreifender fachlicher Kontexte überführt der zweite Teil der Generalisierung die fallspezifischen fachlich-technischen Rahmenbedingungen in generalisierte analytische Capabilities. Diese fachliche Abstraktion folgt dem in Abbildung 4.17 dargestellten Ablauf und teilt sich in zwei Phasen:

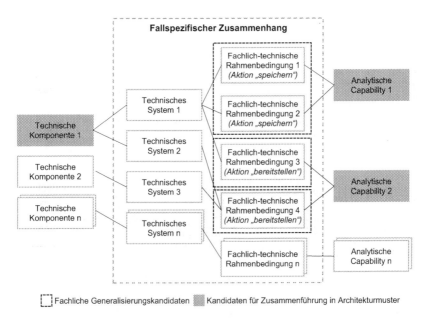

⌐¯¯⌐ Fachliche Generalisierungskandidaten ▓ Kandidaten für Zusammenführung in Architekturmuster

Abbildung 4.18 Gruppierung durch fallspezifische Zusammenhänge[90]

- **Gruppierung:** Für die Identifikation fachlicher Generalisierungskandidaten werden die fachlich-technischen Rahmenbedingungen anhand ihrer Zugehörigkeit zu den technischen Komponenten gruppiert und nach der zugeordneten Aktion segmentiert (siehe Abbildung 4.18).[91] Vor einer Zusammenführung sollten die Zusammengehörigkeit der Kandidaten manuell auf Plausibilität geprüft werden.

---

[90] Eigene Darstellung.

[91] Diese Gruppierung ordnet die Rahmenbedingungen nach der zugehörigen Umsetzung, was eine spätere Ableitung von Kausalaussage ermöglicht. Eine Verknüpfung ist über die zuvor dokumentierten fallspezifischen Zusammenhänge möglich (siehe fachliche Generalisierungskandidaten in Abbildung 4.18).

- **Zusammenführung und Spezifikation:** Zur Ableitung fallübergreifender analytischer Capabilities werden die Spezifikation der identifizierten Generalisierungskandidaten diskussionsbasiert zusammengeführt. Widersprüchlichkeiten in den Quantifizierungen können über Mehrheitsentscheide aufgelöst werden. Bei nicht auflösbaren Widersprüchen kann eine Aufteilung der Rahmenbedingungen in mehrere Capabilities erfolgen. Nicht-quantifizierbare Besonderheiten (z. B. die Zugehörigkeit zu einem Geschäftsprozess oder analytischen Anwendungsfalls) werden durch eine qualitative Annotation dokumentiert. Abbildung 4.19 zeigt eine exemplarische Zusammenführung, bei welcher der Widerspruch in der Dimension Aktualität in Betracht des Kontextes (z. B. die Anforderung einer unmittelbaren Datenbereitstellung) auf einen plausiblen Wert konsolidiert wird.

	Erwartetes Resultat							Umgebungsfaktoren						
	Genauigkeit	Zugreifbarkeit	Vollständigkeit	Konsistenz	Aktualität	Vertraulichkeit	Zugriffsschutz	Tech. Breite	Tech. Tiefe	Org. Breite	Org. Tiefe	Agilität	Spezifität	Skalierbarkeit
Rahmenbedingung 1	©				•	•	•					•		
Rahmenbedingung 2	©				©	•	•	○		○		•		
Rahmenbedingung n														
Analy. Capability	©				•	•	•	○		○		•		

Annotation: Unmittelbare Bereitstellung sensibler Daten in agiler Umgebung.

• hohe Relevanz   © mittlere Relevanz   ○ geringe Relevanz

Abbildung 4.19 Exemplarische Zusammenführung fachlich-technischer Rahmenbedingungen

Die mit diesem Vorgehen erarbeiteten analytischen Capabilities sind abstrahierte Informationen zu fachlichen Umgebungen, die für die Ableitung von entscheidungsunterstützenden Aussagen im Weiteren noch mit den zugehörigen technischen Generalisierungen verknüpft werden müssen.

Teilaktivität 1.4: Komposition von Architekturmuster

Die Teilaktivität 1.4 kombiniert die fallübergreifenden Elemente aus den Generalisierungsschritten in integrierte Architekturmuster, die Schlussfolgerungen hinsichtlich der Eignung von Architekturansätzen unter gegebenen Bedingungen ermöglichen. Abbildung 4.20 zeigt den Ablauf dieser Teilaktivität, die aus zwei Phasen besteht: der Verknüpfung der fachlichen und technischen Kontexte sowie der Spezifikation der Architekturmuster.

- **Verknüpfung der fachlichen und technischen Kontexte:** Die Verknüpfung der fachlichen und technischen Abstraktionen leitet sich abermals über die fallspezifischen Zusammenhänge der Elemente ab.[92] Auf diese Weise können für eine technische Komponente mehrere zugehörige analytische Capabilities identifiziert werden, die für eine Konsolidierung in einem Architekturmuster in Frage kommen.

- **Spezifikation:** Die Spezifikation der Architekturmuster umfasst die Zusammenführung der identifizierten analytischen Capabilities, die analog zu der vorherigen Generalisierung fachlich-technischer Rahmenbedingungen (siehe Abbildung 4.19) über eine Prüfung von Widersprüchen und einer qualitativen Annotation möglich ist.

Das Ergebnis dieses Prozesses sind Architekturmuster, welche die technischen Komponenten mit zugehörigen analytischen Capabilities verknüpfen und so eine integrierte Betrachtung einzelner Architekturansätze ermöglichen. Abbildung 4.21 zeigt ein exemplarisches Architekturmuster in einer tabellarischen Darstellung und verdeutlicht so dessen inhaltliche Aspekte. Die linke Seite zeigt eine technische Spezifikation anhand der technischen Spezifikationsraster[93]. Der rechte Bereich definiert die zugehörigen fachlichen Aspekte anhand des fachlichen Spezifikationsrasters[94]. Der untere Teil des Musters zeigt zudem Ausprägungen möglicher Variationen[95] der zugrunde liegenden technischen Komponente sowie deren fachliche Eigenschaften, was die Anpassung des Musters auf Szenario-spezifische Besonderheiten ermöglicht.

Die Architekturmuster kombinieren die abstrahierten technischen und fachlichen Informationsobjekte in einer integrierten Struktur und stellen somit das Ergebnis des schrittweisen Abstraktionsprozesses der Kernaktivität Mustergenerierung dar.

---

[92] Siehe *Kandidaten für Zusammenführung in Architekturmuster* in Abbildung 4.18.

[93] Siehe Abschnitt 4.2.3.

[94] Siehe Abschnitt 4.2.2.

[95] Dieses Beispiel umfasst eine Variation der fachlichen Administrationsstrukturen.

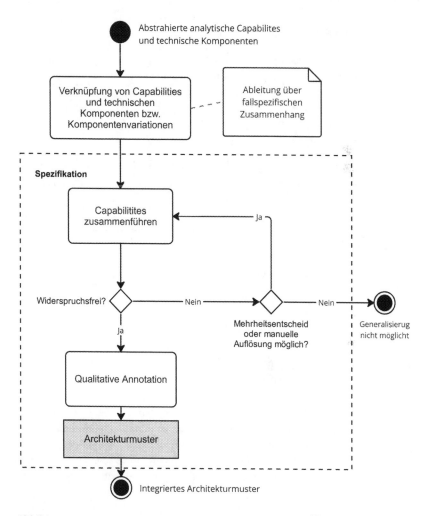

Abbildung 4.20 Teilaktivität Komposition von Architekturmuster[96]

---

[96] Eigene Darstellung in UML 2.5.1.

Exemplarisches Architekturmuster im Bereich Bereitstellung

Annotation: <Zusätzliche Informationen, bspw. hinsichtlich der Interpretation der Ausprägungen oder der Einsatzumgebung des Architekturmusters>

Technische Spezifikation			Fachliche Spezifikation														
				Güte							Umgebung						
Abstrakt.	Virt.	Mat.		Genauigkeit	Zugreifbarkeit	Vollständigkeit	Konsistenz	Aktualität	Vertraulichkeit	Zugriffsschutz	Tech. Breite	Tech. Tiefe	Org. Breite	Org. Tiefe	Agilität	Spezifität	Skalierbarkeit
Spez.	Anw. neutral	Anw. spezifisch															
Techn. Admin.	Zentral	Föderiert	Verteilt	●			◐	●	●								
				Übergreifend gültige Ausprägungen ▲													
Var. 1	<Anmerkung zu Variation 1>			▼ *Ausprägungen für Variationen*													
Fach. Admin.	Zentral	Föderiert	Verteilt	⁂		⁂	⁂	⁂	◑		◐		●				
Var. 2	<Anmerkung zu Variation 2>																
Fach. Admin.	Zentral	Föderiert	Verteilt	⁂	◐		⁂	⁂	⁂	●					●		

● hohe Relevanz ◐ mittlere Relevanz ◔ geringe Relevanz ⁂ Vererbte Ausprägung

Abbildung 4.21 Exemplarische Darstellung eines Architekturmusters[97]

4.3.2 Fallspezifische Musterauswahl und Handlungsempfehlungen

Die zweite Kernaktivität des zu entwickelnden Systems umfasst die fallspezifische Musterauswahl und die Ableitung passender Handlungsempfehlungen.[98] Diese Aktivität bildet den zentralen Teil der Anwendung des Entscheidungsunterstützungssystems in konkreten Szenarios durch die anwendenden Akteure ab und basiert auf der in der Mustergenerierung (Kernaktivität 1) erarbeiteten Wissensbasis.

Abbildung 4.22 zeigt den zweistufigen Ablauf einer fallspezifischen Anwendung, die aus der Spezifikation eines Szenarios (Teilaktivität 2.1) und der Ableitung von entsprechenden Handlungsempfehlungen (Teilaktivität 2.2) besteht. Tabelle 4.5 gibt einen Überblick über die Inhalte sowie die Eingabe- und Ausgabewerte dieser Teilaktivitäten.

---

[97] Eigene Darstellung.
[98] Vgl. KA4^Expl.

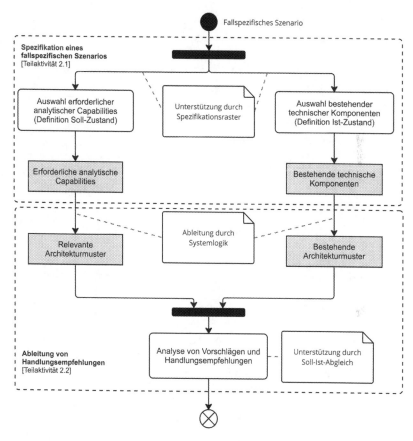

Abbildung 4.22 Aktivitätendiagramm fallspezifische Musterauswahl[99]

Teilaktivität 2.1: Spezifikation eines fallspezifischen Szenarios

Das Ziel der Spezifikation eines fallspezifischen Szenarios ist die Überführung von fallspezifischen Gegebenheiten in für das Entscheidungsunterstützungssystem verwertbare Informationen. Im Konkreten teilt sich dieser Prozess in die Auswahl erforderlicher analytischer Capabilities zur Definition eines angestrebten Soll-Zustandes sowie die optionale Auswahl bestehender technischer Komponenten zur Erfassung eines ggf. vorhandenen Ist-Zustandes.

---

[99] Eigene Darstellung in UML 2.5.1.

Tabelle 4.5 Übersicht der Teilaktivitäten der fallspezifischen Anwendung

Teilaktivität 2.1:Spezifikation eines fallspezifischen Szenarios	
Inhalt:	Überführung fallspezifischer Gegebenheiten in für das Entscheidungsunterstützungssystem verwertbare Informationen.
Eingabe:	Fallspezifisches Szenario.
Ausgabe:	Erforderlichen analytischen Capabilities und (optional) bestehende technische Komponenten.

Teilaktivität 2.2: Ableitung von Handlungsempfehlungen	
Inhalt:	Auswahl relevanter Architekturmuster basierend auf fallspezifischen Gegebenheiten und Ableitung von Handlungsempfehlungen.
Eingabe:	Erforderlichen analytische Capabilities und (optional) bestehende technische Komponenten.
Ausgabe:	Relevante und ggf. bestehende Architekturmustern sowie zugehörige Handlungsempfehlungen.

- **Auswahl erforderlicher analytische Capabilities:** Die Auswahl relevanter analytischer Capabilities erfolgt durch (Teil-)Charakterisierungen des fachlichen Spezifikationsrasters[100] basierend auf den Szenario-spezifischen Geschäftsanforderungen und Umgebungsfaktoren. Ein Abgleich dieser Charakterisierungen mit der Wissensbasis erlaubt den Vorschlag von Capability-Kandidaten, die vom Nutzer manuell auf Plausibilität geprüft werden können.
- **Auswahl bestehende technischer Komponenten:** Die Auswahl bestehender technischer Komponenten ist analog durch die Charakterisierung der in dem Szenario vorhandenen technischen Systeme anhand der technischen Spezifikationsrasters[101] möglich. Da manche Szenarios ggf. keine bestehende Systemlandschaft aufweisen (z. B. komplette Neuentwicklungen) oder möglicherweise nicht ausreichend Kenntnisse über die technischen Details vorliegen ist dieser Schritt optional.[102]

---

[100] Siehe Abschnitt 4.2.2.

[101] Siehe Abschnitt 4.2.3.

[102] Eine fehlende Definition des Ist-Zustands schränkt die Aussagekraft der Handlungsempfehlungen ein, da bspw. keine Aussagen über eventuell redundante Architekturmuster getroffen werden können.

Teilaktivität 2.2: Ableitung von Handlungsempfehlungen

Die in der Spezifikation eines Szenarios definierten erforderlichen analytischen Capabilities und die bestehenden technischen Komponenten ermöglichen im nächsten Schritt die Ableitung relevanter und bestehender Architekturmuster[103] sowie zugehörige Handlungsempfehlungen.

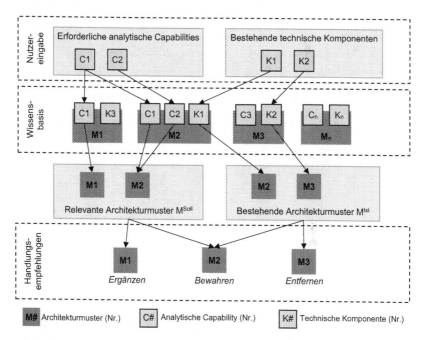

Abbildung 4.23 Ableitung von Handlungsempfehlungen[104]

Abbildung 4.23 veranschaulicht die Ableitung von Handlungsempfehlungen. Die relevanten Architekturmuster M^{Soll} ergeben sich hierbei aus den Mustern, die auf den erforderlichen analytischen Capabilities basieren. Die bestehenden Architekturmuster M^{Ist} umfassen die Muster, die durch die bestehenden Komponenten schon vollständig implementiert werden.

---

[103] Eine Ableitung ist möglich, da Architekturmuster eine Aggregation von analytischen Capabilities und technischen Komponenten darstellen (Siehe Klassendiagramm in Abbildung 4.3).

[104] Eigene Darstellung.

Die Handlungsempfehlungen[105] leiten sich dann aus einem Vergleich der relevanten und bestehenden Architekturmuster ab und umfassen folgende Möglichkeiten:

(i) *Ergänzen* von Mustern, die für die Erreichung des Soll-Zustands notwendig sind und noch nicht über bestehende Komponenten abgebildet werden (in M^{Soll} und nicht in M^{Ist}). In dem gezeigten Beispiel trifft dies für das Muster M1 zu.

(ii) *Bewahren* von Mustern, die für die Erreichung des Soll-Zustands notwendig sind und durch bestehende Komponenten abgebildet werden (in M^{Soll} und in M^{Ist}). In dem gezeigten Beispiel trifft dies für das Muster M2 zu.

(iii) *Entfernen* von Mustern, die nicht für die Erreichung des Soll-Zustands notwendig sind, aber durch bestehende Komponenten abgebildet werden (in M^{Ist} und nicht in M^{Soll}). In dem gezeigten Beispiel trifft dies für das Muster M3 zu.

Bei dem beschriebenen Vorgang und der Interpretation der Handlungsempfehlungen gilt es einige Sonderfälle zu beachten:

• Bei einer fehlenden Auswahl bestehender technischen Komponenten durch den Nutzer können keine bestehenden Architekturmuster abgeleitet werden, wodurch alle Handlungsempfehlungen Ergänzungen darstellen.

• Wenn eine erforderliche analytische Capability von mehreren Architekturmustern bereitgestellt wird,[106] nimmt das System keine weitere Auswahl vor, sondern betrachtet alle möglichen Muster als relevant. Eine weitere Plausibilitätsprüfung und Auswahl obliegen dem Nutzer.

Das Ergebnis dieser Aktivität sind somit keine deterministischen Aussagen bzgl. der Architekturgestaltung oder passender Implementierungen, sondern eine begründete Auswahl fallspezifisch relevanter Architekturmuster und Handlungsempfehlungen für eine Transformation der bestehenden Umgebung in einen für die Bereitstellung der gewünschten Capabilities sinnvollen Soll-Zustand, die den architektonischen Lösungsraum eingrenzen und eine für alle Entscheidungsträger verständliche Diskussionsgrundlage schaffen.

---

[105] Vgl. KA4$^{Expl.}$.

[106] In Abbildung 4.23 wird bspw. Capability C1 sowohl von Muster M1 und M2 bereitgestellt.

4.4 Reflexion des Entwurfsprozesses

Dieses Unterkapitel stellt die Bestandteile des Fachkonzepts zusammenfassend dar und betrachtet die Rolle dieser im Hinblick auf die zuvor formulierten Konzeptanforderungen und den Gesamtkontext der Arbeit.

Der statische Teil des Fachkonzepts spezifiziert die grundlegenden Aufbaustrukturen des Entscheidungsunterstützungssystems und besteht aus einer konzeptionellen Übersicht, einem Klassendiagramm sowie einem fachlichen und vier technischen Spezifikationsraster. Die Spezifikationsraster stellen als Instanziierungen fachspezifische Abstraktionsstrukturen für die Anwendungsdomäne der dezentralen Datenhaltung in analytischen Informationssystemen bereit und basieren auf Erkenntnissen aus der empirischen Exploration sowie auf dem erweiterten Funktionsverständnis einer Datenhaltung[107] und dem Konzept der analytischen Capabilities[108].

Die dynamischen Aspekte des Fachkonzepts definieren das Verhalten des Systems zur Schaffung der notwendigen Wissensbasis (Informationsversorgung) sowie bei einer fallspezifischen Anwendung. Das Anwendungsfalldiagramm grenzt hierfür das notwendige Funktionsspektrum ab. Die bereitgestellten Aktivitätendiagramme formalisieren die Kern- und Teilaktivitäten der Mustergenerierung sowie der fallspezifischen Musterauswahl und Ableitung von Handlungsempfehlungen. Die bereitgestellten Abläufe zur Ableitung von Architekturmustern orientieren sich hierbei an dem Vorgehen zur Entwicklung von IT-Referenzarchitekturen[109] und verknüpfen die Informationsobjekte aus dem statischen Teil.

Tabelle 4.6 veranschaulicht den Zusammenhang der zentralen Bestandteile des Fachkonzepts mit den zuvor formulierten Konzeptanforderungen. Die Darstellung macht ersichtlich, dass das Fachkonzept formalisierte Aufbau- und Ablaufstrukturen für die Implementierung eines den Konzeptanforderungen entsprechenden Entscheidungsunterstützungssystems bereitstellt.

Zuletzt zeigt Tabelle 4.7 auf, wie die Bestandteile des Fachkonzepts zur Beantwortung der Teilforschungsfragen beitragen und sich somit in den Gesamtkontext der Forschung eingliedern.

---

[107] Siehe Abschnitt 2.1.2.

[108] Siehe Abschnitt 2.3.

[109] Siehe Abschnitt 2.2.3.

Tabelle 4.6 Zusammenhang des Fachkonzepts mit den Konzeptanforderungen

Bestandteil des Fachkonzepts	Fokus und Darstellungsform	Zugrundeliegende Konzeptanforderungen
Konzeptionelle Übersicht und Aufbaustruktur	Definition der Informationsobjekte des Entscheidungsunterstützungssystems. *(Konzeptionelle Übersicht und Klassendiagramm)*	$KA1^{Gdl.}$, $KA2^{Gdl.}$, $KA3^{Gdl.}$, $KA1^{Expl}$, $KA2^{Expl.}$, $KA3^{Expl.}$, $KA4^{Expl.}$
Instanziierung der Spezifikationsraster	Spezifikation von Abstraktionsstrukturen für die Anwendungsdomäne. *(Objektdiagramme)*	$KA1^{Gdl.}$, $KA2^{Gdl.}$, $KA1.1^{Expl.}$, $KA1.2^{Expl.}$, $KA2.1^{Expl.}$, $KA2.2^{Expl.}$, $KA2.3^{Expl.}$, $KA2.4^{Expl}$
Akteur- und Funktionsübersicht	Definition des Funktionsspektrums des Entscheidungsunterstützungssystems. *(Konzeptionelle Übersicht und Anwendungsfalldiagramm)*	$KA2^{Gdl.}$, $KA3^{Gdl.}$, $KA1^{Expl}$, $KA2^{Expl.}$, $KA4^{Expl.}$
Formalisierte Abläufe der Mustergenerierung	Spezifikation des Systemverhaltens für die Schaffung einer Wissensbasis für die Entscheidungsunterstützung. *(Aktivitätendiagramme)*	$KA2^{Gdl.}$, $KA1^{Expl}$, $KA2^{Expl.}$, $KA3^{Expl.}$
Formalisierte Abläufe der Musterauswahl und Ableitung von Handlungsempfehlungen	Spezifikation des Systemverhaltens für eine fallspezifische Entscheidungsunterstützung. *(Aktivitätendiagramm)*	$KA2^{Gdl.}$, $KA3^{Expl.}$, $KA4^{Expl.}$

Tabelle 4.7 Beitrag des Fachkonzepts zur Beantwortung der Forschungsfragen

Teilforschungsfrage		Beitrag zur Beantwortung durch das Fachkonzept
TF2	[…] wie können diese [relevante Kriterien innerhalb des Architekturentwicklungsprozesses] für eine Entscheidungsunterstützung abstrahiert werden?	– Spezifikationsraster für fachlich-technische Rahmenbedingungen und technische Systeme. – Formalisierung Mustergenerierung.
TF3	Wie kann eine adäquate IT-basierte Entscheidungsunterstützung gestaltet sein, damit Systemarchitekten diese fallspezifisch einsetzen können?	– Konzeptionelle Übersicht und Funktionsspektrum des Entscheidungsunterstützungssystems. – Formalisierung der fallspezifischen Musterauswahl und Ableitung von Handlungsempfehlungen.

Die Formalisierung der Mustergenerierung und die abgeleiteten Spezifikationsraster liefern Ansätze zur Beantwortung der Teilforschungsfrage 2, die insbesondere Möglichkeiten der Abstraktion relevanter Kriterien für die Entscheidungsunterstützung in der Anwendungsdomäne thematisiert. Die Abläufe und Strukturen für die fallspezifische Musterauswahl und Ableitung von Handlungsempfehlungen fokussieren Möglichkeiten der Entscheidungsunterstützung in konkreten Szenarios und lassen sich daher der Beantwortung der Teilforschungsfrage TF3 zuordnen.

Prototypische Umsetzung und Evaluation

In diesem Kapitel wird das Entscheidungsunterstützungssystem prototypisch umgesetzt und hinsichtlich der Forschungsfrage sowie des Nutzens[1] für die Anspruchsgruppen beurteilt. Im gestaltungsorientierten Erkenntnisprozess lassen sich die Inhalte in der Phase der Evaluation verorten (siehe Abbildung 5.1).

Die Inhalte des Kapitels lassen sich in zwei Teile gliedern. Die prototypische Umsetzung in Abschnitt 5.1 umfasst eine inhaltliche Instanziierung des Fachkonzepts sowie die Konstruktion eines Software-Werkzeugs als prototypische (Teil-)Implementierung des Entscheidungsunterstützungssystems und dient einer Erprobung der Machbarkeit sowie als Vorbereitung der Evaluation.[2] Die Evaluation untersucht anschließend die Relevanz des Artefakts für eine Lösung der zugrunde gelegten Problemstellung. Abschnitt 5.2 definiert hierfür Evaluationskriterien und leitet ein passendes methodisches Vorgehen ab. Abschnitt 5.3 erläutert die Ergebnisse der Evaluation, die Abschnitt 5.4 reflektiert und für eine abschließende Bewertung heranzieht.

---

[1] Der Nutzen (engl. usefulness) eines Artefakts in einer konkreten Klasse von Anwendungen ist ein zentrales Bewertungskriterium in der gestaltungsorientierten Forschung. Vgl. Peffers u. a. (2007), S. 56 und Aier und Fischer (2011), S. 142 f.

[2] Die prototypische Umsetzung ermöglicht eine Evaluation des Artefakts in der Realwelt und ist somit ein impliziter Teil der Evaluation. Vgl. Riege u. a. (2009), S. 79 f.

Ergänzende Information Die elektronische Version dieses Kapitels enthält Zusatzmaterial, auf das über folgenden Link zugegriffen werden kann https://doi.org/10.1007/978-3-658-43357-4_5.

J. Ereth, *Konzeption eines IT-basierten Entscheidungsunterstützungssystems für die Gestaltung dezentraler Datenhaltungen in analytischen Informationssystemen,*

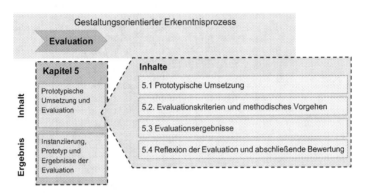

Abbildung 5.1 Einordnung Kapitel 5. Evaluation[3]

Abbildung 5.2 veranschaulicht den Zusammenhang der prototypischen Umsetzung und der Evaluation. Die Integration der Fälle aus der Exploration sowie die Miteinbeziehung von Gesprächspartnern aus den Anspruchsgruppen stellen hierbei einen Bezug zu (Ausschnitten) der Realwelt sicher.[4]

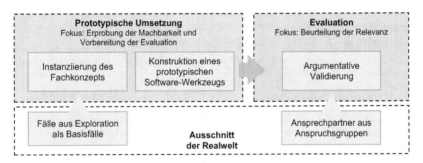

Abbildung 5.2 Zusammenhang der prototypischen Umsetzung und der Evaluation[5]

---

[3] Eigene Darstellung.

[4] Ein Artefakt kann gegenüber der Forschungslücke oder der Realwelt evaluiert werden. In der gestaltungsorientierten Wirtschaftsinformatik ist insbesondere die Problemlösung unter Realwelt-Bedingungen relevant, wobei die Forschungslücke implizit reflektiert wird. Vgl. Riege u. a. (2009), S. 75 f.

[5] Eigene Darstellung.

5.1 Prototypische Umsetzung des Entscheidungsunterstützungssystems

Die prototypische Umsetzung besteht aus einer inhaltlichen Instanziierung des Fachkonzepts sowie einer prototypischen (Teil-)Implementierung des Fachkonzepts durch ein Software-Werkzeug. Die beiden Umsetzungsphasen unterscheiden sich nach deren Fokus und Erprobungsziel (siehe Abbildung 5.3).

- **Die inhaltliche Instanziierung des Fachkonzepts** erprobt die Kernaktivität der Mustergenerierung mit den Fällen der Explorationsstudie als Basisfälle und leitet initiale Informationsobjekte (analytische Capabilities, technische Komponenten und Architekturmuster) ab, die eine Erstbeladung des Entscheidungsunterstützungssystems ermöglichen. Aufgrund des Fokus auf einen Teil der konzeptionellen Ebene entspricht die inhaltliche Instanziierung einem horizontalen Prototyp.[6]
- **Die Konstruktion des prototypischen Software-Werkzeugs** implementiert das Fachkonzept zur Erprobung der technischen Umsetzbarkeit. Die Software fungiert hierbei als vertikaler Prototyp[7], unterstützt die Evaluation gegen die Realwelt und exploriert Möglichkeiten zur Umsetzung eines produktiven Informationssystems.[8]

Die beiden Prototypen sind technisch voneinander unabhängig. Die inhaltliche Instanziierung ermöglicht allerdings eine Erstbefüllung des Entscheidungsunterstützungssystems und ist somit für den sinnvollen Einsatz des Software-Werkzeugs notwendig. Die folgenden zwei Unterkapitel erläutern die Instanziierung des Fachkonzepts und die Konstruktion des Software-Werkzeugs.

---

[6] Horizontale Prototypen fokussieren die vollständige Implementierung eines Teilaspekts einer Ebene. Vgl. Grechenig u. a. (2010), S. 541 f., Beynon-Davies u. a. (1999), S. 109 und Krcmar (2015), S. 239.

[7] Ein vertikaler Prototyp implementiert einzelne Teilaspekte eines Systems vollständig durch alle Ebenen. Vgl. Lehner u. a. (1995), S. 93. und Krcmar (2015), S. 239.

[8] Die „Implementierung konkreter Lösungen als Prototypen oder produktive Informationssysteme" (Österle u. a. [2010], S. 668) gelten als valide Ergebnistypen der gestaltungsorientierten Wirtschaftsinformatik.

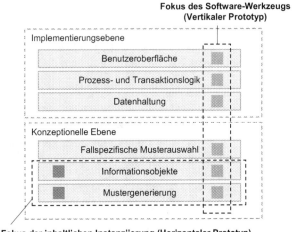

Abbildung 5.3 Fokus der prototypischen Umsetzung[9]

5.1.1 Inhaltliche Instanziierung des Fachkonzepts

Die inhaltliche Instanziierung wendet den mustergenerierenden Teil des Fachkonzepts mithilfe der Explorationsfällen aus Kapitel 3 als Basisfälle an. Hierdurch wird der konzeptionelle Ablauf der Teilaktivitäten mit Parametern aus der Realwelt erprobt und eine Wissensbasis für die Erstbeladung des Entscheidungsunterstützungssystems erarbeitet.

Tabelle 5.1 zeigt das Mengengerüst der Ergebnisse der inhaltlichen Instanziierung. Aus den 8 Basisfällen werden 22 technische Komponenten und 35 analytische Capabilities abgeleitet, die in insgesamt 10 Architekturmuster zusammengeführt werden. Die weiteren Abschnitte erläutern die Ableitung und den Inhalt der Architekturmuster.[10]

---

[9] Eigene Darstellung.

[10] An verschiedenen Stellen wird der Abstraktionsvorgang aus Gründen einer besseren Lesbarkeit verkürzt dargestellt. Eine detaillierte Dokumentation des Vorgehens ist im elektronischen Zusatzmaterial einsehbar.

Tabelle 5.1 Mengengerüst der inhaltlichen Instanziierung

Teilaktivität	Abgeleitete Informationsobjekte	Anzahl
Spezifikation empirischer Basisfälle	Technische Systeme[11]	35
	Fachlich-technische Rahmenbedingungen[12]	153
Generalisierung	Technische Komponenten/ -variationen[13]	22
	Analytische Capabilities[14]	35
Komposition von Architekturmustern	Architekturmuster	10

Als Ausgangssituation für die technische Abstraktion dienen die 35 technischen Systeme aus den Fällen der Exploration. Die Systeme wurden im Zuge der Analyse der Fälle schon mittels der technischen Spezifikationsraster charakterisiert, was eine unmittelbare Abstraktion nach dem Ablauf von Teilaktivität 1.2[15] ermöglicht.

Die Kreuztabelle in Abbildung 5.4 zeigt das Ergebnis des Ähnlichkeitsvergleichs[16] der spezifizierten Systeme. Ähnlichkeiten von mindestens 50 %[17] dienen als Indikator zur Gruppierung und manuellen Plausibilitätsprüfung potenzieller Generalisierungskandidaten. In der anschließenden Zusammenführung[18] lassen sich aus dieser Datenbasis zehn technische Komponenten und 22 Komponentenvariationen identifizieren (siehe Tabelle 5.2).

---

[11] Eine ausführliche Spezifikation dieser Systeme anhand der technischen Spezifikationsrastern findet sich in Tabelle 3.12–Tabelle 3.15.

[12] Eine vollständige Auflistung der spezifizierten Rahmenbedingungen findet sich in Anhang A3 im elektronischen Zusatzmaterial.

[13] 10 Hauptkomponenten zzgl. 12 Variationen. Eine Auflistung der spezifizierten technischen Komponenten findet sich in Anhang A2 im elektronischen Zusatzmaterial.

[14] Eine ausführliche Darstellung der abgeleiteten analytischen Capabilities findet sich in Anhang A4 im elektronischen Zusatzmaterial.

[15] Siehe Abbildung 4.15.

[16] Als Ähnlichkeitsmaß wurde der im Fachkonzept vorgeschlagene Simple-Matching-Koeffizient eingesetzt, der einen Vergleich von Objekten mit nominalen Merkmalen ermöglicht. Siehe auch Abbildung 4.16.

[17] Der Schwellwert von 50 % wurde bewusst gering gewählt, da aufgrund der begrenzten Größe der Datenbasis eine umfangreiche manuelle Plausibilitätsprüfung möglich ist.

[18] Siehe Abschnitt 4.3.1.

System	S1.1	S1.2	S1.3	S1.4	S2.1	S2.2	S3.1	S3.2	S3.3	S3.4	S3.5	S3.6	S4.1	S4.2	S4.3	S4.4	S5.1	S5.2	S5.3	S5.4	S5.5	S5.6	S5.7	S6.1	S6.2	S6.3	S6.4	S6.5	S6.6	S7.1	S7.2	S7.3	S7.4	S8.1	S8.2	S8.3	S8.4
S1.1		0%	0%	0%	25%	0%	0%	75%	0%	25%	0%	0%	50%	0%	0%	0%	50%	0%	0%	0%	0%	50%	0%	75%	0%	25%	0%	0%	0%	25%	0%	0%	0%	0%	0%	0%	0%
S1.2	0%		0%	0%	0%	0%	75%	0%	0%	50%	0%	0%	75%	50%	0%	0%	0%	0%	0%	0%	0%	50%	0%	0%	0%	50%	25%	0%	0%	0%	20%	75%	0%	50%	25%	0%	75%
S1.3	0%	0%		0%	0%	0%	0%	0%	0%	0%	0%	60%	0%	0%	0%	75%	0%	0%	0%	40%	0%	0%	0%	0%	0%	0%	0%	0%	0%	0%	20%	0%	0%	0%	0%	75%	0%
S1.4	0%	0%	0%		0%	50%	0%	0%	75%	0%	0%	0%	0%	0%	0%	0%	0%	0%	75%	0%	0%	0%	0%	25%	0%	0%	50%	0%	0%	50%	0%	0%	0%	0%	0%	75%	0%
S2.1	25%	0%	0%	0%		0%	0%	50%	0%	50%	0%	0%	25%	0%	0%	75%	0%	0%	0%	0%	0%	25%	0%	0%	0%	50%	0%	0%	0%	0%	0%	0%	0%	0%	0%	75%	0%
S2.2	0%	0%	0%	0%	0%		0%	50%	0%	0%	0%	0%	0%	0%	50%	0%	0%	0%	0%	0%	0%	75%	0%	0%	0%	0%	0%	0%	0%	0%	0%	0%	0%	0%	50%	0%
S3.1	0%	75%	0%						0%	0%	0%	0%	50%	0%	0%	25%	0%	0%	0%	25%	0%	75%	50%	0%	0%	0%	0%	75%	75%	75%	25%	0%	0%				
S3.2	75%	0%							0%	25%	0%	0%	0%	0%	75%	0%	0%	50%	0%	0%	0%	0%	0%	0%	0%	0%	0%	0%	0%	0%	0%	0%				
S3.3	0%	0%								0%	0%	0%	0%	0%	0%	0%	0%	0%	0%	50%	0%	0%	0%	50%	0%	0%	0%	0%								
S3.4	25%	0%	0%								0%	75%	0%	0%	0%	75%	0%	50%	0%	0%	0%	0%	50%	0%	0%	0%	0%									
S3.5	0%	50%	0%									0%	0%	0%	0%	50%	0%	0%	0%	0%	0%	50%	50%	50%	0%										
S3.6	0%	0%	60%										0%	0%	0%	0%	0%	0%	0%	0%	40%	0%	0%												
S4.1	50%	0%	0%											0%	0%	0%	0%	0%	25%	0%	0%													
S4.2	0%	75%	0%												0%	50%	0%	0%	50%	25%	0%	75%	50%	25%	0%									
S4.3	0%	50%	0%													0%	0%	50%	0%	0%	0%	50%	50%										
S4.4	0%	0%	75%														0%	0%	60%	0%	0%	0%	20%										
S5.1	50%	0%	0%															0%	50%	0%	25%	75%	0%										
S5.2	0%	75%	0%																0%	75%	0%	50%	0%									
S5.3	0%	0%	0%																	0%	50%	0%										
S5.4	0%	0%	40%																		0%	60%										
S5.5	0%	0%	0%	0%	0%	0%	0%	0%	0%	0%	0%	0%	0%	0%	0%	0%														
S5.6	50%	0%	0%	0%	25%	0%	75%	0%	75%	0%	0%	75%	0%	50%	0%	0%		75%	0%	25%	0%									
S5.7	0%	0%	0%	0%	0%	25%	0%	50%	0%	50%	50%	0%	75%	0%	0%	50%	75%	0%	25%	50%	50%	25%								
S6.1	75%	0%	0%	0%	0%	0%	75%	0%	50%	0%	50%	0%	25%	0%	75%	0%	0%	0%	0%									
S6.2	0%	0%	0%	0%	0%	0%	0%	0%	0%	0%	0%	0%	0%	0%										
S6.3	25%	0%	0%	0%	50%	0%	50%	0%	0%	0%	50%	0%	0%	75%	0%	50%	0%	50%	0%								
S6.4	0%	0%	0%	0%	0%	75%	0%	0%	0%	0%	0%	0%	0%	75%	0%	50%	50%	50%								
S6.5	0%	25%	0%	0%	50%	0%	75%	0%	25%	75%	0%	50%	0%	75%	0%	0%	25%	25%	75%	25%	0%					
S6.6	0%	0%	0%	50%	0%	50%	0%	0%	0%	50%	0%	50%	0%	0%	0%	0%	0%	50%							
S7.1	25%	0%	0%	0%	75%	0%	50%	0%	0%	25%	0%	75%	0%	25%	0%	50%	0%	0%						
S7.2	0%	0%	20%	0%	0%	0%	0%	40%	0%	0%	20%	0%	60%	0%	0%	0%	0%	0%	20%
S7.3	0%	75%	0%	0%	0%	75%	0%	50%	0%	75%	50%	0%	50%	0%	25%	0%	50%	25%	0%	75%	50%	50%	0%
S7.4	0%	0%	0%	0%	75%	0%	50%	50%	0%	50%	0%	0%	50%	0%	50%	25%	0%	75%	0%	50%	25%	0%
S8.1	0%	50%	0%	0%	75%	0%	0%	50%	0%	75%	0%	50%	0%	75%	0%	50%	50%	0%
S8.2	0%	25%	0%	0%	25%	0%	25%	0%	0%	25%	0%	0%	50%	25%	0%
S8.3	0%	0%	75%	0%	50%	0%	0%	0%	75%	0%	0%	50%	0%	20%
S8.4	0%	0%	0%	0%	0%	0%	0%	60%	0%	0%	0%	0%	20%	0%

Abbildung 5.4 Ergebnis des Ähnlichkeitsvergleichs technischer Systeme[19]

[19] Eigene Darstellung. Die Zellen der Tabelle enthalten die Ähnlichkeit der verglichenen Systeme als prozentualen Wert. Die grauen Zellen sind ausgesparte Selbstvergleiche der Systeme.

Tabelle 5.2 Ergebnisse der technischen Abstraktion[20]

Komponententyp	Anzahl Systeme	Anzahl Komponenten	Anzahl inkl. Variationen
Metadatenmanagement	6	2	2
Speicherung	13	3	8
Verarbeitung	10	2	7
Bereitstellung	6	3	5
Gesamt	35	10	22

Für die fachliche Abstraktion werden die 153 fachlich-technischen Rahmenbedingungen der Exploration (i) mithilfe des fachlichen Spezifikationsrasters systematisch charakterisiert[21], (ii) anhand der zugehörigen technischen Komponenten und den beinhalteten Aktionen gruppiert und (iii) in 35 fallübergreifende analytische Capabilities[22] generalisiert. Tabelle 5.3 zeigt das Resultat dieses Prozesses welches aus einer Auflistung der technischen Komponenten bzw. deren Variationen und den zugehörigen fachlich-technischen Rahmenbedingungen und den daraus generalisierten analytischen Capabilities besteht.[23]

Dem Ablauf von Teilaktivität 1.3 (Komposition von Architekturmuster) folgend, lassen sich die so verknüpften technischen und fachlichen Elemente in ganzheitliche Architekturmuster zusammenführen. Durch die Anwendung dieses Prozesses auf die abgeleiteten Komponenten und Capabilities ergeben sich die zehn Architekturmuster M1–M10 aus Tabelle 5.4, die im Folgenden anhand einer tabellarischen Darstellung[24] erläutert und hinsichtlich deren Plausibilität betrachtet werden.

---

[20] Eine ausführliche Spezifikation der abgeleiteten technischen Komponenten und deren Zusammenhäng zu den technischen Systemen findet sich in Anhang A2 im elektronischen Zusatzmaterial.

[21] Siehe Abbildung 4.5.

[22] Insgesamt fanden sich sechs Capabilities mit der Aktion Metadatenmgmt., 13 zur Speicherung, zehn mit dem Schwerpunkt Verarbeiten sowie sechs Capabilities für das Bereitstellen von Daten.

[23] Eine Ausführliche Spezifikation der fachlich-technischen Rahmenbedingungen und der abgeleiteten analytischen Capabilities findet sich im Anhang A3 im elektronischen Zusatzmaterial.

[24] Siehe Abschnitt 4.3.1.

Tabelle 5.3 Ergebnisse der fachlichen Abstraktion

Technische Komponente/ -variation	Technische Systeme	Fachlich-technische Rahmenbedingungen	Analytische Capabilities
K1	–	S1.4, S3.3, S5.3, S8.3	R1.16, R1.17, R1.18, R1.19, R1.20, R1.21, R3.10, R3.11, R3.12, R3.13, R3.14, R5.8, R5.9, R5.10, R5.11, R8.10, R8.11, R8.12, R8.13	**C1.4, C3.3, C5.3, C8.3**
K2	–	S2.2, S6.6	R2.7, R2.8, R2.9, R2.10, R2.11, R6.16, R6.17, R6.18, R6.19	**C2.2, C6.6**
K3	K3.1	S1.2, S4.2, S7.4	R1.7, R1.8, R1.9, R1.10, R4.6, R4.7, R4.8, R4.9, R4.10, R7.13, R7.14, R7.15, R7.16, R7.17	**C1.2, C4.2, C7.4**
	K3.2	S3.1	R3.1, R3.2, R3.3, R3.4, R3.5	**C3.1**
	K3.3	S7.3	R7.10, R7.11, R7.12	**C7.3**
K4	K4.1	S3.5, S4.3, S6.4, S8.1	R3.19, R3.20, R3.21, R4.11, R4.12, R4.13, R4.14, R6.10, R6.11, R6.12, R6.13, R8.1, R8.2, R8.3, R8.4, R8.5, R8.6	**C3.5, C4.3, C6.4, C8.1**
	K4.2	S5.2	R5.4, R5.5, R5.6, R5.7	**C5.2**
K5	K5.1	S6.5	R6.14, R6.15	**C6.5**
	K5.2	S5.7	R5.19, R5.20, R5.21, R5.22	**C5.7**
	K5.3	S8.2	R8.7, R8.8, R8.9	**C8.2**
K6	K6.1	S1.1	R1.1, R1.2, R1.3, R1.4, R1.5, R1.6	**C1.1**
	K6.2	S3.2, S6.1	R3.6, R3.7, R3.8, R3.9, R6.1, R6.2, R6.3, R6.4, R6.5	**C3.2, C6.1**
	K6.3	S4.1	R4.1, R4.2, R4.3, R4.4, R4.5	**C4.1**
	K6.4	S5.6	R5.16, R5.17, R5.18	**C5.6**
K7	K7.1	S2.1, S7.1	R2.1, R2.2, R2.3, R2.4, R2.5, R2.6, R7.1, R7.2, R7.3, R7.4, R7.5	**C2.1, C7.1**
	K7.2	S3.4, S6.3	R3.15, R3.16, R3.17, R3.18, R6.6, R6.7, R6.8, R6.9	**C3.4, C6.3**

(Fortsetzung)

Tabelle 5.3 (Fortsetzung)

Technische Komponente/-variation	Technische Systeme	Fachlich-technische Rahmenbedingungen	Analytische Capabilities
K1	–	S1.4, S3.3, S5.3, S8.3	R1.16, R1.17, R1.18, R1.19, R1.20, R1.21, R3.10, R3.11, R3.12, R3.13, R3.14, R5.8, R5.9, R5.10, R5.11, R8.10, R8.11, R8.12, R8.13	**C1.4, C3.3, C5.3, C8.3**
	K7.3	S5.1	R5.1, R5.2, R5.3	**C5.1**
K8	-	S7.2	R7.6, R7.7, R7.8, R7.9	**C7.2**
K9	K9.1	S1.3	R1.11, R1.12, R1.13, R1.14, R1.15	**C1.3**
	K9.2	S4.4, S8.4	R4.15, R4.16, R4.17, R4.18, R8.14, R8.15, R8.16, R8.17, R8.18	**C4.4, C8.4**
K10	K10.1	S3.6	R3.22, R3.23, R3.24, R3.25, R3.26, R3.27	**C3.6**
	K10.2	S5.4	R5.12, R5.13, R5.14, R5.15	**C5.4**

Tabelle 5.4 Übersicht der abgeleiteten Architekturmuster

Muster	Fokus	Beinhaltete Elemente	
		Technische Komponenten	**Analytische Capabilities**
M1	Metadatenmgt.	K1	C3.3, C5.3, C8.3
M2	Metadatenmgt.	K2	C2.2, C6.6
M3	Speicherung	K3.1, K3.2, K3.3	C1.2, C3.1, C4.2, C7.3, C7.4
M4	Speicherung	K4.1, K4.2	C3.5, C4.3, C5.2, C6.4, C8.1
M5	Speicherung	K5.1, K5.2, K5.3	C5.7, C6.5, C8.2
M6	Verarbeitung	K6.1, K6.2, K6.3, K6.4	C1.1, C3.2, C4.1, C5.6, C6.1
M7	Verarbeitung	K7.1, K7.2, K7.3	C2.1, C3.4, C.5.1, C6.3, C7.1
M8	Bereitstellung	K8	C7.2
M9	Bereitstellung	K9.1, K9.2	C1.3, C4.4, C8.4
M10	Bereitstellung	K10.1, K10.2	C3.6, C5.4

Architekturmuster mit dem Fokus Metadatenmanagement

Die beiden Muster im Bereich des Metadatenmanagements M1 (Föderierter Datenkatalog) und M2 (Technisches Metadatenmanagement) unterscheiden sich insbesondere in der Art der Metadaten sowie durch einen zentralen bzw. föderierten Aufbau der fachlichen Administration (siehe Abbildung 5.5 und Abbildung 5.6).

M1 beschreibt einen föderierten Datenkatalog für technische und fachliche Metadaten. Die fachliche Spezifikation beinhaltet eine einfache Verwendung (hohe Relevanz der Zugreifbarkeit) durch menschliche Nutzergruppen unterschiedlicher Organisationseinheiten (hohe Relevanz der org. Breite) als charakteristische Merkmale.[25]

Die Spezifikation von M2 bildet demgegenüber die Rahmenbedingungen einer automatisierten Erfassung und Verarbeitung technischer Metadaten zur Prozessunterstützung, automatischen Dokumentation sowie Datenintegration in überschaubaren technischen Umgebungen (geringe Relevanz der techn. Breite) ab. Die mittlere Relevanz der Aktualität resultiert aus der teilweisen Integration in operative Prozesse. Die zentralen Administrationsstrukturen erscheinen hinsichtlich der überschaubaren Komplexität der Umgebungen als plausibel.

M1: Föderierter Datenkatalog

Qual. Annotation: Erfassung und Pflege von technischen und fachlichen Metadaten durch technische und menschliche Nutzer aus verschiedenen organisatorischen Teilbereichen zur Verknüpfung, Dokumentation und Integration von Daten.

Technische Spezifikation			Fachliche Spezifikation														
			Güte							Umgebung							
			Genauigkeit	Zugreifbarkeit	Vollständigkeit	Konsistenz	Aktualität	Vertraulichkeit	Zugriffsschutz	Tech. Breite	Tech. Tiefe	Org. Breite	Org. Tiefe	Agilität	Spezifität	Skalierbarkeit
Fach. Admin.	Zentral	**Föderiert**	Verteilt														
Tech. Admin	**Zentral**	Föderiert	Verteilt														
Art der Metadaten	**Tech.**	Fachlich		●	◐						◔		●	◐			

● hohe Relevanz ◐ mittlere Relevanz ◔ geringe Relevanz

Abbildung 5.5 Architekturmuster M1 (Föderierter Datenkatalog)[26]

---

[25] Die geringe Relevanz der technischen Breite sowie die mittlere Relevanz der organisatorischen Tiefe lassen sich nicht trivial erklären. Mögl. versuchten die betrachteten Organisationen die Komplexität einer fachlich föderierten Struktur, durch eine einfachere Integration in die technische und organisatorische Infrastruktur zu kompensieren.

[26] Eigene Darstellung.

M2: Technisches Metadatenmanagement

Qual. Annotation: Zentrale Erfassung und Verarbeitung technischer Metadaten durch technische Systeme zur Prozessunterstützung, automatischen Dokumentation sowie Datenintegration.

Technische Spezifikation				Fachliche Spezifikation													
				Güte							Umgebung						
				Genauigkeit	Zugreifbarkeit	Vollständigkeit	Konsistenz	Aktualität	Vertraulichkeit	Zugriffsschutz	Tech. Breite	Tech. Tiefe	Org. Breite	Org. Tiefe	Agilität	Spezifität	Skalierbarkeit
Fach. Admin.	Zentral	Föderiert	Verteilt														
Tech. Admin	Zentral	Föderiert	Verteilt														
Art der Metadaten	Tech.	Fachlich							◐			◑	◐				

● hohe Relevanz ◐ mittlere Relevanz ◑ geringe Relevanz

Abbildung 5.6 Architekturmuster M2 (Technisches Metadatenmanagement)[27]

Architekturmuster mit dem Fokus Speicherung

Im logischen Teilbereich der Speicherung bilden die Architekturmuster M3 und M4 verschiedene Ansätze für eine anwendungsneutrale Speicherung ab. M5 charakterisiert die Speicherung anwendungsspezifisch aufbereiteter Daten. Die Architekturmuster umfassen zudem verschiedene Variationen zur Ausgestaltung der fachlichen und technischen Administration.

M3 beschreibt einen Ansatz zur anwendungsneutralen Speicherung von Daten ohne fixes Schema mit einer hohen Relevanz der Vollständigkeit und einer mittleren Relevanz der Genauigkeit (siehe Abbildung 5.7).[28] Das Muster eignet sich insbesondere in Umgebungen mit einer hohen Agilität, was im Hinblick auf die schemalose Speicherung und die hierdurch entstehende Flexibilität bei einem Umgang mit sich ändernden Strukturen und Datensätzen passt. Eine zentrale fachliche Administration (M3.2) ist bei einer überschaubaren fachlichen Komplexität sinnvoll. Bei einer höheren fachlichen Heterogenität oder bei umfangreichen Skalierungsanforderungen ist zudem eine föderierte oder vollständig verteilte fachliche Administration (M3.1 u. M3.3) in Betracht zu ziehen.

---

[27] Eigene Darstellung.

[28] Diese Ausprägungen erscheinen sinnvoll, da (i) die zugrundeliegende Komponente K3 eine Art Rohdatenspeicher abbildet, der Daten möglichst feingranular speichert und (ii) die analytischen Einsatzgebiete der Capabilities sich u. A. auf explorative Anwendungsfälle beziehen, die keine vollumfängliche Genauigkeit der Daten erfordern. Der Fokus auf unbereinigten Rohdaten, die ggf. sensible Informationen enthalten, kann zudem als Erklärung der geringen Relevanz der Vertraulichkeit dienen.

M3: Anwendungsneutrale Speicherung schemafreier Daten

Qual. Annotation: Speicherung beliebiger Daten ohne fixes Schema zur Bereitstellung einer anwendungsneutrale Datenbasis für insbesondere explorative und noch unbekannte Anwendungsfälle.

Technische Spezifikation				Fachliche Spezifikation														
				Güte							Umgebung							
Datentyp	Strukt.	Unstruk.		Genauigkeit	Zugreifbarkeit	Vollständigkeit	Konsistenz	Aktualität	Vertraulichkeit	Zugriffsschutz	Tech. Breite	Tech. Tiefe	Org. Breite	Org. Tiefe	Agilität	Spezifität	Skalierbarkeit
Spezifität	Anw. Neutral	Anw. Spezifisch															
Techn. Admin.	Zentral	Föderiert	Verteilt	◐	●			◔	◔						●		
(M3.1)	Mittlere fachliche Heterogenität.																
Fach. Admin.	Zentral	Föderiert	Verteilt	◔	◐	✳		✳		◔						✳	
(M3.2)	Geringe fachliche Heterogenität.																
Fach. Admin.	Zentral	Föderiert	Verteilt	◔		✳		◔	◔				●		✳	◐	
(M3.3)	Hohe fachliche Heterogenität.																
Fach. Admin.	Zentral	Föderiert	Verteilt	◔	◔	✳		◔	◔	◔	◔					✳	●

● hohe Relevanz ◐ mittlere Relevanz ◔ geringe Relevanz ✳ Vererbte Ausprägung

Abbildung 5.7 Architekturmuster M3 (Anwendungsneutrale Speicherung schemafreier Daten)[29]

Das Architekturmuster M4 in Abbildung 5.8 charakterisiert eine anwendungsneutrale Speicherung von Daten mit fixen Schemata und eignet sich bei stabileren Szenarios mit einer geringen Relevanz der Agilität und höheren Anforderungen an die Konsistenz von Daten.[30] Die Variationen der fachlichen Administration ermöglichen durch eine zentrale Ausgestaltung (M4.1) die Erfüllung umfangreicher Kontrollanforderungen oder über föderierte Strukturen (M4.2) eine bessere Skalierbarkeit und höhere Genauigkeit bei einem Einsatz in Umgebungen mit einer stärkeren fachlichen Heterogenität.

---

[29] Eigene Darstellung. Die ausgegrauten fachlichen Ausprägungen gelten für alle Variationen.

[30] Die Ausprägungen der fachlichen Spezifikation erscheinen sinnvoll, da diese den Rahmenbedingungen der Implementierungen der zugrunde liegenden Komponente K4 entsprechen, bei denen sich häufig um in strikten und stabilen Data-Warehouse-Landschaften eingebettete relationale Datenbanken handelt.

M4: Anwendungsneutrale Speicherung von Daten mit fixem Schema

Qual. Annotation: Speicherung von Daten mit vordefiniertem Schema zur Bereitstellung einer anwendungsneutralen Basis für analytische Anwendungen mit höheren Konsistenzanforderungen.

Technische Spezifikation				Fachliche Spezifikation																
				Güte							Umgebung									
				Genauigkeit	Zugreifbarkeit	Vollständigkeit	Konsistenz	Aktualität	Vertraulichkeit	Zugriffsschutz	Tech. Breite	Tech. Tiefe	Org. Breite	Org. Tiefe	Agilität	Spezifität	Skalierbarkeit			
Datentyp	Strukt.	Unstrukt.																		
Spezifität	Anw. Neutral	Anw. Spezifisch																		
Techn. Admin.	Zentral	Föderiert	Verteilt					•					◑			◑				
(M4.1)	Höhere Kontrolle																			
Fach. Admin.	Zentral	Föderiert	Verteilt						※	◑	•	•	※	◑	※				
(M4.2)	Höhere fachliche Heterogenität																			
Fach. Admin.	Zentral	Föderiert	Verteilt	•				※					◇			※	◑	•	

• hohe Relevanz   ◑ mittlere Relevanz   ◦ geringe Relevanz   ※ Vererbte Ausprägung

Abbildung 5.8 Architekturmuster M4 (Anwendungsneutrale Speicherung von Daten mit fixem Schema)[31]

Das Architekturmuster M5 (siehe Abbildung 5.9) fokussiert die Speicherung anwendungsspezifisch aufbereiteter strukturierter Daten in sehr spezifischen (Teil-) Bereichen mit einer geringen technischen Breite, in welchen Daten mit hoher Genauigkeit und Vollständigkeit benötigt werden. Die Variationen M5.1–M5.3 unterscheiden sich in der fachlichen und technischen Administration. Ein vollständig zentraler Ansatz (M5.1) ist bei einfacheren Szenarios mit einer geringen technischen Breite und Tiefe sinnvoll. Ein föderierter Ansatz für die fachliche Administration (M5.2) ermöglicht eine höhere Vollständigkeit, geht aber aufgrund der höheren Zahl an Beteiligten mit Herausforderungen im Daten- und Zugriffsschutz einher. Eine vollständige Verteilung der Administration (M5.3) eignet sich bei einer hohen Relevanz der organisatorischen Breite und Skalierbarkeit.

---

[31] Eigene Darstellung.

M5: Speicherung anwendungsspezifisch aufbereiteter Daten

Qual. Annotation: Speicherung von Daten in anwendungsspezifischen Strukturen mit Anpassungen zur Erfüllung von Anforderungen einzelner Anwendungsfälle.

Technische Spezifikation				Fachliche Spezifikation													
				Güte							Umgebung						
Datentyp	Strukt.	Unstrukt.		Genauigkeit	Zugreifbarkeit	Vollständigkeit	Konsistenz	Aktualität	Vertraulichkeit	Zugriffsschutz	Tech. Breite	Tech. Tiefe	Org. Breite	Org. Tiefe	Agilität	Spezifität	Skalierbarkeit
Spezifität	Anw. Neutral	Anw. Spez.															
				●		●						◔			●		
(M5.1)	*Simple Systemlandschaft*																
Fach. Admin.	Zentral	Föderiert	Verteilt	※	◐	※		◐				◔	◐		●		※
Techn. Admin.	Zentral	Föderiert	Verteilt														
(M5.2)	*Geringere Sensibilität von Daten*																
Fach. Admin.	Zentral	Föderiert	Verteilt	※		※			◐	◐		◔			◐		※
Techn. Admin.	Zentral	Föderiert	Verteilt														
(M5.3)	*Komplexere Systemlandschaft.*																
Fach. Admin.	Zentral	Föderiert	Verteilt	※	◐	※		◐				◔			●	※	●
Techn. Admin.	Zentral	Föderiert	Verteilt														

● hohe Relevanz   ◐ mittlere Relevanz   ◔ geringe Relevanz   ※ Vererbte Ausprägung

Abbildung 5.9   Architekturmuster M5 (Speicherung anwendungsspezifisch aufbereiteter Daten)[32]

Architekturmuster mit dem Fokus Verarbeitung

Für die Verarbeitung ergeben sich drei Architekturmuster, die Architekturansätze für eine Stapel-Verarbeitung, ein asynchrones Messaging und eine Edge-Verarbeitung abbilden.

Architekturmuster M6 (siehe Abbildung 5.10) spezifiziert eine synchrone Stapelverarbeitung in stabilen Umgebungen mit geringen Anforderungen an die Datenaktualität sowie einer geringen Relevanz der Agilität.[33] Die Variationen des

---

[32] Eigene Darstellung.

[33] Der Einsatz einer Stapelverarbeitung in stabilen Umgebungen erscheint plausibel, die Stapelverarbeitungen meist repetitive Prozesse in regelmäßigen Zyklen (z. B. täglich oder wöchentlich) abbilden.

Musters M6 beinhalten einen fachlich föderierten Ansatz mit einer verteilten technischen Administration (M6.1), der durch eine Verschiebung der fachlichen Logik in die jeweils verantwortlichen Bereiche einen höheren Grad an Daten- und Zugriffsschutz ermöglicht und somit für die Verarbeitung von sensibleren Daten geeignet ist. Ein technisch und fachlich verteilter Ansatz (M6.2) ermöglicht darüber hinaus eine flexiblere Abbildung lokaler Anforderungen in Umgebungen mit einer höheren Relevanz der Agilität. Ein vollständig zentraler Ansatz (M6.3) ist sinnvoll für technisch weniger komplexe Systemlandschaften mit einer höheren Relevanz der Vertraulichkeit. In komplexeren Umgebungen kann die fachliche Administration verteilt werden (M6.4).

M6: Synchrone Stapelverarbeitung

Qual. Annotation: Transformation und Übermittlung von mehrerer gruppierten Datensätzen zwischen zwei Systemen in regelmäßigen Zyklen.

Technische Spezifikation			Fachliche Spezifikation — Güte									Umgebung				
			Genauigkeit	Zugreifbarkeit	Vollständigkeit	Konsistenz	Aktualität	Vertraulichkeit	Zugriffsschutz	Tech. Breite	Tech. Tiefe	Org. Breite	Org. Tiefe	Agilität	Spezifität	Skalierbarkeit
Topologie	Unilat.	Multilat.														
Sync.	Sync.	Async.					◐		◔						◔	
(M6.1)	Höhere Sensibilität von Daten															
Fach. Admin.	Zentral	Föderiert	Verteilt													
Techn. Admin.	Zentral	Föderiert	Verteilt	◇		◔	●	●			◐		◔		◔
(M6.2)	Agilität in lokalen Einheiten															
Fach. Admin.	Zentral	Föderiert	Verteilt													
Techn. Admin.	Zentral	Föderiert	Verteilt	◇		◔	●	●						◔	
(M6.3)	Simple Systemlandschaft															
Fach. Admin.	Zentral	Föderiert	Verteilt													
Techn. Admin.	Zentral	Föderiert	Verteilt	◇		◔	●		◔						◔
(M6.4)	Hohe org. Komplexität															
Fach. Admin.	Zentral	Föderiert	Verteilt													
Techn. Admin.	Zentral	Föderiert	Verteilt	◇		◔							●	●	◔

● hohe Relevanz   ◐ mittlere Relevanz   ◔ geringe Relevanz   ◇ Vererbte Ausprägung

Abbildung 5.10 Architekturmuster M6 (Synchrone Stapelverarbeitung)[34]

---

[34] Eigene Darstellung.

Das asynchrone Messaging in Architekturmuster M7 (siehe Abbildung 5.11) ermöglicht eine unmittelbare Übermittlung mit einer zeitlich versetzen Verarbeitung von einzelnen oder kleinen Chargen von Datensätzen zwischen zwei oder mehr Systemen, was sich insbesondere für Szenarien mit einer hohen Relevanz der Genauigkeit, Vollständigkeit und Aktualität der Daten eignet. Die Variationen des Musters umfassen einen multilateralen Vermittleransatz mit einer föderierten fachlichen Administration (M7.1) für Umgebungen mit einer hohen Relevanz der technischen Breite, Agilität und Skalierbarkeit. Die unilateralen Variationen M7.2 und M7.3 fokussieren die schnelle Übertragung und Verarbeitung von Daten (Datenstreaming) mit einer hohen Spezifität. Für die fachliche Administration bei einem Streaming-Einsatz eignet sich bei einer weniger komplexen Fachlogik eine föderierte Struktur (M7.2) oder bei einer höheren Komplexität eine vollständige Verteilung (M7.3).

M7: Asynchrones Messaging

Qual. Annotation: Unmittelbare Übermittlung zwischen zwei oder mehr Systemen mit asynchroner Verarbeitung von einzelnen Datensätzen oder kleinen Chargen.

Technische Spezifikation				Fachliche Spezifikation													
				Güte							Umgebung						
Sync.	Sync.	Async.		Genauigkeit	Zugreifbarkeit	Vollständigkeit	Konsistenz	Aktualität	Vertraulichkeit	Zugriffsschutz	Tech. Breite	Tech. Tiefe	Org. Breite	Org. Tiefe	Agilität	Spezifität	Skalierbarkeit
Techn. Admin.	Zentral	Föderiert	Verteilt	●		●		●									
(M7.1)	Vermittler zwischen Systemen																
Topologie	Unilat.	Multilat.															
Fach. Admin.	Zentral	Föderiert	Verteilt	※		※		※			●	○			●		●
(M7.2)	Streaming (simple Fachlogik)																
Topologie	Unilat.	Multilat.															
Fach. Admin.	Zentral	Föderiert	Verteilt	※		※		※								●	
(M7.3)	Streaming (komplexe Fachlogik)																
Topologie	Unilat.	Multilat.															
Fach. Admin.	Zentral	Föderiert	Verteilt	※		※		※			○		◐			●	◐

● hohe Relevanz   ◐ mittlere Relevanz   ○ geringe Relevanz   ※ Vererbte Ausprägung

Abbildung 5.11 Architekturmuster M7 (Asynchrones Messaging)[35]

---

[35] Eigene Darstellung.

In dem Architekturmuster M8 (siehe Abbildung 5.12) werden Daten materialisiert und in einer anwendungsspezifischen Art und Weise nahe der Datenquelle bereitgestellt.[36] Diese Art der Bereitstellung eignet sich für spezifische Anwendungen mit einer tiefen technischen Integration sowie einer geringen organisatorischen Tiefe und Breite.[37] Die fachliche Administration ist föderiert. Die technische Administration auf die Datenquellen verteilt. Die fachliche Spezifikation zeigt zudem eine mittlere Relevanz der Zugreifbarkeit, Vollständigkeit, Aktualität sowie des Daten- und Zugriffsschutzes.[38]

M8: Edge-Bereitstellung

Qual. Annotation: Materialisierte Bereitstellung anwendungsspezifisch aufbereiteter Datensichten nahe der Datenquelle für eine Weiterverarbeitung in Folgeprozessen.

Technische Spezifikation

Abstrakt.	Virt.	Mat.	
Spez.	Anw. Neutral	Anw. Spezifisch	
Fach. Admin.	Zentral	Föderiert	Verteilt
Techn. Admin.	Zentral	Föderiert	Verteilt

Fachliche Spezifikation

Güte							Umgebung						
Genauigkeit	Zugreifbarkeit	Vollständigkeit	Konsistenz	Aktualität	Vertraulichkeit	Zugriffsschutz	Tech. Breite	Tech. Tiefe	Org. Breite	Org. Tiefe	Agilität	Spezifität	Skalierbarkeit
	o	o		o	o	o	•	◔	◔			•	o

• hohe Relevanz   o mittlere Relevanz   ◔ geringe Relevanz

Abbildung 5.12 Architekturmuster M8 (Edge-Bereitstellung)[39]

---

[36] Diese Art der Datenbereitstellung entspricht der Edge-Bereitstellung in UE5 (siehe Abschnitt 3.3.3).

[37] Diese Charakterisierung korrespondiert mit den meist sehr speziellen Anwendungsszenarios einer Edge-Bereitstellung (z. B. Sensordaten von Windrädern in UE5 oder generell in IoT-Anwendungen) und erscheint daher plausibel.

[38] Aufgrund der begrenzten Datenbasis für dieses Musters können diese Ausprägungen nicht durch die Betrachtung mehrerer Fallbeispiele erklärt werden.

[39] Eigene Darstellung.

Architekturmuster mit dem Fokus Bereitstellung

Die Architekturmuster mit dem Fokus Bereitstellung unterscheiden sich nach deren Spezifität in eine anwendungsneutrale virtuelle Datenschicht sowie eine anwendungsspezifische Webservice-Plattform.

Das Architekturmuster M9 in Abbildung 5.13 beinhaltet eine anwendungsneutrale Bereitstellung integrierter Datenansichten über eine virtuelle Schicht und eignet sich für dynamischere Szenarios mit höheren Anforderungen an die Aktualität der Daten sowie einer hohen Relevanz von Agilität, Vertraulichkeit und Zugriffsschutz. Hinsichtlich der Gestaltungsvariationen sieht das Muster bei simpleren Umgebungen (geringe Relevanz der technischen und organisatorischen Breite) eine zentrale Ausgestaltung der technischen Administration (M9.1) und bei umfangreicheren Umgebungen (mittlere Relevanz der technischen und organisatorischen Breite) einen föderierten Ansatz (M9.2) vor.

M9: Virtuelle Datenschicht

Qual. Annotation: Flexible Bereitstellung beliebiger virtuell-integrierter Datenansichten zur Konsumierung über standardisierte Technologien.

Technische Spezifikation				Fachliche Spezifikation – Güte							Umgebung						
Abstrakt.	Virt.	Mat.		Genauigkeit	Zugreifbarkeit	Vollständigkeit	Konsistenz	Aktualität	Vertraulichkeit	Zugriffsschutz	Tech. Breite	Tech. Tiefe	Org. Breite	Org. Tiefe	Agilität	Spezifität	Skalierbarkeit
Spez.	Anw. Neutral	Anw. Spezifisch															
Fach. Admin.	Zentral	Föderiert	Verteilt		◐			●	◐	◐					●		
(M9.1)	Simple Systemlandschaft																
Techn. Admin.	Zentral	Föderiert	Verteilt	※			※	※	※	◔	◔						
(M9.2)	Komplexere Systemlandschaft																
Techn. Admin.	Zentral	Föderiert	Verteilt	※			※	※	※	◐	◐						

● hohe Relevanz   ◐ mittlere Relevanz   ◔ geringe Relevanz   ※ Vererbte Ausprägung

Abbildung 5.13 Architekturmuster M9 (Virtuelle Datenschicht)[40]

---

[40] Eigene Darstellung.

M10: Webservice-Plattform

Qual. Annotation: Bereitstellung standardisierter anwendungsspezifischer Schnittstellen zur kontrollierten Konsumierung von Daten in ausgewählten Anwendungen.

Technische Spezifikation				Fachliche Spezifikation													
				Güte							Umgebung						
Abstrakt.	Virt.	Mat.		Genauigkeit	Zugreifbarkeit	Vollständigkeit	Konsistenz	Aktualität	Vertraulichkeit	Zugriffsschutz	Tech. Breite	Tech. Tiefe	Org. Breite	Org. Tiefe	Agilität	Spezifität	Skalierbarkeit
Spez.	Anw. Neutral	Anw. Spezifisch															
Techn. Admin.	Zentral	Föderiert	Verteilt		•		◐	•	•								
(M10.1)	Geringere Spezifität																
Fach. Admin.	Zentral	Föderiert	Verteilt	∗			∗	∗	∗	◓		◐		•			
(M10.2)	Höhere Spezifität.																
Fach. Admin.	Zentral	Föderiert	Verteilt	∗	◐		∗	∗	∗	•						•	

• hohe Relevanz   ◐ mittlere Relevanz   ◓ geringe Relevanz   ∗ Vererbte Ausprägung

Abbildung 5.14 Architekturmuster M10 (Webservice-Plattform)[41]

Abbildung 5.14 veranschaulicht zuletzt das Architekturmuster M10, welches eine Webservice-Plattform zur anwendungsspezifischen Bereitstellung einfach konsumierbarer Daten (hohe Relevanz der Zugreifbarkeit) bei einer gleichzeitig hohen Relevanz der Kontrolle (Vertraulichkeit und Zugriffsschutz) abbildet. Die Variationen des Musters unterscheiden sich insbesondere nach der Spezifität und Agilität der Umgebung, wobei eine zentrale fachliche Administration bei Umgebungen mit einer höheren Relevanz der Agilität sinnvoll erscheint und eine föderierte fachliche Administration (M10.2) sich für spezifischere Anwendungen eignet.

---

[41] Eigene Darstellung.

5.1.2 Konstruktion eines prototypischen Software-Werkzeugs

In diesem Abschnitt wird ein Software-Werkzeug entwickelt, das als vertikaler Prototyp die Kernaktivitäten der Mustergenerierung[42] und fallspezifischen Musterauswahl[43] unterstützt und somit das Fachkonzept partiell implementiert.[44]

Der Softwareprototyp dient primär der Exploration der Übertragbarkeit des Fachkonzepts in eine für die Anspruchsgruppen verwendbare Form sowie als Werkzeug zur weiteren Evaluation des Entscheidungsunterstützungssystems und erhebt darüber hinaus keinen Anspruch auf funktionale Vollständigkeit. Trotz des explorativen Charakters und des beschränkten Funktionsumfangs ist die Software als inkrementeller Prototyp[45] konzipiert und hat das Ziel, ein Fundament für ein produktiv einsetzbares Informationssystem zu schaffen.[46]

Technologisch ist der Prototyp auf Basis des TypeScript-basierten Front-End-Webapplikationsframework Angular[47] implementiert und nutzt zur Visualisierung die Komponentenbibliothek Angular Material[48]. Die Software ist als Web-Anwendung ohne Installation weiterer Abhängigkeiten vollständig in Browser eines Nutzers verwendbar und öffentlich zugänglich.[49] Für die Umsetzung kamen ausschließlich quelloffene Open-Source-Komponenten zum Einsatz. Der Quellcode der Software ist dokumentiert und uneingeschränkt öffentlich zugänglich.[50]

---

[42] Siehe Abschnitt 4.3.1.

[43] Siehe Abschnitt 4.3.2.

[44] Eine Beschreibung einer frühen Version des Software-Prototypen wurde bereits in Ereth (2019) veröffentlicht.

[45] Ein inkrementeller Prototyp hat, im Gegensatz zu einem sog. Wegwerf-Prototypen, das Ziel durch schrittweise Verfeinerung, eine in der Praxis verwendbare Lösung bereitzustellen. Vgl. Beynon-Davies u. a. (1999), S. 110.

[46] Die Überführung der Forschungsartefakte in für die Praxis anwendbare Lösungen entspricht den Prinzipien der gestaltungsorientierten Wirtschaftsinformatik. Vgl. Österle u. a. (2010), S. 667 und Robra-Bissantz und Strahringer, S. 178 ff.

[47] Für weitere Informationen siehe https://angular.io.

[48] Für weitere Informationen siehe https://material.angular.io.

[49] Siehe https://archicap.netlify.app.

[50] Siehe https://github.com/JEreth/archiCap. Die Offenlegung des Quellcodes dient der Schaffung von Transparenz und Reproduzierbarkeit und folgt damit den wissenschaftlichen Prinzipien (vgl. Walters [2020], S. 4417 ff.).

Die Datenstruktur der Software bildet das Klassendiagramm des Fachkonzepts[51] ab und verwendet den Sitzungsbasierten-Speicher[52] des Browsers für eine Persistenz.

Der umzusetzende Funktionsumfang des Software-Prototyps orientiert sich an dem im Fachkonzept abgegrenzten Funktionsspektrums[53] und den Konzeptanforderungen. Hieraus ergeben sich die Funktionsanforderungen FA1.1–FA3.2 (siehe Tabelle 5.5), die insbesondere den Prozess der Mustergenerierung durch normierende Akteure unterstützen und die zugehörigen Teilaktivitäten des Fachkonzepts abbilden.

Tabelle 5.5 Funktionsumfang des Softwareprototyps für normierende Akteure

FA1	**Unterstützung der Spezifikation von Basisfällen (Teilaktivität 1.1)**
FA1.1	Konfiguration fachlicher Spezifikationsraster.
FA1.2	Konfiguration technischer Spezifikationsraster.
FA1.3	Spezifikation fachlich-technischer Rahmenbedingungen.
FA1.4	Spezifikation technischer Systeme.
FA1.5	Dokumentation der fallspezifischen Zusammenhänge.
FA2	**Unterstützung der Generalisierung (Teilaktivität 1.2 und Teilaktivität 1.3)**
FA2.1	Gruppierung von technischen Generalisierungskandidaten per Ähnlichkeitsvergleich.
FA2.2	Spezifikation technischer Komponenten.
FA2.3	Gruppierung fachlich-techn. Rahmenbedingungen nach fallspez. Zusammenhängen.
FA2.4	Spezifikation analytischer Capabilities.
FA3	**Unterstützung der Komposition von Architekturmuster (Teilaktivität 1.4)**
FA3.1	Verknüpfung technischer Komponenten mit analytischen Capabilities.
FA3.2	Spezifikation fachlicher Musterkontexte (Zusammenführung analytischer Capabilities).

Die Funktionsanforderungen FA4.1–FA4.6 fokussieren demgegenüber die fallspezifische Anwendung durch die anwendenden Akteure und bilden dementsprechend die Unterstützung der Spezifikation eines fallspezifischen Szenarios und

---

[51] Siehe Abbildung 4.3.

[52] Der sog. Local-Storage (Web- oder DOM-Storage) wurde durch das World Wide Web Consortium (W3C) standardisiert. Siehe auch W3C (2022), URL siehe Literaturverzeichnis.

[53] Siehe Abbildung 4.12.

der Ableitung von relevanten Architekturmustern und Handlungsempfehlungen ab (siehe Tabelle 5.6).

Tabelle 5.6 Funktionsumfang des Softwareprototyps für anwendende Akteure

FA4	Unterstützung der fallspezifischen Musterauswahl (Kernaktivität 2)
FA4.1	Visualisierung verfügbarer Architekturmustern der Wissensbasis.
FA4.2	Auswahl erforderlicher analytischer Capabilities zur Ableitung relevanter Architekturmuster.
FA4.3	Auswahl technischer Komponenten zur Ableitung bestehender Architekturmuster.
FA4.4	Visualisierung eines fallspezifischen Szenarios.
FA4.5	Ableitung und Visualisierung relevanter Architekturmuster.
FA4.6	Ableitung und Visualisierung von Handlungsempfehlungen.

Die Unterscheidung der beiden Einsatzziele des Software-Werkzeugs spiegelt sich in dessen Menüführung wider, die zwischen einem Funktionsblock für die fallspezifische Entscheidungsunterstützung durch die anwendenden Akteure sowie einem Funktionsblock für die Mustergenerierung durch die normierenden Akteure unterscheidet (siehe Abbildung 5.15).

Im Weiteren werden die Funktionalitäten der entwickelten Software mit Bezug auf die aufgestellten Funktionsanforderungen betrachtet, um die Umsetzbarkeit des Fachkonzepts zu demonstrieren und die Rolle des Prototyps in der Evaluation zu verdeutlichen. Die weiteren Abschnitte erläutern hierfür zuerst die Unterstützungsmöglichkeiten für eine Mustergenerierung und anschließend den Einsatz für eine fallspezifische Entscheidungsunterstützung.

FA1: Unterstützung der Spezifikation von Basisfällen
In der Oberfläche des Softwareprototyps können beliebige fachliche und technische Spezifikationsraster, Spezifikationsdimensionen (engl. Attributes) und Ausprägungen hinterlegt werden (siehe Abbildung 5.16). Dies ermöglicht eine freie Konfiguration der fachlichen und technischen Spezifikationsraster[54] sowie eine Anpassbarkeit dieser auf fallspezifische Besonderheiten,[55] ohne die Programmierung der Anwendung zu verändern.

Die Software ermöglicht einem Nutzer mehrere Basisfälle (engl. Cases) zu erfassen, diesen fachlich-technische Rahmenbedingungen (engl. Circumstances) sowie

---

[54] Vgl. FA1.1 und FA1.2.
[55] Vgl. KA1[Expl.] und KA2[Expl.].

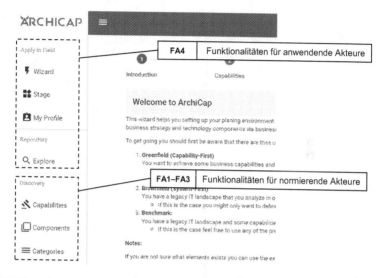

Abbildung 5.15 Menüführung des Softwareprototyps[58]

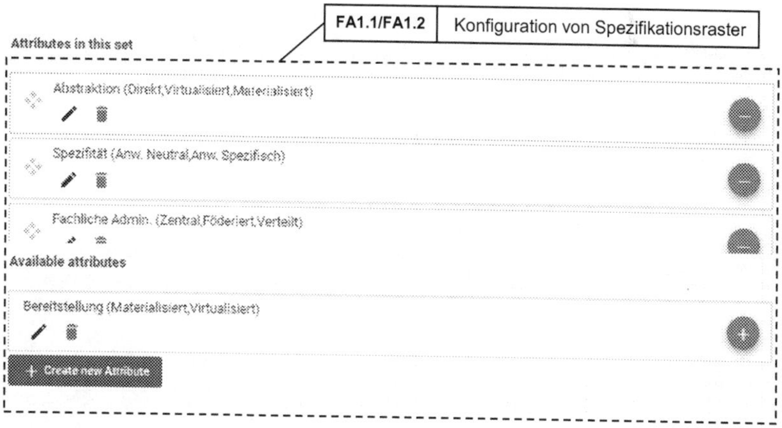

Abbildung 5.16 Konfiguration von Spezifikationsrater im Softwareprototyp[59]

technische Systeme (engl. Systems) hinzuzufügen und diese mit Hilfe der zuvor konfigurierten Spezifikationsrastern per interaktiver Klickauswahl zu charakterisieren (siehe Abbildung 5.17 u. Abbildung 5.18).[56] Zudem können fallspezifische Zusammenhänge zwischen den Rahmenbedingungen und den technischen Systemen per Klick-Auswahl dokumentiert werden.[57]

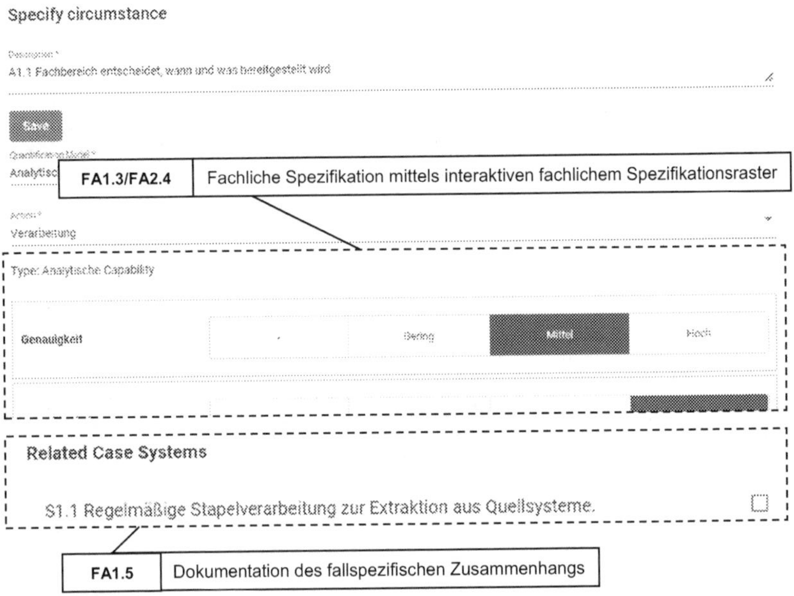

Specify circumstance

Description *
A1.1 Fachbereich entscheidet, wann und was bereitgestellt wird

Save

Quantification Model *
Analytisc **FA1.3/FA2.4** | Fachliche Spezifikation mittels interaktiven fachlichem Spezifikationsraster

Action *
Verarbeitung

Type: Analytische Capability

Genauigkeit   ·   Gering   **Mittel**   Hoch

Related Case Systems

S1.1 Regelmäßige Stapelverarbeitung zur Extraktion aus Quellsysteme.   ☐

FA1.5 | Dokumentation des fallspezifischen Zusammenhangs

Abbildung 5.17 Interaktives fachliches Spezifikationsraster im Softwareprototyp[60]

---

[56] Vgl. FA1.3 und FA1.4. Die Anzeige der Spezifikationsraster orientiert sich an der tabellarischen Darstellung aus dem Fachkonzept (siehe Abbildung 4.6, S und Abbildung 4.11).

[57] Vgl. FA1.5.

[58] Für eine breitere Diffusion des Prototyps als Ergebnis der Forschung wurde die Software in englischer Sprache implementiert. Vgl. Österle u. a. (2010), S. 664.

[59] Eigener Screenshot des Softwareprototyps.

[60] Eigener Screenshot des Softwareprototyps.

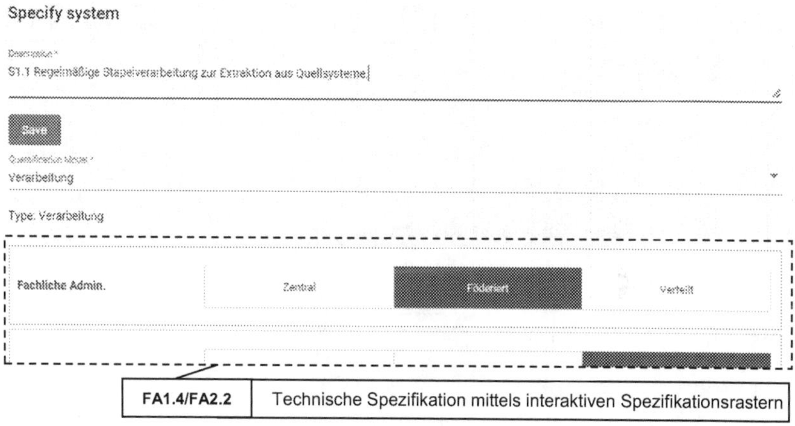

Specify system

Description *
S1.1 Regelmäßige Stapelverarbeitung zur Extraktion aus Quellsysteme.

Save

Quantification Model *
Verarbeitung

Type: Verarbeitung

| Fachliche Admin. | Zentral | Föderiert | Verteilt |

| **FA1.4/FA2.2** | Technische Spezifikation mittels interaktiven Spezifikationsrastern |

Abbildung 5.18 Interaktive technische Spezifikationsraster im Softwareprototyp[63]

FA2: Unterstützung der Generalisierung

Den technischen Teil der Generalisierung unterstützt die Software in dem die sie dem Nutzer automatisiert Gruppierungsvorschläge für die spezifizierten Systeme unterbreitet. Hierfür führt die Software eine Ähnlichkeitsanalyse[61] der technischen Systeme durch und veranschaulicht die prozentualen Ähnlichkeiten in einer nach Relevanz absteigend sortierten Liste (FA2.1, siehe Abbildung 5.19). Der Nutzer kann dann per Klick die ausführlichen Spezifikationen der Systeme einsehen und die Überschneidungen manuell auf Plausibilität prüfen. Die Zusammenführung der Kandidaten in abstrahierte technische Komponenten geschieht erneut über die interaktiven technischen Spezifikationsraster (FA2.2, siehe Abbildung 5.18).[62]

Die fachliche Abstraktion unterstützt die Software durch eine Visualisierung der fallspezifischen Zusammenhänge zwischen den technischen Komponenten und den zugehörigen fachlich-technischen Rahmenbedingungen (FA2.3, siehe Abbildung 5.20) sowie einer anschließenden Zusammenführung in analytischen Capabilities über das interaktive fachliche Spezifikationsraster (FA2.4, siehe Abbildung 5.17).

---

[61] Unter Einsatz des Simple-Matching-Koeffizienten. Siehe Abbildung 4.16.

[62] Für einen höheren Praxisbezug erlaubt die Software die optionale Ergänzung von Software-Produkten für eine potenzielle Implementierung. Diese Informationen erlauben die Ableitung von aussagekräftigeren Handlungsempfehlungen und erhöhen das Verständnis durch die Anwender (siehe Evaluationsergebnisse).

[63] Eigener Screenshot des Softwareprototyps.

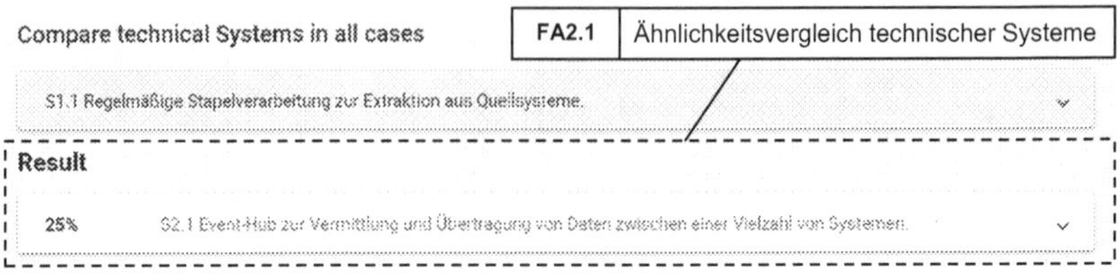

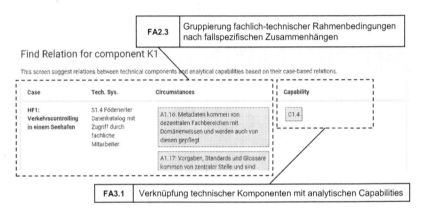

Abbildung 5.19   Ähnlichkeitsvergleich technischer Systeme im Softwareprototyp[64]

Abbildung 5.20   Unterstützung der fachlichen Gruppierung im Softwareprototyp[65]

FA3: Unterstützung der Komposition von Architekturmuster

Zur Komposition von Architekturmustern verknüpft die Software die technischen
Komponenten und analytischen Capabilities abermals über die fallspezifischen
Zusammenhänge (FA3.1, siehe Abbildung 5.20) und erlaubt es den Nutzern, die
Spezifikationen und qualitative Annotationen in integrierten Architekturmustern
zusammenzuführen. Die Darstellung der Architekturmuster orientiert sich an der
im Fachkonzept vorgeschlagenen tabellarischen Ansicht[66]. Neben den Ausprägungen des fachlichen und technischen Kontextes zeigt die Software zudem die
zugrundeliegenden technischen Komponenten und analytischen Capabilities und

---

[64] Eigener Screenshot des Softwareprototyps.

[65] Eigener Screenshot des Softwareprototyps.

[66] Siehe Abbildung 4.21.

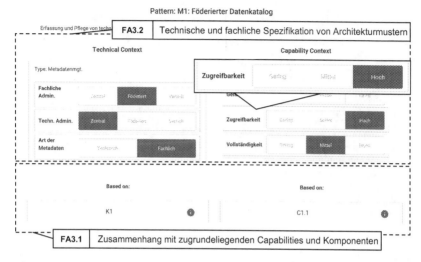

Abbildung 5.21   Darstellung eines Architekturmusters im Softwareprototyp[67]

ermöglicht dem Nutzer so ein tieferes Verständnis des Aufbaus des Architekturmusters (FA3.1 und 3.2, siehe Abbildung 5.21). Die Architekturmuster speichert
der Softwareprototyp in einer Mustersammlung (engl. Repository) als Wissensbasis
für die fallspezifische Anwendung des Systems (FA4).

FA4: Unterstützung der fallspezifischen Musterauswahl
Die anwendenden Akteure unterstützt die Software (i) mittels einem interakti-
ven Explorationsmodus (FA4.1) und (ii) durch eine geführte Spezifikation eines
Szenarios und der automatischen Ableitung von Handlungsempfehlungen (FA4.2–
FA4.6). Der Explorationsmodus visualisiert alle in der Wissensbasis verfügbaren
Architekturmuster in einer kategorisierten Ansicht (siehe Abbildung 5.22). Diese
Darstellung ermöglicht dem Nutzer einen schnellen Überblick. Des Weiteren besteht
die Möglichkeit über Filterdimensionen[68] Muster hervorzuheben und so die Zusam-
menhänge der Wissensbasis interaktiv zu explorieren. Per Klick-Auswahl lassen

---

[67] Eigener Screenshot des Softwareprototyps.

[68] Filterdimensionen sind die Zugehörigkeit einzelner Komponenten, Capabilities oder
Software-Produkte. Die schrittweise Eingrenzung einer Übersicht eignet sich insbesondere
für die Exploration komplexer Daten. Vgl. Shneiderman (1996), S. 337.

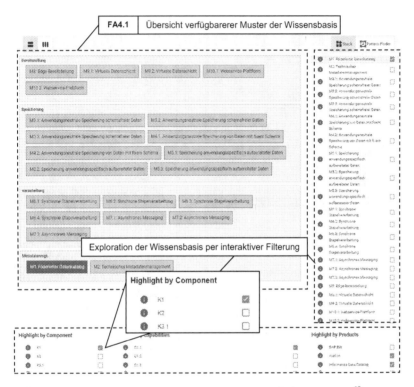

Abbildung 5.22   Exploration verfügbarer Wissensbasis im Softwareprototyp[69]

sich weiterführende Informationen eines Musters über dessen tabellarische Ansicht anzeigen (siehe Abbildung 5.21).

Für die Spezifikation eines fallspezifischen Szenarios kann ein Anwender die für seine Zielerfüllung erforderlichen analytischen Capabilities (FA4.2) sowie die ggf. in der Szenario-Umgebung bestehenden technischen Komponenten (FA4.3) in einem interaktiven Eingabeassistenten auswählen (siehe Abbildung 5.23) und so die Szenario-spezifische Datengrundlage für die Ableitung von Handlungsempfehlungen definieren.

---

[69] Eigener Screenshot des Softwareprototyps.

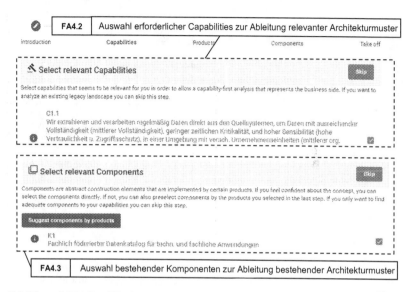

Abbildung 5.23 Spezifikation eines fallspezifischen Szenarios im Softwareprototyp[70]

Unterstützt wird der Nutzer in diesem Schritt über eine interaktive Suche nach passenden analytischen Capabilities und technischen Komponenten[71] anhand einer (Teil-)Spezifikation der jeweiligen Spezifikationsraster. Die Software zeigt als Suchergebnisse relevante Vorschläge und deren Ähnlichkeit zu der Sucheingabe (siehe Abbildung 5.24). Der Nutzer kann sich per Klick den Aufbau sowie die Annotationen der vorgeschlagenen analytischen Capabilities und technischen Komponenten zeigen lassen und so manuell plausible Kandidaten auswählen. Diese Funktionalität unterstützt den Nutzer bei der Überführung umgebungsspezifischer Gegebenheiten in die Nomenklatur des Systems und ermöglicht eine Nutzung der Software ohne vollständige Sichtung aller verfügbaren Informationsobjekte.

---

[70] Eigener Screenshot des Softwareprototyps.

[71] Darüber hinaus ermöglich die Software eine Suche von technischen Komponenten nach hinterlegten Software-Produkten, was die Verständlichkeit der abstrahierten Strukturen erhöht.

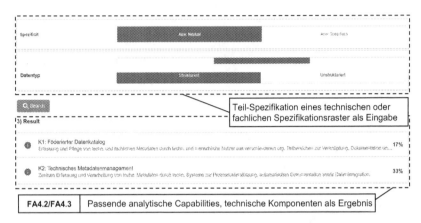

Abbildung 5.24 Unterstützung des Auswahlprozesses im Softwareprototyp[72]

Das Ergebnis dieser Auswahl veranschaulicht der Softwareprototyp in einer Szenario-spezifischen Ansicht des Explorationsbildschirms[73]. Die Szenario-spezifische Exploration in Abbildung 5.25 bietet dem Nutzer drei Teilansichten:

- Die Illustration der aktuellen Systemlandschaft anhand *bestehender Architektur-muster* basierend auf den bestehenden technischen Komponenten.
- Die Illustration des angestrebten Soll-Zustand anhand *relevanter Architektur-muster* basierend auf den erforderlichen analytischen Capabilities.
- Eine zusammengeführte Ansicht zur *Illustration der Handlungsempfehlungen* für eine Transformation der bestehenden Landschaft hin zu dem empfoh-lenen Soll-Zustand. Die Handlungsempfehlungen[74] werden hierbei visuell kommuniziert.[75]

---

[72] Eigener Screenshot des Softwareprototyps.

[73] Siehe Abbildung 5.22.

[74] Siehe Fachkonzept in Kapitel 4.

[75] Entfernen = rote Umrandung und durchgestrichener Text, Bewahren = grüne Umrandung, Ergänzen = Gestrichelte Umrandung. Eine farbliche Markierung eignet sich aufgrund eines intuitiven Verständnisses durch die Nutzer. Vgl. Müller (2010), S. 87.

Die detaillierten Inhalte der Muster können per Klick-Auswahl angezeigt werden.[76] Des Weiteren erlaubt auch der fallspezifische Explorationsbildschirm eine Filterung der Ansichten anhand der beinhalteten Capabilities und technischen Komponenten, was eine interaktive Diskussion der vorgeschlagenen Handlungsempfehlungen unterstützt.

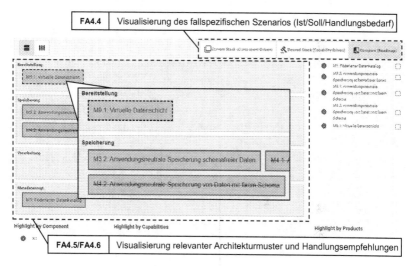

Abbildung 5.25 Handlungsempfehlungen im Softwareprototyp[77]

---

[76] Die detaillierte Anzeige der Architekturmuster besteht aus einer tabellarischen Darstellung identisch zu der in Abbildung 5.21.

[77] Eigener Screenshot des Softwareprototyps.

5.2   Evaluationskriterien und methodisches Vorgehen

Das Ziel der Evaluation ist eine ganzheitliche Beurteilung des Wertes des Artefakts für die relevanten Anspruchsgruppen[78] durch wissenschaftlich-empirischen Methoden und Verfahren anhand offen gelegter Evaluationskriterien.[79] Hierfür gilt es geeignete Evaluationskriterien sowie ein methodisches Vorgehen zu definieren.

Als übergeordnetes Bewertungskriterium zieht die Evaluation, angelehnt an die Prinzipien der gestaltungsorientierten Forschung, die Nützlichkeit des Artefakts in einer konkreten Klasse von Anwendungen heran.[80] Die Evaluationskriterien in Tabelle 5.7 operationalisieren den Nützlichkeitsbegriff für die Anwendungsdomäne und ermöglichen so eine systematische Bewertung der Evaluationsergebnisse.[81] Die Kriterien entstammen der Evaluationsmethodik der gestaltungsorientierten Wirtschaftsinformatik[82] und Ansätzen zur Bewertung der Qualität von IT-Referenzarchitekturen[83].

Im Folgenden werden die Evaluationskriterien in Bezug auf den Kontext der Arbeit erläutert.

- Die *Aktualität (EK1)* bezieht sich auf die Anwendbarkeit und Bedeutsamkeit des Artefakts in gegenwärtigen und zukünftigen Szenarios (z. B. hinsichtlich aktuellen Technologie-Trends).[84]
- Die *Akzeptanz (EK2)* bezeichnet die Bereitschaft der Anspruchsgruppen, das Artefakt einzusetzen.[85]

---

[78] Vgl. Döring und Bortz (2016), S. 989.

[79] Vgl. Stockmann (2006), S. 65. Im gestaltungsorientierten Forschungsprozess dient eine Evaluation zudem der Verbesserung des Artefakts (Erkenntnis- und Lernfunktion) sowie der Dokumentation des Erfolgs (Legitimitätsfunktion). Vgl. Stockmann (2002), S. 2 f. und Hevner und Chatterjee (2010), S. 109 f.

[80] Vgl. Peffers u. a. (2007), S. 56 und Aier und Fischer (2011), S. 142 f.

[81] Vgl. Von Alan u. a. (2004), S. 77 und Nunamaker u. a. (1990), S. 98 f.

[82] Z. B. Österle u. a. (2010), Hevner u. a. (2004), Aier und Fischer (2011), March und Smith (1995) und Verschuren und Hartog (2005).

[83] Z. B. ISO/IEC, (2011), Galster und Avgeriou, (2011), Muller, (2020) und Cloutier u. a., (2010). Siehe auch Abschnitt 2.2.3.

[84] Vgl. Muller (2020), S. 8.

[85] Vgl. Muller (2020), S. 8 und Österle u. a. (2010), S. 668.

Tabelle 5.7 Evaluationskriterien

Evaluationskriterium EK#		ISO/IEC, (2011)	Galster und Avgeriou, (2011)	Muller, (2020)	Cloutier u.a., (2010)	Österle u.a. (2010)	Hevner u.a. (2004)	Aier und Fischer (2011)	March und Smith (1995)	Verschuren und Hartog (2005)
EK1	Aktualität			x		x				
EK2	Akzeptanz			x		x		x	x	x
EK3	Funktionalität	x	x	x	x		x			x
EK4	Konsistenz					x	x	x	x	
EK5	Korrektheit	x	x	x	x					x
EK6	Problemorientierung / Wertbeitrag			x	x		x	x	x	x
EK7	Übertragbarkeit / Wiederverwertbarkeit	x	x	x	x	x		x		x
EK8	Verständlichkeit	x	x	x					x	x
EK9	Vollständigkeit			x			x		x	
EK10	Zugänglichkeit		x	x		x			x	x

- Unter *Funktionalität (EK3)* werden der Umfang und die Sinnhaftigkeit der funktionalen Eigenschaften geprüft (bspw. ob die Charakterisierungen durch die Spezifikationsraster ausreichend sind).[86]
- Unter dem Gesichtspunkt der *Konsistenz (EK4)* werden die Schlüssigkeit und Widerspruchsfreiheit des Artefakts und dessen Inhalts betrachtet.[87]
- Die *Korrektheit (EK5)* prüft, ob die Annahmen und Aussagen innerhalb des Artefakts formal wahr sind.[88]

---

[86] Vgl. Hevner u. a. (2004), S. 85.

[87] Vgl. Hevner u. a. (2004), S. 85 und Aier und Fischer (2011), S. 158.

[88] Vgl. Galster und Avgeriou (2011), S. 156.

- Der *Wertbeitrag* und die *Problemorientierung (EK6)* betrachten das Artefakt in Bezug auf die Relevanz für Problemstellungen in der Praxis.[89]
- Die *Wiederverwertbarkeit (EK7)* bewertet den Aufwand und die Genauigkeit von Adaptionsmöglichkeiten des Artefakts in unterschiedliche Szenarios.[90]
- Die *Verständlichkeit (EK8)* prüft den Aufwand für die Anspruchsgruppen zur Durchdringung und Anwendung des Artefakts.[91]
- Die *Vollständigkeit (EK9)* dient als Maß der inhaltlichen Abdeckung der relevanten Einsatzmöglichkeiten des Artefakts (z. B. ob alle relevanten Teile einer Datenhaltung berücksichtigt werden).[92]
- Die *Zugänglichkeit (EK10)* bewertet die Möglichkeiten zur Bereitstellung des Artefakts in einer für die Anspruchsgruppen verwendbaren Form (bspw. über ein Software-Werkzeug).[93]

Die Nützlichkeit des Artefakts für die Anspruchsgruppen begründet zudem den konsensorientierten Erkenntnisprozess[94] der Evaluation, der auf einer qualitativen Befragung von Mitgliedern der Anspruchsgruppen basiert.[95] Im Zuge dieses Prozesses wurden das Artefakt und die Forschungsergebnisse in aufbereiteter Form präsentiert und die Korrektheit, Vollständigkeit und der Wertbeitrag unter Angabe „von Argumenten zur Schlüssigkeit der abgeleiteten Interpretation"[96] diskutiert.[97] Der offene und dialogbasierte Charakter dieses Vorgehens erlaubt neben einer

---

[89] Vgl. Muller (2020), S. 8 und Österle u. a. (2010), S. 669. Ein Wertbeitrag kann sich bspw. durch eine Geschwindigkeits- oder Qualitätssteigerung oder durch Kosteneinsparungen zeigen.

[90] Vgl. Cloutier u. a. (2010), S. 24, Galster und Avgeriou (2011), S. 156 und Österle u. a. (2010), S. 668.

[91] Vgl. March und Smith (1995), S. 261.

[92] Vgl. Hevner u. a. (2004), S. 85.

[93] Vgl. March und Smith (1995), S. 261 und Galster und Avgeriou (2011), S. 156.

[94] Der Erkenntnisprozess einer Evaluation lässt sich nach dem zugrundliegenden Wahrheitsverständnis unterteilen: Korrespondenztheorie (Wahrheit durch die Übereinstimmung), Kohärenztheorie (Wahrheit durch Einfügen in bestehendes System), Konsenstheorie (Wahrheit durch Konsens der Anspruchsgruppen) und einem formalen Wahrheitsverständnis (Wahrheit durch formalen Beweis). Vgl. Habermas (1973), S. 211 ff. und Frank (2006), S. 40 ff.

[95] Vgl. Frank (2006), S. 44 f.

[96] Döring und Bortz (2016), S. 83.

[97] Dieses Vorgehen entspricht einer argumentativen Validierung, die im Gegensatz zu einer rein kommunikativen Validierung die Forschungsergebnisse nicht für eine Bestätigung zurückgespielt, sondern zur Prüfung der Schlüssigkeit diese argumentativ an Dritte kommuniziert. Vgl. Lamnek (2005), S. 210.

reinen Beurteilung der Ergebnisse zudem die Gewinnung neuer Erkenntnisse zur Verbesserung des Artefakts.

Tabelle 5.8 Gesprächspartner der Evaluationsgespräche[98]

	Tätigkeitsbereich des Gesprächspartners (GP)
EG1	Strategischer Berater aus dem Bereich Business Intelligence und Analytics
EG2	Software-Architekt im Analytics Bereich
EG3	Software-Architekt im Analytics Bereich (Schwerpunkt DW & Big Data)
EG4	Leiter Enterprise Information Management bei einem Finanzdienstleister

Insgesamt wurden vier Evaluationsgespräche (EG) geführt (siehe Tabelle 5.8). Die Kriterien für die Auswahl der Gesprächspartner waren (i) die Zugehörigkeit zu einer der Anspruchsgruppen[99] sowie (ii) Kenntnisse im Bereich des architektonischen Aufbaus analytischer Informationssysteme insbesondere im Zusammenhang mit dezentralen und heterogenen Datenhaltungen. Drei der Gesprächspartner sind in der Technologieberatung im Bereich der analytischen Informationssysteme tätig (EG1–EG3). Der vierte Ansprechpartner (EG4) deckt als leitender IT-Mitarbeiter eines Finanzdienstleisters die Perspektive eines anwendenden Unternehmens ab. Alle Gesprächspartner verfügen zudem über langjährige Branchenerfahrung und Kenntnisse verschiedener realer analytischer Systemlandschaften.[100]

Die Evaluationsgespräche wurden virtuell durchgeführt und umfassten jeweils einen Umfang von 60–90 Minuten. Den Gesprächspartnern wurden im Vorfeld eine Zusammenfassung der Forschungsergebnisse, weiterführende Materialien zur Vorbereitung sowie ein Zugang zu dem prototypischen Software-Werkzeug zur Verfügung gestellt. Für die Auswertung wurden die Audioaufzeichnungen der Interviews in geglätteter Art und Weise transkribiert und einer qualitativen Inhaltsanalyse unterzogen. Die Aussagen der Gesprächspartner wurden hierbei

---

[98] Eigene Darstellung.

[99] Anwendende Anspruchsgruppe (z. B. Entscheidungsträger und technische Architekten im Bereich analytischer Informationssysteme) sowie normierende Anspruchsgruppe (z. B. Gremien, Unternehmen, o. ä.). Siehe Tabelle 1.1.

[100] Die Gesprächspartner waren, mit Ausnahme des Ansprechpartners von EG3, nicht Teil der empirischen Exploration. Bei dem Gesprächspartner in EG3 handelt es sich um den leitenden Architekten der Systemarchitektur in Unterstützungserhebung UE5.

anhand der Evaluationskriterien thematisch codiert, um aggregierte Erkenntnisse abzuleiten.[101]

Tabelle 5.9 zeigt den Ablauf der Evaluationsgespräche: Zuerst wurde die Problemstellung zur Schaffung einer gemeinsamen Diskussionsgrundlage erläutert. Anschließend wurde für die Beurteilung einer grundlegenden Korrektheit und Adäquanz des Ansatzes das Fachkonzept präsentiert und argumentativ begründet. Die Ergebnisse der inhaltlichen Instanziierung und die prototypische Implementierung durch das Software-Werkzeug dienten dann der Diskussion des Beitrags des Artefakts zur Problemlösung und dem Mehrwert für die Anspruchsgruppen. Den Abschluss stellte eine freie Diskussion dar, die Limitierungen, weitere Anwendungsmöglichkeiten sowie potenzielle Erweiterungen des Artefakts thematisierte.

Tabelle 5.9 Ablauf eines Evaluationsgesprächs

1. **Erläuterung der Problemstellung und Motivation**	
Fokus:	Sicherstellung eines gemeinsamen Verständnisses der Problemstellung.
Werkzeuge:	Aufbereitete Darstellungen.
2. **Präsentation und Begründung des Fachkonzepts**	
Fokus:	Funktionalität, strukturelle Korrektheit und grundlegende Adäquanz des Fachkonzepts *(EK3, EK4, EK5, EK8, EK9)*.
Werkzeuge:	Aufbereitete Darstellungen und Diagramme aus Kapitel 4.
3. **Diskussion von Beitrag zur Problemlösung und Mehrwert für die Anspruchsgruppen**	
Fokus:	Anwendbarkeit und Mehrwert des Fachkonzepts *(EK1, EK2, EK6, EK7, EK8, EK9, EK10)*.
Werkzeuge:	Architekturmuster aus der inhaltlichen Instanziierung (Abschnitt 5.1.1) und Softwareprototyp (Abschnitt 5.1.2).
4. **Freie Diskussion**	
Fokus:	Limitierungen, Anwendungsmöglichkeiten und potenzielle Erweiterungen.

---

[101] Vgl. Kuckartz (2010), S. 84 ff.

5.3 Evaluationsergebnisse

Dieses Unterkapitel erläutert die Ergebnisse der Evaluation und betrachtet hierfür die grundlegende Adäquanz des Fachkonzepts, den Beitrag zur Lösung der ursprünglichen Problemstellung und den Mehrwert für die Anspruchsgruppen sowie Limitierungen und potenzielle Erweiterungen.

Adäquanz des Fachkonzepts

Das Fachkonzept wurde von den Gesprächspartnern intuitiv erfasst und die schrittweise Abstraktion von Merkmalen der Basisfällen zu allgemeingültigen Mustern wurde als nachvollziehbar bezeichnet. Drei der vier Gesprächspartner sagten zudem aus, dass sie in ihrer täglichen Arbeit ähnliche musterbasierte Ansätze nutzen, wenn auch „nicht so formell und strukturiert […] oder eher implizit im Kopf"[102], was für eine Sinnhaftigkeit des Vorgehens sowie die Akzeptanz durch die Anspruchsgruppe spricht.

Der strukturelle Aufbau der Spezifikationsraster und der Architekturmuster wurde ohne größere Erklärungen verstanden und als korrekt sowie konsistent bezeichnet. Darüber hinaus konnte mithilfe des bereitgestellten fachlichen Spezifikationsrasters und dessen qualitative Annotation alle von den Gesprächspartnern angeführten fachlichen Szenarios charakterisiert werden. Ebenso wurden die Spezifikationsraster der vier technischen Komponententypen als geeignet zur Abbildung der Funktionalität einer Datenhaltung in analytischen Informationssystemen bezeichnet. Einzig die Begrifflichkeiten wurden teilweise als „zu breit"[103] und „schwierig zu verstehen"[104] beschrieben. Diesbezügliche Rückfragen konnten allerdings durch kurze Erläuterungen aufgelöst werden.[105]

Beitrag zur Problemlösung und Mehrwert für die Anspruchsgruppen

Die Ergebnisse der argumentativen Validierung verdeutlichen die Relevanz der Problemstellung für die Anspruchsgruppe (bspw. „die Problematik […] begegnet uns wirklich tagein, tagaus"[106] oder „[der Ansatz] schließt eine Lücke, die definitiv da ist"[107]). Als wesentlichen Mehrwert des Entscheidungsunterstützungssystems

---

[102] EG2, Zeile 251.

[103] EG1, Zeile 498.

[104] EG4, Zeile 416.

[105] Z. B. war für GP3 das Verständnis des Begriffs Agilität nicht unmittelbar ersichtlich. Vgl. EG3, 138 f.

[106] EG1, Zeile 42.

[107] EG2, Zeile 252.

nannten die Gesprächspartner insbesondere das systematische und replizierbare Vorgehen, welches eine höhere Transparenz in der Diskussion mit den Fachbereichen ermöglicht. Dies sei wichtig, da Architekturentscheidungen „ungemein abstrakt"[108] sind und „oftmals sehr situativ getroffen"[109] werden.

Die Betrachtung der inhaltlichen Instanziierung anhand der prototypischen Software-Implementierung ermöglichte zudem eine Diskussion konkreter Szenarios und verdeutlichte den Beitrag zur Problemlösung sowie den durch das Artefakt generierten Mehrwert für die Anspruchsgruppen.

Die exemplarischen Architekturmuster erwiesen sich hierbei als zweckmäßig und inhaltlich korrekt:

- Die Unterscheidung eines föderierten und zentralen technischen Metadatenmanagements (Architekturmuster M1 und M2) wurde als passend bezeichnet.[110]
- Mit der Unterscheidung einer anwendungsneutralen Speicherung strukturierter und unstrukturierter Daten in M3 und M4 sowie der anwendungsspezifischen Speicherung in M5 sahen die Gesprächspartner den Bereich der Datenspeicherung als „sehr gut abgedeckt"[111] und als ausreichende Diskussionsgrundlage für unterschiedliche Szenarios.[112]
- Bei den Verarbeitungsmustern bestätigten die Befragten die grundsätzliche Unterscheidung zwischen einer Stapelverarbeitung (M6) und Messageorientierten Ansätzen (M7).[113]
- Bei der Datenbereitstellung zeigte die Diskussion die Relevanz des Abstraktionsgrads als zentrale Charakterisierungsdimension, da virtualisierte Datenansichten insbesondere bei dezentralen Datenhaltungen eine zunehmend bedeutende Rolle einnehmen.[114,115]

---

[108] EG1, Zeile 297.

[109] EG4, Zeile 198.

[110] Vgl. EG3, Zeile 753 ff. Zudem wurde angemerkt, dass in vielen realen Lösungen ein übergreifendes und konsequentes Metadatenmanagement in der Datenhaltung fehlt, weswegen eine Berücksichtigung als eigenständige Muster wichtig sei. EG3, Zeile 784 f.

[111] EG4, Zeile 512.

[112] Die Muster ermöglichten bspw. sowohl die Diskussion traditioneller Ansätze (z. B. ein Data Warehouse mit mehreren OLAP-Würfeln [vgl. EG3, Zeile 449]) als auch neuere Strukturen mit NoSQL-Datenbanken (vgl. EG4, Zeile 512).

[113] Vgl. EG3, Zeile 338 ff.

[114] Vgl. EG3, Zeile 491 f.

[115] Darüber hinaus wurde die Relevanz der Edge-Bereitstellung in Muster M8, mit dem Hinweis auf den Einsatz von analytischen Anwendungsfällen im Kontext es Internets der Dinge, bestätigt. Vgl. EG1, Zeile 393, Vgl. EG2, Zeile 643, EG3, Zeile 489.

Darüber hinaus führte die Betrachtung der Architekturmuster in verschiedenen Szenarios zu den von dem Fachkonzept beabsichtigten Diskussionen über die Eignung verschiedener Ansätze bei unterschiedlichen Gegebenheiten. Die Verknüpfung der technischen Architekturkomponenten mit fachlichen Charakterisierungen der Umgebungen wurde hierbei als hilfreich und als Alleinstellungsmerkmal des Ansatzes bewertet.[116]

Der Softwareprototyp erwies sich in der Evaluation als hilfreiches Werkzeug zur Veranschaulichung des Aufbaus sowie zur Anwendung des Entscheidungsunterstützungssystems. Der Prototyp verdeutlichte laut den Gesprächspartnern den Unterschied zu den von ihnen bisher eingesetzten (oft formlosen) Ansätzen.[117] Die Anwendung der Software wurde zudem als einfach verständlich empfunden. Sowohl die geführte Erfassung eines fallspezifischen Szenarios als auch das schrittweise Ausfüllen der klickbaren Spezifikationsraster erforderten kaum Erläuterung. Die interaktive Illustration der Architekturmuster und Handlungsempfehlungen unterstützten des Weiteren die Verständlichkeit der Inhalte und den Diskurs in der Praxis.[118]

Die Gesprächspartner konnten sich allesamt einen weiteren Einsatz der Software in realen Anwendungsfällen vorstellen, was für die Relevanz des Fachkonzepts und die Sinnhaftigkeit einer Software-basierten Umsetzung spricht.[119]

Limitierungen und Erweiterungen

Als mögliche Einschränkung des Entscheidungsunterstützungssystems benannte GP2 den Aufwand der Formalisierung aller notwendigen Komponenten und Capabilities, der ggf. den Mehrwert des Ansatzes überwiegen könnte.[120] Dieser Einwand erscheint insbesondere für Szenarios mit geringem Potenzial für eine Wiederverwendung valide (z. B. organisationsspezifische Muster in Unternehmen mit überschaubaren Systemlandschaften). Bei umfangreicheren Anwendungsdomänen (z. B. Architekturmuster für ganze Industriebereiche) sollte der Nutzen wiederverwendbarer Muster den Aufwand einer initialen Formalisierung überwiegen. Ein weiterer Kritikpunkt war die Schwierigkeit, komplexe Eigenschaften oder Widersprüchlichkeiten einzelner Komponenten abzubilden.[121] Eine Diskussion dieser Anmerkung zeigte allerdings, dass die qualitativen Annotationen der

---

[116] Vgl. EG1, Zeile 574 ff., EG2, Zeile 246 ff.
[117] Vgl. EG3, Zeile 418.
[118] Vgl. EG1, Zeile 311 ff.
[119] Vgl. EG3, Zeile 412 f. und EG1, Zeile 595 f.
[120] Vgl. EG2, Zeile 257.
[121] Vgl. EG3, Zeile 662 f.

Architekturmuster ein geeignetes Mittel zur Abbildung solcher Eigenschaften bereitstellen.[122]

Als potenzielle Erweiterungen führten die Gesprächspartner eine Ausweitung des Entscheidungsunterstützungssystems auf weitere Teilbereiche der analytischen Informationssysteme an. Konkret wurde eine Adaption für die auf der Datenhaltung aufsetzende Schicht von Systemen zur Analyse und Visualisierung („Consumption-Layer"[123]) sowie die Abbildung von Quellsystemen[124] thematisiert. Zudem wurden Möglichkeiten zur weiteren Verbindung des Ansatzes mit dem Bereich des IT-Controllings diskutiert, um bspw. nicht offensichtliche Auswirkungen auf die Kostenstrukturen einer IT-Landschaft zu berücksichtigen.[125]

5.4   Reflexion der Evaluation und abschließende Bewertung

Dieser Abschnitt reflektiert den Evaluationsprozess und bewertet die Evaluations-ergebnisse im Hinblick auf die zuvor definierten Evaluationsziele sowie die Güte des Artefakts anhand der Evaluationskriterien.

Abbildung 5.26 fasst die Kernergebnisse der Evaluation zusammen. Die pro-totypische Umsetzung belegt eine grundsätzliche Umsetzbarkeit des Artefakts. Die inhaltliche Instanziierung demonstriert die Anwendung des Fachkonzepts und liefert mit den abgeleiteten Architekturmustern eine initiale Wissensbasis für das Entscheidungsunterstützungssystem. Die partielle Implementierung des Software-Werkzeugs erprobt zudem die Überführung des Fachkonzepts in eine in der Praxis einsetzbare Form.[126] Die anschließende argumentative Validierung ermöglicht eine Beurteilung der Relevanz des Artefakts für die Anspruchsgrup-pen. Der Beitrag des Artefakts liegt hier insbesondere in einem systematischen und transparenten Vorgehen im Architekturentwicklungsprozess, einer Reduzie-rung der Komplexität von Architekturentscheidungen sowie einer Unterstützung

---

[122] Bspw. wurden bei der exemplarischen Charakterisierung neuartiger Verarbeitungspro-zesse zusätzliche Informationen zu der Latenz und dem Grad Automatisierung als qualitative Annotationen ergänzt. Vgl. EG1, Zeile 502 ff.

[123] EG2, Zeile 644.

[124] EG1, Zeile 401.

[125] Vgl. EG4, Zeile 198 ff. und EG3, Zeile 649 ff.

[126] Das prototypische Software-Werkezeugs wurden zudem während einer frühen Entwick-lungsphase auf einer wissenschaftlichen Konferenz präsentiert und mit einem Fachpublikum diskutiert. Siehe Ereth (2019).

Fokus: Erprobung der Machbarkeit	Fokus: Beurteilung der Relevanz
Methode: Prototypische Umsetzung durch inhaltliche Instanziierung und prototypischer Implementierung.	**Methode:** Argumentative Validierung mit Ansprechpartnern aus den Anspruchsgruppen.
Kernergebnisse: - Demonstration einer inhaltlichen Instanziierung des Fachkonzepts. - 10 exemplarische Architekturmuster für Erstbeladung des Entscheidungsunterstützungssystems. - Prototypische Implementierung als Fundament für die Bereitstellung eines praxisorientierten Software-Produkts.	**Kernergebnisse:** - Fallspezifische Eingrenzung des Lösungsraums für Architekturentscheidungen. - Reduzierung der Komplexität von Architekturentscheidungen. - Systematisches und transparentes Vorgehen im Architekturentwicklungsprozess.

Abbildung 5.26   Kernergebnisse der Evaluation[127]

einer ganzheitlichen Kommunikation zwischen heterogenen Entscheidungsträgern mit technischen und fachlichen Hintergründen.

Die folgenden Abschnitte beurteilen nun die Güte des Artefakts anhand der Evaluationskriterien.

- Für die *Aktualität (EK1)*[128] des Artefakts spricht die Anwendbarkeit auf die realen Problemstellungen der Explorationsfälle sowie die erfolgreiche Abbildung etablierter und neuartiger Architekturansätze (z. B. ereignisgesteuerte Architekturen) in der argumentativen Validierung.[129]

- Eine *Akzeptanz (EK2)* des Artefakts durch die Anspruchsgruppe lässt sich aus der Bestätigung einer potenziellen Weiterverwertung des Ansatzes durch die Gesprächspartner ableiten. Für die Akzeptanz eines musterbasierten Vorgehens spricht zudem, dass einige der Befragten ähnliche (wenn auch weniger formale) Konzepte zur Entscheidungsunterstützung einsetzen.

---

[127] Eigene Darstellung.

[128] Aktualität bezeichnet in diesem Zusammenhang die Anwendbarkeit und Bedeutsamkeit in gegenwärtigen und zukünftigen Anwendungsfälle. Vgl. Abschnitt 5.2.

[129] Die Abstraktion der Architekturmuster löst zudem die strukturellen Zusammenhänge von den zugrunde liegenden Implementierungen, wodurch die Ergebnisse zu einem Grad zeitlos und unabhängig von technologischen Trends werden.

- Die durch das Artefakt bereitgestellte *Funktionalität (EK3)* ermöglichte sowohl eine sinnvolle Anwendung auf die Fälle aus der Exploration als auch die Charakterisierung aller relevanten Diskussionsszenarien der argumentativen Validierung ohne den Bedarf von Funktionserweiterungen[130] oder das Auslassen einzelner Funktionalitäten. Das Artefakt erscheint somit als funktional zweckmäßig.

- Belege für die *Konsistenz (EK4)* und *die formale Korrektheit (EK5)* liefern die Beurteilungen durch Gesprächspartner aus den Anspruchsgruppen, die das Artefakt nach einer Präsentation und Begründung als nachvollziehbar und korrekt bewerteten. Darüber hinaus spricht die Bewertung der exemplarischen Architekturmuster als korrekt und sinnvoll einsetzbar, implizit für die Korrektheit des Artefaks an sich.

- Die *Problemorientierung und der Wertbeitrag (EK6)* zeigen sich durch Aussagen der Anspruchsgruppe.[131] Der zentrale Wertbeitrag des Artefakts liegt

  i) in der Reduzierung der Komplexität von Architekturentscheidungen durch die fallspezifische Eingrenzung des Lösungsraums sowie
  ii) in einem systematischen und transparenten Vorgehen, das die ganzheitliche Kommunikation zwischen den Beteiligten unterstützt.

- Die *Übertragbarkeit und Wiederverwertbarkeit (EK7)* des Ansatzes zeigten sich durch den sinnvollen Einsatz der Spezifikationsraster und der exemplarischen Architekturmuster im Kontext verschiedener Szenarios in der argumentativen Validierung.[132]

- Für die *Verständlichkeit (EK8)* für die Anspruchsgruppe spricht, dass das Vorgehen von den Gesprächspartnern schnell und intuitiv erfasst wurde. Der Aufbau und die Darstellung der Architekturmuster und Handlungsempfehlungen wurden zudem als einfach verständlich bewertet.

---

[130] Die Evaluationsgespräche thematisierten mögliche funktionale Erweiterungen, die allerdings den Rahmen dieser Arbeit überschreiten (bspw. die Erweiterung auf andere Teilbereiche analytischer Informationssysteme).

[131] Z. B. „[das Artefakt schließt] eine Lücke, die definitiv da ist" (EG2, Zeile 252) oder „Das [Artefakt] ist etwas, das wir als Consultants durchaus brauchen könnten" (EG1, Zeile 45).

[132] Darüber hinaus wurde die Adaption des Artefakts auf andere Teilbereiche analytischer Informationssysteme diskutiert, bspw. ein Einsatz im Bereich der Datenvisualisierung. Siehe EG1.

- Hinsichtlich der *Vollständigkeit (EK9)* des Artefakts lässt sich festhalten, dass alle relevanten Elemente der Explorationsfälle und der Szenarios der argumentativen Validierung abgebildet werden konnten. Zudem beurteilten die Gesprächspartner die exemplarischen Architekturmuster als ausreichende Abdeckung für den Bereich der dezentralen Datenhaltung in analytischen Informationssystemen.

- Eine Bewertung der *Zugänglichkeit (EK10)*[133] des Artefakts ist anhand der tabellarischen Darstellung der Muster sowie des prototypischen Software-Werkzeugs möglich. Die Gesprächspartner bestätigten, dass die tabellarische Darstellung der Muster die relevanten Informationen in kompakter Art und Weise veranschaulicht und das Software-Werkzeug zur interaktiven Diskussion von Architekturentscheidungen einen hilfreichen Beitrag leistet.

Die Ergebnisse der Evaluation sprechen für eine angemessene Korrektheit und Qualität des vorgeschlagenen Fachkonzepts. Des Weiteren ist eine technische Machbarkeit gegeben und es ist eine Relevanz für die Anspruchsgruppen durch eine Unterstützung des Architekturentwicklungsprozesses festzustellen.

---

[133] Die Zugänglichkeit bezieht sich auf Möglichkeiten zur Bereitstellung des Artefakts in einer für die Anspruchsgruppen verwendbaren Form. Vgl. Abschnitt 5.2.

Schlussbetrachtung 6

Dieses Kapitel betrachtet die Forschungsergebnisse abschließend im Gesamtkontext der Arbeit. Die kritische Würdigung in Abschnitt 6.1 reflektiert hierfür das Vorgehen und die Ergebnisse der Arbeit und geht auf Limitierungen ein. Anschließend werden die Implikationen für die Wissenschaft und Praxis (Abschnitt 6.2) sowie zukünftige Forschungsbedarfe (Abschnitt 6.3) diskutiert. Das Kapitel schließt mit einem Fazit sowie einem Ausblick auf mittel- und langfristige Perspektiven für weitere Forschungen in Abschnitt 6.4.

6.1 Kritische Würdigung

Die kritische Würdigung diskutiert die Eignung des methodischen Vorgehens, den Beitrag der Ergebnisse zur Beantwortung der Forschungsfrage der Arbeit sowie Limitierungen in der Methodik und den Ergebnissen (siehe Abbildung 6.1).

Abbildung 6.1 Inhalt der kritischen Würdigung[1]

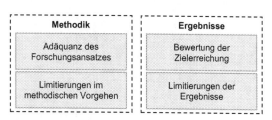

---

[1] Eigene Darstellung.

J. Ereth, *Konzeption eines IT-basierten Entscheidungsunterstützungssystems für die Gestaltung dezentraler Datenhaltungen in analytischen Informationssystemen,*

Als erste Dimension betrachtet die kritische Würdigung die Adäquanz des Forschungsansatzes. Da das Ziel der Arbeit mit der „Konzeption eines IT-basierten Entscheidungsunterstützungssystems"[2] explizit die Schaffung eines in der Praxis anwendbaren Artefaktes anstrebt, erscheint der gestaltungsorientierte Forschungsansatz als zweckmäßig.[3] Die Ausgestaltung des methodischen Vorgehens mit Werkzeugen der qualitativen Forschung ist aufgrund des explorativen Charakters der Arbeit sinnvoll[4] und hat sich bei der Durchführung der Erhebungen bewährt. Der Einsatz von semistrukturierten Interviews in der empirischen Exploration und der argumentativen Validierung ermöglichten eine systematische Erhebung mit genug Freiraum für Anmerkungen und Diskussionen. Die schrittweise Erarbeitung und Verfeinerung des Artefakts in der Entwurfs- und Evaluationsphase orientiert sich an dem wissenschaftlichen Konsens der gestaltungsorientierten Methodik[5] und erwies sich in dieser Arbeit als hilfreich, da die prototypische Implementierung in der Evaluation die Veranschaulichung der Ergebnisse unterstützte und eine zielgerichtete Diskussion ermöglichte.

Hinsichtlich der Limitationen des Forschungsansatzes ist festzuhalten, dass die Flexibilität der qualitativen Forschungsmethoden zu möglichen Einschränkungen in der Reproduzierbarkeit und Generalisierbarkeit der Forschung führt. Der Aufwand für die Konzipierung und Durchführung der qualitativen Exploration begrenzte zudem die mögliche Datenbasis, was die Verallgemeinerung der Ergebnisse einschränkt und das Risiko einer Verzerrung durch eine Ungleichverteilung in der Wahl der betrachteten Fälle erhöht.[6,7] Um solchen Verzerrungen

---

[2] Siehe Abschnitt 1.3.

[3] Vgl. Österle u. a. (2010), S. 668 f.

[4] Vgl. Döring und Bortz (2016), S. 173, Yin (2015), S. 7 f. und Heinze (2001), S. 27.

[5] Vgl. Hevner (2007), S. 87 ff. und Wieringa (2014), S. 109 ff.

[6] Vgl. Stake (1995), S. 4 und Yin (2018), S. 105 f.

[7] Darüber hinaus beinhaltet eine qualitative Untersuchung die Gefahr einer Verzerrung während der Erhebung (z. B. systematische Antworttendenzen oder subjektive Interpretationen). Vgl. Gläser und Laudel (2010), S. 120 ff. und Labaree (2002), S. 97 ff.

entgegenzuwirken wurden die betrachteten Fälle systematisch nach entsprechenden Kriterien ausgewählt[8] und die Erkenntnisse im Zuge einer argumentativen
Validierung[9] mit Erfahrungen weiterer Ansprechpartner abgeglichen.[10]

Der weitere Teil der kritischen Würdigung bewertet die Zielerreichung der
Arbeit und geht auf Limitierungen der Ergebnisse ein. Tabelle 6.1 veranschau-
licht hierfür zuerst die Ansätze zur Beantwortung der Teilforschungsfragen in der
Arbeit.

Die Beantwortungen der Teilfragen finden sich über die einzelnen Abschnitte
der Arbeit verteilt. Die Frage nach Charakteristika analytischer Informationssysteme mit dezentraler Datenhaltung in TF1 beantwortet die Arbeit durch die
Abgrenzung logischer Funktionsbereiche einer Datenhaltung in Abschnitt 2.1.2
und mithilfe der Charakterisierung von Architekturansätzen aus realen Umgebungen in der Exploration[11]. Als Beantwortungsansatz für TF2 schlägt das Fachkonzept fachspezifische Spezifikationsraster[12] und ein Vorgehen zur Ableitung
wiederverwendbarer Architekturmuster[13] vor. Bezüglich eines fallspezifischen
Einsatzes des Entscheidungsunterstützungssystems (TF3) stellt das Fachkonzept
ein Vorgehen zur Musterauswahl und Ableitung von Handlungsempfehlungen[14]
bereit. Zudem liefert das prototypische Software-Werkzeug eine exemplarische
Implementierung des Systems und demonstriert damit einen potenziellen Einsatz
in der Praxis.

Tabelle 6.1 Beantwortung der Teilforschungsfragen in der Arbeit

Teilforschungsfragen	Beantwortung in der Arbeit
TF1: Was sind Charakteristika von analytischen Informationssystemen mit dezentraler Datenhaltung?	– Abgrenzung logischer Funktionsbereiche einer Datenhaltung (Abschnitt 2.1.2). – Charakterisierung von Architekturansätzen in der Exploration (Abschnitt 3.3).

(Fortsetzung)

---

[8] Siehe Abschnitt 3.2.

[9] Siehe Abschnitt 5.3.

[10] Eine Maßnahme zur Steigerung der Generalisierbarkeit in zukünftigen Forschungen wäre
eine Triangulation der Ergebnisse mit einer quantitativen Studie. Vgl. Flick (2011), S. 15 f.

[11] Siehe Abschnitt 3.3.

[12] Siehe Abschnitt 4.2.2 und Abschnitt 4.2.3.

[13] Siehe Abschnitt 4.3.1.

[14] Siehe Abschnitt 4.3.2.

Tabelle 6.1 (Fortsetzung)

Teilforschungsfragen	Beantwortung in der Arbeit
TF2: Was sind relevante Kriterien innerhalb des Architekturentwicklungsprozesses von analytischen Informationssystemen mit dezentraler Datenhaltung und wie können diese für eine Entscheidungsunterstützung abstrahiert werden?	– Strukturierung des Architekturentwicklungsprozesses (Abschnitt 2.2) und Einsatz von analytischen Capabilities als fachlich-technisches Planungswerkzeug (Abschnitt 2.3). – Fachspezifische Spezifikationsraster für Rahmenbedingungen und technische Systeme (Abschnitt 4.2). – Vorgehen zur Abstraktion in wiederverwendbare Architekturmuster (Abschnitt 4.3.1).
TF3: Wie kann eine adäquate IT-basierte Entscheidungsunterstützung gestaltet sein, damit Systemarchitekten diese fallspezifisch einsetzen können?	– Vorgehen zur fallspezifischen Musterauswahl und Ableitung von Handlungsempfehlungen (Abschnitt 4.3.2). – Bereitstellung eines prototypischen Software-Werkzeugs (Abschnitt 5.1.2).

Tabelle 6.2 fasst in einem weiteren Schritt die Elemente zur Beantwortung der Hauptforschungsfrage durch diese Arbeit zusammen. Im weitesten Sinne befasst sich die gesamte vorliegende Arbeit mit der Beantwortung der Hauptforschungsfrage FF. Im engeren Sinne können das Fachkonzept aus Kapitel 4 sowie die prototypische Umsetzung in Kapitel 5 als Zusammenführung der Erkenntnisse aus dem bestehenden Wissensstand sowie der empirischen Exploration als konsolidierter Ansatz zur Beantwortung der Forschungsfrage FF betrachtet werden.

Als Limitierungen der Ergebnisse ist insbesondere die begrenzte Überprüfbarkeit einer Vollständigkeit der Spezifikationsraster anzuführen. Die vorgeschlagenen Strukturen leiten sich zwar aus bewährten Ansätzen aus der Praxis ab und ließen sich erfolgreich auf die Fälle aus der Exploration sowie weitere Szenarios in der Evaluation anwenden. Es ist allerdings nicht auszuschließen, dass bspw. die Berücksichtigung technologischer Innovationen oder Szenarios aus speziellen Anwendungsdomänen (z. B. Industriebereiche) eine Anpassung der Spezifikationsdimensionen erfordern. Jedoch erscheint es aufgrund der Dynamik innerhalb des betrachteten Umfelds der analytischen Informationssysteme schwer möglich, ein langfristig einsetzbares Konzept unter Beachtung aller Eventualitäten und mit

Tabelle 6.2 Beantwortung der Hauptforschungsfrage in der Arbeit

Forschungsfrage	Beantwortung in der Arbeit
FF: Wie kann ein IT-basiertes System gestaltet sein, um Entscheidungen bei der Architektur dezentraler Datenhaltungen in analytischen Informationssystemen zu unterstützen?	– Strukturierung des Untersuchungsfelds (Kapitel 2). – Exploration des Sachverhalts in realen Umgebungen (Kapitel 3) – Bereitstellung eines Fachkonzepts (Kapitel 4). – Bereitstellung einer inhaltlichen Instanziierung und prototypischen Implementierung (Kapitel 5).

Anspruch auf Vollständigkeit bereitzustellen. Aus diesem Grund liefert das vorgeschlagene Fachkonzept ein abstrahiertes Vorgehen mit sinnvoll begründeten Strukturen, die sich bei Bedarf auf sich verändernde Anforderungen anpassen und erweitern lassen, ohne den grundlegenden Ansatz zu verändern.

Zusammenfassend kann festgehalten werden, dass der Entwurf und die Evaluation des Fachkonzepts zur Erfüllung des primären Ziels (die Konzeption eines IT-basierten Entscheidungsunterstützungssystems) der Arbeit beitragen und die wissenschaftliche Vorgehensweise für diesen Zweck passend erscheint.

6.2 Implikationen für Wissenschaft und Praxis

Dieser Abschnitt betrachtet die Relevanz der Forschungsergebnisse für die Wissenschaft sowie Implikationen des konzipierten Entscheidungsunterstützungssystems für die Praxis.

Forschungsergebnisse sind als wissenschaftlich relevant anzusehen, wenn sie „die Wissensbasis erweitern, zum wissenschaftlichen Fortschritt beitragen oder disziplinübergreifende Erkenntnisgewinne leisten"[15]. Die Forschungsergebnisse dieser Arbeit lassen sich in der Forschungsdisziplin der Wirtschaftsinformatik im Bereich der analytischen Informationssysteme einordnen und liefern Erkenntnisse zu folgenden Punkten:

- *Charakterisierung dezentraler Datenhaltungen in analytischen Informationssystemen*: Die Forschung strukturiert bestehende Untersuchungen im Bereich der Datenhaltung analytischer Informationssysteme, ergänzt diese mit empirischen

---

[15] Weimert und Zweck (2015), S. 132.

Beobachtungen aus realen Fällen und stellt die Ergebnisse als konsolidierte Spezifikationsraster bereit, die von zukünftigen Forschungen adaptiert werden können.

- *Demonstration des Einsatzes analytischer Capabilities als Planungsinstrument für Architekturentscheidungen:* Das Entscheidungsunterstützungssystem adaptiert Ansätze zur Operationalisierung analytischer Capabilities und implementiert diese im Bereich der Architekturplanung. Die Arbeit dient somit als Demonstrationsbeispiel für eine Capability-orientierte Vorgehensweise im Bereich der analytischen Informationssysteme.

- *Exploration von Möglichkeiten zur Unterstützung von Architekturentscheidungen in analytischen Informationssystemen:* Die Arbeit strukturiert den Architekturentscheidungsprozess in analytischen Informationssystemen und liefert Erkenntnisse in Bezug auf die Gestaltung und des Einsatzes wiederverwendbarerer Architekturmuster, die als Ausgangspunkt für einen vergleichbaren Ansatz in weiteren Bereichen analytischer Informationssysteme dienen können.

Die Forschungsergebnisse tragen somit zur Erweiterung des Wissenskörpers der Wirtschaftsinformatik bei, indem sie bestehende Themenkomplexe erweitern und Bausteine für zukünftige Forschungen liefern.

Eine weitere Bewertungsdimension von Forschungsergebnissen in der gestaltungsorientierten Wirtschaftsinformation ist die Relevanz für die Praxis und die Möglichkeiten einer Implementierung der Artefakte in realen Anwendungsfällen.[16] Dementsprechend betrachtet der folgende Abschnitt Implikationen für die Praxis.

Der unmittelbare Nutzen der Forschungsergebnisse und des konzipierten Entscheidungsunterstützungssystems liegt in der Unterstützung des Architekturentwicklungsprozesses einer Datenhaltung in analytischen Informationssystemen.[17] Mittelbar unterstützt das Entscheidungsunterstützungssystems zudem die Strukturierung der verfügbaren Technologielandschaft sowie eine Ausrichtung an den Geschäftsanforderungen (IT-Alignment[18]) (siehe Abbildung 6.2).

---

[16] Vgl. Österle u. a. (2010), S. 664 f.

[17] Siehe auch Evaluationsergebnisse in Abschnitt 5.3.

[18] IT-Alignment bezeichnet die strategische Ausrichtung von IT-Strukturen an den Geschäftsanforderungen einer Organisation. Vgl. Coltman u. a. (2015), S. 91.

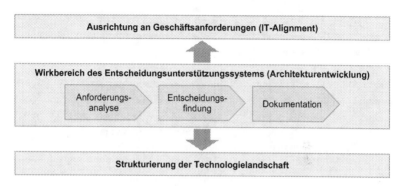

Abbildung 6.2 Implikationen für die Praxis[19]

Die mittelbaren Implikationen der Forschung für die Praxis teilen sich dementsprechende insbesondere in die folgenden beiden Bereiche.

- *Ausrichtung an den Geschäftsanforderungen:* Eine effektive IT-Architektur stellt passende IT-Strukturen zur Unterstützung der Geschäftsprozesse und der Umsetzung der Unternehmensstrategie bereit.[20] Eine zentrale Herausforderung ist hierbei die Transformation von Geschäftsanforderungen und fachlichen Rahmenbedingungen in für Architekturentscheidung sinnvoll verwendbare technische Anforderungen. Das konzipierte IT-basierte System unterstützt diesen Prozess durch eine strukturierte Formulierung von Rahmenbedingungen (Anforderungsanalyse) sowie ein systematisches Vorgehen zur Auswahl passender Architekturansätze als ganzheitliche Diskussionsgrundlage für die technischen und fachlichen Entscheidungsträger (Entscheidungsfindung) und trägt somit zur Ausrichtung an den Geschäftsanforderungen bei.
- *Strukturierung der Technologielandschaft:* Die Ausweitung des Aufgabenspektrums der IT-basierten Entscheidungsunterstützung steigert die Komplexität der zugrunde liegenden Technologielandschaft.[21] Das bereitgestellte Entscheidungsunterstützungssystem hilft bei der Strukturierung der Technologielandschaft, indem es (i) durch die Identifikation relevanter Architekturmuster den

---

[19] Eigene Darstellung.

[20] Vgl. Abschnitt 2.2.1.

[21] Vgl. Abschnitt 1.1.

technischen Lösungsraum eingrenzt, (ii) eine begründete Entscheidungsfindung unterstützt und (iii) eine sinnvolle Dokumentation[22] des Architekturentwicklungsprozesses ermöglicht.

Zusammenfassend erscheinen die Ergebnisse der Arbeit für die Praxis insbesondere zur effizienteren Entwicklung effektiverer IT-Architekturen für analytische Informationssysteme relevant. Das Fachkonzept, die exemplarischen Architekturmuster sowie der Softwareprototyp stellen hierbei praxisorientierte Artefakte dar, die in realen Anwendungsfällen aufgegriffen werden können.

6.3   Zukünftige Forschungsbedarfe

Der folgende Abschnitt diskutiert zukünftige Forschungsbedarfe, die sich in Möglichkeiten zur Verbesserung der wissenschaftlichen Qualität (Rigor) und Forschungen hinsichtlich potenzieller Erweiterungen des Entscheidungsunterstützungssystems teilen (siehe Abbildung 6.3).

Abbildung 6.3   Einordnung zukünftiger Forschungsbedarfe[23]

---

[22] Die Dokumentation des Entscheidungsprozesses und der Beweggründe für die Auswahl einer spezifischen Lösung. Nicht die Dokumentation der erarbeiteten architektonischen Lösung (z. B. über Systemdiagramme).

[23] Eigene Darstellung.

Die vorausgegangene Diskussion von Limitationen des methodischen Vorgehens der Arbeit zeigten insbesondere Einschränkungen hinsichtlich der Generalisierbarkeit und Vollständigkeit der Erkenntnisse. Im Folgenden werden daher Möglichkeiten dargestellt, wie zukünftige Forschungen die Ergebnisse fundieren und die Portierbarkeit auf weitere Domänen explorieren können.

- *Erweiterung der Datenbasis:* Eine Steigerung der Generalisierbarkeit kann durch die Erweiterung der Datenbasis erreicht werden (bspw. durch die Erprobung des Entscheidungsunterstützungssystems anhand weiterer Szenarien). Ergänzend könnte eine quantitative Prüfung des Entscheidungsunterstützungssystems (z. B. eine Umfrage unter Anwendern), die Ergebnisse fundieren und Besonderheiten einzelner Umgebungsfaktoren (z. B. der Branche oder der Größe einer Organisation) aufzeigen.[24] Diese Erkenntnisse können als Ausgangspunkt einer vertiefenden qualitativen Exploration zur Verfeinerung des Fachkonzepts dienen.

- *Exploration weiterer Anwendungen:* Eine alternative Forschungsrichtung ist die Untersuchung der Anwendbarkeit des Entscheidungsunterstützungssystems in weiteren Teilbereichen analytischer Informationssysteme oder anderen Arten von Informationssystemen. Die Relevanz einer Portierung zeichnete sich in einem Exkurs des Evaluationsgesprächs EG3 ab, in welchem mit dem Gesprächspartner eine Adaption des Ansatzes für die Auswahl von Ansätzen zur Informationsvisualisierung thematisierte.[25]

- *Prüfung von Spezifikationsraster:* Eine Steigerung der wissenschaftlichen Reliabilität könnte zudem durch die gezielte qualitative Untersuchung der Vollständigkeit der Spezifikationsraster erreicht werden. Eine beispielhafte Studie könnte prüfen, ob sich alle relevanten Faktoren weiterer Umgebungen mit den Spezifikationsrastern erfassen lassen und aus möglichen Defiziten zusätzliche Spezifikationsdimensionen und Ausprägungen ableiten.

Neben der Absicherung der wissenschaftlichen Qualität bieten das konzipierte Entscheidungsunterstützungssystem zudem zahlreiche Ansatzpunkte für inhaltliche, methodische oder funktionale Erweiterungen.

---

[24] Eine methodische Triangulation steigert die Reliabilität der Vorgehensweise und verringert das Risiko, Aspekte bei der Untersuchung außer Acht zu lassen. Vgl. Flick (2011), S. 15 f.

[25] EG3, Zeile 266 ff.

- *Inhaltliche Erweiterung:* Zukünftige Forschungen könnten die Relevanz und Integrationsmöglichkeiten von Entscheidungsfaktoren jenseits des Rahmens dieser Arbeit explorieren. Bspw. die Berücksichtigung finanzieller Faktoren wie Anschaffungs- und Betriebskosten oder organisatorische Aspekte wie Rollen und Verantwortlichkeiten.
- *Methodische Erweiterung:* Ein weiterer Schwerpunkt für zukünftige Forschungen ist di*e methodische Erweiterung des Entscheidungsunterstützungssystems.* Konkret könnte untersucht werden, ob die aktuell nominalen und ordinalen Ausprägungen durch eine aussagekräftigere Kardinalskala ersetzt werden können. Dies würde anspruchsvollere Berechnungen ermöglichen und könnte als Ausgangspunkt für ein quantitatives Modell zur automatischen Analyse von Systemlandschaften dienen. In diesem Zusammenhang wäre auch der Einsatz von Methoden aus dem Bereich des maschinellen Lernens denkbar, um automatisiert Architekturmuster aus einer großen Menge von Daten zu extrahieren und so den Mustergenerierungsprozess zu automatisieren.[26]
- *Funktionale Erweiterung:* Zuletzt sollte eine funktionale Erweiterung des Entscheidungsunterstützungssystems betrachtet werden. Diese Erweiterungen können sowohl auf bestehenden Funktionalitäten aufbauen (bspw. die formale Berücksichtigung von Abhängigkeiten und Konflikten in der Spezifikation technischer Komponenten[27]) als auch gänzlich neue Funktionen abbilden (bspw. die Abbildung organisatorischer Besonderheiten in unternehmensübergreifenden Strukturen oder die Integration in bestehende EAM-Planungssysteme).

Die Ausführungen zeigen sowohl für die wissenschaftliche Fundierung der bestehenden Ergebnisse als auch für die Erweiterung des Entscheidungsunterstützungssystems Forschungsbedarfe auf. Darüber hinaus bieten einzelne Teilaspekte der Arbeit Möglichkeiten einer thematischen Vertiefung, wie bspw. die Untersuchung weiterer Variations- und Einsatzmöglichkeiten analytischer Capabilities[28].

---

[26] Vergleichbare Ansätze finden sich z. B. in Weyns (2019) und Binkhonain und Zhao (2019).

[27] Vgl. EG3, Zeile 662 f.

[28] Aus den Vorarbeiten zu dieser Arbeit ergab sich bspw. ein weiteres Forschungsvorhaben zur Erarbeitung eines offenen Katalogs von analytischer Capabilities. Vgl. Ereth und Baars (2020), S. 9.

6.4   Fazit und Ausblick

Die Ergebnisse der Arbeit zeigen die inhärente Komplexität der Gestaltung von adäquaten Datenhaltungsarchitekturen in analytischen Informationssystemen auf. Die Entwicklung solcher Architekturen ist ein umfangreicher Prozess, der von vielfältigen fachlichen und technischen Rahmenbedingungen, den zur Verfügung stehenden Technologien und anderen Umgebungsfaktoren abhängt. Das konzipierte Entscheidungsunterstützungssystem kombiniert als zentrales Artefakt der Arbeit Erkenntnisse aus Theorie und Empirie und liefert ein für die Praxis anwendbaren Ansatz zur Unterstützung dieses Prozesses. Anzumerken ist hierbei, dass das Entscheidungsunterstützungssystem aufgrund der Komplexität von Architekturentscheidungen keine deterministischen Aussagen liefern kann. Die vorgeschlagenen Architekturmuster sind vielmehr unterstützende Elemente zur Eingrenzung des Lösungsraums sowie eine für alle Beteiligten verständliche Diskussionsgrundlage und ermöglichen so einen systematischen und nachvollziehbaren Entscheidungsprozess.

Abbildung 6.4 Potenzielle mittel- und langfristige Entwicklungen[29]

Die in dieser Arbeit betrachteten Bereiche der analytischen Informationssysteme im Gemeinen bzw. die Datenhaltung in solchen Systemen im Speziellen sind seit jeher einer enormen Dynamik unterworfen, die unter aller Voraussicht weiter zunehmen wird.[30] Dieser letzte Abschnitt betrachtet daher potenzielle mittel- und langfristige Entwicklungen der in dieser Arbeit diskutierten Problemstellung und Lösungsansätze, um einen Ausblick auf mögliche zukünftige Forschungsstränge zu geben (siehe Abbildung 6.4).

- **Konvergenz betrieblicher Informationssysteme:**

---

[29] Eigene Darstellung.
[30] Siehe auch die initiale Problemstellung in Abschnitt 1.2.

Ein zentraler Treiber der in dieser Arbeit betrachteten Problemstellungen ist die zunehmende Ausweitung des Aufgabenspektrums der IT-basierten Entscheidungsunterstützung aus der traditionellen Management-Unterstützung mit einem dispositiven Schwerpunkt hin zu Anwendungen in den unterschiedlichsten Fachbereichen und einer zunehmenden Integration in operative Geschäftsprozesse.[31] Diese Entwicklung führt zu einer zunehmenden Konvergenz analytischer und anderer betrieblicher Informationssysteme. Immer mehr fachlich orientierte Informationssysteme integrieren bspw. analytische Funktionen[32] und analytische Systeme bieten zunehmend Funktionen zur transparenten Integration in andere Anwendungen[33]. Eine vergleichbare Entwicklung zeigt sich auch für die Datenhaltung, wo vermehrt Möglichkeiten geteilter Speichersysteme für operative und analytische Anwendungsfälle diskutiert werden.[34]

Dieser Trend wirft die Fragen auf, ab wann ein System als analytisches Informationssystem betrachtet werden kann und ob eine solche Unterscheidung langfristig überhaupt noch sinnvoll ist. Im Hinblick auf die in dieser Arbeit untersuchten Fragestellungen wirkt sich diese Entwicklung insbesondere durch eine steigende Komplexität in der architektonischen Systemplanung aus, da (i) weitere Anwendungsfälle und technische Lösungen die Anzahl an Anforderungen sowie den möglichen Lösungsraum vergrößern und (ii) Architekturentscheidungen weitere fallspezifische Besonderheiten und Domänenwissen berücksichtigen müssen.

- **Trendwechsel zur Zentralisierung:**
  Diese Arbeit untersucht die Gestaltungsmöglichkeiten analytischer Informationssysteme unter der Prämisse einer zunehmenden Dezentralisierung der Datenhaltung. Die Vor- und Nachteile zentralisierter bzw. dezentralisierter

---

[31] Siehe Kapitel 1.

[32] Bspw. die Integration von IT-basierter Entscheidungsunterstützung in ERP-Systeme (vgl. Pekša und Grabis [2018], S. 183 ff.) oder in Produktionssystemen (vgl. Bordeleau u. a. [2018], S. 3944 ff.).

[33] Die Einbettung analytischer Fähigkeiten in andere Anwendungen wird auch unter dem Begriff Embedded Analytics diskutiert. Vgl. Mohsen und Sharmin (2018), S. 16 ff.

[34] Vgl. May u. a. (2017), S. 545 ff.

Ansätze in IT-Systemen sind allerdings seit Jahrzehnten Teil einer kontroversen Diskussion.[35] Aktuell wird die lange vorherrschende Vision einer zentralen unternehmensweiten Datenhaltung in analytischen Informationssystemen zunehmend von dezentralen Ansätzen abgelöst.[36] Es kann aber nicht als gegeben angenommen werden, dass dieser Trend zwangsweise eine langfristige Entwicklung abbildet. Die Ergebnisse dieser Arbeit zeigen die Vorteile einer differenzierten Betrachtung und einem punktuellen Einsatz zentraler oder dezentraler Ansätze. Zudem könnten technologische Innovationen oder eine weitere Konvergenz von IT-Systemen[37] die heutige Perspektive auf diese Gemengelage in Zukunft komplett verändern. Aus diesen Gründen erscheint es sinnvoll, die Frage nach der Sinnhaftigkeit einer Zentralisierung oder Dezentralisierung weiter kritisch zu hinterfragen und Ansätze wie das in dieser Arbeit konzipierte Entscheidungsunterstützungssystem kontinuierlich an den aktuellen Stand der Forschung anzupassen.

- **Steigende Adaption einer Capability-basierten Denkweise:**
  Das bereitgestellte Entscheidungsunterstützungssystem nutzt ein Capability-basiertes Vorgehen für die Abstraktion fachlich-technischer Rahmenbedingungen. Während Rahmenwerke in der IT-Architekturplanung schon länger Capability-basierte Ansätze nutzen, finden sich noch wenige explizite Adaption für analytische Informationssysteme.[38] Eine Capability-basierte Denkweise eignet sich für die Planung von analytischen Informationssystemen, da sie neben technischen Faktoren auch soziotechnische Aspekte wie die Unternehmenskultur, die Aufbau- und Ablauforganisation oder Kompetenzen von Personen berücksichtigen.[39] Es ist daher anzunehmen, dass eine Capability-getriebenen Denkweise im Bereich der analytischen Informationssysteme an Relevanz gewinnen wird. Diese Arbeit fügt sich in diese

---

[35] Zentralisierten Konzepten werden aufgrund der Bündelung an einer Stelle ein einfacherer Betrieb und eine höhere Leistung zugeschrieben. Dezentrale Ansätze erscheinen komplexer, ermöglichen durch eine heterogene Systemlandschaft aber eine höhere Flexibilität auf und können lokale Anforderungen in den Geschäftsprozessen besser erfüllen. Vgl. Hugoson (2009), S. 106 ff., Ein-Dor und Segev (1978) und Peak und Azadmanesh (1997), S. 303 ff.

[36] Vgl. Baars und Ereth (2016), S. 1 ff. und Golfarelli und Rizzi (2018), S. 98 ff.

[37] Siehe oben.

[38] Siehe Abschnitt 2.3.

[39] Vgl. Cosic u. a. (2015), S. 15.

Entwicklung ein, indem sie eine Anwendung von analytischen Capabilities für die Architekturplanung demonstriert.

- **Zunehmende Automatisierung und adaptive IT-Architekturen:** Das übergreifende Ziel des konzipierten Systems ist die Unterstützung von Architekturentscheidungen bei der Gestaltung analytischer Informationssysteme. Diesem Ziel gehen zwei grundlegende Annahmen voran: (i) es müssen (manuelle) Architekturentscheidungen getroffen werden und (ii) diese Entscheidungen sind so komplex und unstrukturiert, dass eine Unterstützung (des menschlichen Architekten) notwendig ist. Die Arbeit zeigt, dass beide Annahmen aktuell als zutreffend bewertet werden können. Allerdings könnte sich dies in der Zukunft ändern. Adaptive Architekturen, die sich selbstständig an die gegebenen Anforderungen anpassen[40] und somit den Architekturprozess automatisieren, könnten manuelle Architekturentscheidungen überflüssig machen.[41] Die Strukturierung des Architekturentscheidungsprozesses im Zuge des konzipierten Entscheidungsunterstützungssystems stellt einen ersten Schritt in diese Richtung dar. Eine weitere Automatisierung erfordert allerdings eine weitere Formalisierung aller qualitativen Faktoren und ist dementsprechend mit umfangreichen Forschungsbedarfen verbunden.

Vor dem Hintergrund der aufgezeigten möglichen Entwicklungen in der Zukunft erscheint der Inhalt dieser Arbeit umso relevanter. Die steigende Komplexität der technologischen Landschaft und die gleichzeitig wachsende Relevanz der IT-basierten Entscheidungsunterstützung bedingen systematische Ansätze zur Schaffung stabiler und zukunftsorientierter analytischer Informationssysteme. Das in dieser Arbeit konzipierte Entscheidungsunterstützungssystem liefert einen Beitrag für eine adäquate Gestaltung der hierfür notwendigen Datenhaltungen.

---

[40] Vgl. Cheng u. a. (2009), S. 1.

[41] Ein einfaches Beispiel ist etwa die in der Praxis schon sehr verbreitete automatische Skalierung von Cloud-Architekturen basierend auf der Auslastung (Vgl. Pahl u. a. [2018], S. 4 f.). Es finden sich aber auch komplexere Ansätze, bspw. zur automatischen Rekonfiguration von IT-Architekturen für das Internet der Dinge (Vgl. Weyns u. a. [2018], S. 49 ff.).

Literaturverzeichnis

Abts, D. und Mülder, W. (2017), Grundkurs Wirtschaftsinformatik: Eine kompakte und praxisorientierte Einführung, 9. Auflage, Wiesbaden 2017.

Ahlemann, F., Stettiner, E., Messerschmidt, M. und Legner, C. (Hrsg., 2012), Strategic Enterprise Architecture Management: Challenges, Best Practices, and Future Developments, Berlin und Heidelberg 2012.

Ahlemann F., Stettiner E., Messerschmidt M., Legner C. und Schäfczuk D. (2012), Introduction, in: Ahlemann u.a. (Hrsg., 2012), S. 1–33.

Aier, S. und Fischer, C. (2011), Criteria of Progress for Information Systems Design Theories, in: Information Systems and E-Business Management, 9, 2011, 1, S. 133–172.

Aier, S., Riege, C. und Winter, R. (2008), Unternehmensarchitektur – Literaturüberblick und Stand der Praxis, in: WIRTSCHAFTSINFORMATIK, 50, 2008, 4, S. 292–304.

Aldea, A., Iacob, M. E., Lankhorst, M., Quartel, D. und Wimsatt, B. (2016), Capability-Based Planning: The Link Between Strategy and Enterprise Architecture, White Paper von The Open Group, 2016.

Alexander, C., Ishikawa, S. und Silverstein, M. (1977), A Pattern Language: Towns, Buildings, Construction, New York 1977.

Allen, B.R. und Boynton, A.C. (1991), Information Architecture: In Search of Efficient Flexibility, in: MIS Quarterly, 15, 1991, 4, S. 435–445.

Almarri, K. und Gardiner, P. (2014), Application of Resource-based View to Project Management Research: Supporters and Opponents, in: Procedia – Social and Behavioral Sciences, 119, 2014, 19, S. 437–445.

Anke, J. und Bente, S. (2019), UML in der Hochschullehre: Eine kritische Reflexion, in: SEUH, 2019, S. 8–20.

Angelov, S., Grefen, P. und Greefhorst, D. (2009), A Classification of Software Reference Architectures: Analyzing Their Success and Effectiveness, in: Conference Proceedings of the Joint Working IEEE/IFIP Conference on Software Architecture & European Conference on Software Architecture (WICSA/ECSA), Cambridge, 2009, S. 141–150.

Angelov, S., Trienekens, J.J.M. und Grefen, P. (2008), Towards a Method for the Evaluation of Reference Architectures: Experiences from a Case, in: Proceedings of the 2nd European conference on Software Architecture, Berlin und Heidelberg, 2008, S. 225–240.

Ankorion, I. (2005), Change data capture efficient ETL for real-time bi, in: Information Management, 15, 2005, 1, S. 36–43.

J. Ereth, *Konzeption eines IT-basierten Entscheidungsunterstützungssystems für die Gestaltung dezentraler Datenhaltungen in analytischen Informationssystemen*,

Appelfeller, W. und Feldmann, C. (2018), Die digitale Transformation des Unternehmens, Berlin und Heidelberg 2017.

Archimède, B. und Vallespir, B. (Hrsg. 2017), Enterprise Interoperability: INTEROP-PGSO Vision, Volume 1, London 2017

Ariyachandra, T. und Watson, H.J. (2006), Which Data Warehouse Architecture Is Most Successful?, in: Business Intelligence Journal, 11, 2006, 1, S. 4–6.

Armbrust, M., Ghodsi, A., Xin, R. und Zaharia, M. (2021), Lakehouse: A New Generation of Open Platforms that unify Data Warehousing and Advanced Analytics, in: Proceedings of the 11th Annual Conference on Innovative Data Systems Research (CIDR), 2021.

Aschenbrenner, M. Dicke, R., Karnarski, B. und Schweiggert, F. (Hrsg., 2010), Informationsverarbeitung in Versicherungsunternehmen, Berlin und Heidelberg 2010.

Askham, N., Cook, D., Doyle, M., Fereday, H., Gibson, M., Landbeck, U., Lee, R., Maynard, C., Palmer, G. und Schwarzenbach, J. (2013), The six primary dimensions for data quality assessment, Technischer Bericht der DAMA UK Working Group, 2013.

Baars, H. und Ereth, J. (2016), From Data Warehouses to Analytical Atoms – The Internet of Things as a Centrifugal Force in Business Intelligence and Analytics, in: Proceedings of the Twenty-Fourth European Conference on Information Systems (ECIS), Istanbul, 2016, Research Paper 3.

Baars, H., Finger, R., Gluchowski, P., Hilbert, A., Kemper, H.-G. und Rieger, B. (2011), Umbenennung der GI-Fachgruppe „Management Support Systems" (MSS) in „Business Intelligence" (BI), Positionspapier der GI-Fachgruppe BIA, 2011.

Baars, H. und Kemper, H.-G. (2008), Management Support with Structured and Unstructured Data – An Integrated Business Intelligence Framework, in: Information Systems Management, 25, 2008, 2, S. 132–148.

Baars, H. und Kemper, H.-G. (2015), Integration von Big Data-Komponenten in die Business Intelligence, in CONTROLLING, 27, 2015, 4–5, S. 222–228.

Baars, H. und Kemper, H.-G. (2021), Business Intelligence & Analytics – Grundlagen und praktische Anwendungen, 4. Auflage, Wiesbaden 2021.

Babu, S. und Herodotou, H. (2013), Massively Parallel Databases and MapReduce Systems, in: Foundations and Trends in Databases, 5, 2013, 1, S. 1–104.

Bakshi, K. (2012), Considerations for big data: Architecture and approach, in: Proceedings of the IEEE Conference on Aerospace, 2012, S. 1–7.

Balzert, H. (2009), Basiskonzepte und Requirements Engineering, 3. Auflage, Heidelberg 2009.

Baran, P. (1964), On Distributed Communications Networks, in: IEEE Transactions on Communications Systems, 12, 1964, 1, S. 1–9.

Barney, J.B. (1991), Firm resources and sustained competitive advantage, in: Journal of management, 17, 1991, 1, S. 99–120.

Barney, J.B., Ketchen, D.J. und Wright, M. (2011), The Future of Resource-Based Theory: Revitalization or Decline?, in: Journal of Management, 37, 2011, 5, S. 1299–1315.

Bauer, A. und Günzel, H. (2013), Data-Warehouse-Systeme: Architektur, Entwicklung, Anwendung, 4. Auflage, Heidelberg 2013.

Baun, C. (2019), Computer Networks/Computernetze: Bilingual Edition: English–German/Zweisprachige Ausgabe: Englisch–Deutsch, Wiesbaden 2019.

Baur, N. und Blasius, J. (Hrsg., 2019), Handbuch Methoden der empirischen Sozialforschung, 2. Auflage, Wiesbaden 2019.

Baxter, P. und Jack, S. (2008), Qualitative case study methodology: Study design and implementation for novice researchers, in: The Qualitative Report, 13, 2008, 4, S. 544–559.

Beck, K. (2007), Implementation patterns, Boston 2007.

Becker, J., Holten, R., Knackstedt, R. und Niehaves, B. (2003). Forschungsmethodische Positionierung in der Wirtschaftsinformatik – Epistemologische, ontologische und linguistische Leitfragen, Arbeitsbericht Nr. 93, Institut für Wirtschaftsinformatik, Westfälische Wilhelms-Universität Münster, Münster 2003.

Becker, J. und Niehaves, B. (2007), Epistemological perspectives on IS research: a framework for analysing and systematizing epistemological assumptions, in: Information Systems Journal, 17, 2007, 2, S. 197–214.

Becker, J., Krcmar, H. und Niehaves, B. (Hrsg., 2009), Wissenschaftstheorie und gestaltungsorientierte Wirtschaftsinformatik, Heidelberg 2009.

Beneken, G. (2008), Referenzarchitekturen, in: Reussner und Hasselbring (Hrsg., 2008), S. 347–357.

Berg, K. L., Seymour, T. und Goel, R. (2013), History of databases, in: International Journal of Management & Information Systems, 17, 2013, 1, S. 29–36.

Beynon-Davies, P., Tudhope, D., und Mackay, H. (1999), Information systems prototyping in practice, in: Journal of Information Technology, 14, 1999, 1, S. 107–120.

Bharadwaj, A., Sambamurthy, V. und Zmud, R. (1999), IT capabilities: Theoretical perspectives and empirical operationalization, in: Proceedings of the 20th international conference on Information Systems, 1999, S. 378–385.

Binkhonain, M. und Zhao, L. (2019), A review of machine learning algorithms for identification and classification of non-functional requirements, in: Expert Systems with Applications: X, 1, 2019, 100001, S. 1–13.

BITKOM (2011), Enterprise Architecture Management – neue Disziplin für die ganzheitliche Unternehmensentwicklung, Arbeitspapier des BITKOM Bundesverband Informationswirtschaft, Telekommunikation und neue Medien e. V., 2011.

BITKOM (2014), Big-Data-Technologien – Wissen für Entscheider. Arbeitspapier des BITKOM Bundesverband Informationswirtschaft, Telekommunikation und neue Medien e. V., 2014.

Bogumil, J. und Immerfall, S. (1985), Wahrnehmungsweisen empirischer Sozialforschung: Zum (Selbst-) Verständnis des sozialwissenschaftlichen Erfahrungsprozesses, Frankfurt am Main 1985.

Bologa, A.-R. und Bologa, R. (2011). A Perspective on the Benefits of Data Virtualization Technology, in: Informatica Economica, 15, 2011, 4, S. 110–118.

Bordeleau, F.-E., Mosconi, E. und Santa-Eulalia, L.A. (2018), Business Intelligence in Industry 4.0: State of the art and research opportunities, in: Proceedings of the 51st Hawaii International Conference on System Sciences, 2018, S. 3944–3953.

Bortz, J. und Schuster, C. (2010), Statistik für Human- und Sozialwissenschaftler, 7. Auflage, Berlin und Heidelberg 2010.

Božič, K. und Dimovski, V. (2019), Business intelligence and analytics use, innovation ambidexterity, and firm performance: A dynamic capabilities perspective, in: The Journal of Strategic Information Systems, 28, 2019, 4.

Bressan, S., Lee, M.L., Chaudhri, A.B., Yu, J.X., Lacroix, Z. (Hrsg., 2002), Efficiency and Effectiveness of XML Tools and Techniques and Data Integration over the Web, Lecture Notes in Computer Science Vol. 2590, Berlin und Heidelberg, 2002.

Brosius, H.-B., Haas, A. und Koschel, F. (2012), Methoden der empirischen Kommunikationsforschung. Wiesbaden 2012.

Brown, S. (2017), Software Architecture for Developers – Volume 2: Visualise, document, and explore your software architecture, 2017.

Bruns, R. und Dunkel, J. (2010), Event-Driven Architecture: Softwarearchitektur für ereignisgesteuerte Geschäftsprozesse, Berlin und Heidelberg 2010.

Buhl, H.U., Röglinger, M., Moser, F. und Heidemann, J. (2013), Big Data, in: WIRTSCHAFTSINFORMATIK, 55, 2013, 2, S. 63–68.

Burstein, F., Holsapple, C.W. (Hrsg., 2008), Handbook on Decision Support Systems 1: Basic Themes, Berlin und Heidelberg 2008.

Busse, S., Kutsche, R.D., Leser, U. und Weber, H. (1999), Federated information systems: Concepts, terminology and architectures. Forschungsberichte des Fachbereichs Informatik der Technische Universität Berlin, Berlin 1999.

Cavanillas, J.M., Curry, E., Wahlster, W. (Hrsg., 2016), New Horizons for a Data-Driven Economy – A Roadmap for Usage and Exploitation of Big Data in Europe, Cham 2016.

Catania, B. und Guerrini, G. (2018), 25+ Years of Query Processing – From a Single, Stored Data Set to Big Data (and Beyond), in: Flesca u.a. (Hrsg., 2018), S. 77–91.

Cha, S., Taylor, R.N. und Kang, K. (Hrsg., 2019), Handbook of Software Engineering, Cham 2019.

Chamoni, P. und Gluchowski, P. (2004), Integrationstrends bei Business-Intelligence-Systemen, in: WIRTSCHAFTSINFORMATIK, 46, 2004, 2, S. 119–128.

Chamoni, P. und Gluchowski, P. (2016), Analytische Informationssysteme – Einordnung und Überblick, in: Chamoni und Gluchwoski (Hrsg., 2016), S. 3–12.

Chamoni, P. und Gluchowski, P. (Hrsg., 2016), Analytische Informationssysteme, 5. Auflage, Berlin und Heidelberg 2016.

Chamoni, P. und Gluchowski, P. (2017), Business analytics – State of the Art, in: Controlling & Management Review, 61, 2017, 4, S. 8–17.

Chaudhuri, S., Dayal, U. und Narasayya, V. (2011), An Overview of Business Intelligence Technology, in: Communications of the ACM, 54, 2011, 8, S. 88–98.

Chen, D. (2017), Framework for Enterprise Interoperability. Enterprise Interoperability, in: Archimède und Vallespir (Hrsg. 2017), S. 1–18.

Chen, H., Chiang, R.H. und Storey, V.C. (2012), Business Intelligence and Analytics: From Big Data to Big Impact, in: MIS quarterly, 36, 2012, 4, S. 1165–1188.

Cheng, B.H.C. und Atlee, J.M. (2007), Research directions in requirements engineering, in: Proceedings of Future of Software Engineering (FOSE'07), Minneapolis, S. 285–303.

Cheng, B.H.C., de Lemos, R., Giese, H., Inverardi, P., Magee, J., Andersson, J., Becker, B., Bencomo, N., Brun, Y., Cukic, B., Di Marzo Serugendo, G., Dustdar, S., Finkelstein, A., Gacek, C., Geihs, K., Grassi, V., Karsai, G., Kienle, H.M., Kramer, J.,Litoiu, M., Malek, S., Mirandola, R., Müller, H.A., Park, S., Shaw, M., Tichy, M., Tivoli, M., Weyns, D. und Whittle, J. (2009), Software Engineering for Self-Adaptive Systems: A Research Roadmap, in: Cheng u.a. (Hrsg., 2009), S. 1–26.

Cheng, B.H.C., de Lemos, R., Giese, H., Inverardi, P. und Magee, J. (Hrsg., 2009), Software Engineering for Self-Adaptive Systems, Berlin und Heidelberg 2009.

Cloutier, R., Muller, G., Verma, D., Nilchiani, R., Hole, E. und Bone, M. (2010), The Concept of Reference Architectures, in: Systems Engineering, 13, 2010, 1, S. 14–27.

Codd, E.F. (1970), A relational model of data for large shared data banks, in: Communications of the ACM, 13, 1970, 6, S. 377–387.

Codd, E.F. (1990), The relational model for database management: Version 2, Boston 1990.

Codd, E.F., Codd, S.B. und Salley, C.T. (1993), Providing OLAP (On-line Analytical Processing) to User-Analysts: An IT Mandate, White Paper der Arbor Software Corporation, 1993.

Coltman, T., Tallon, P., Sharma, R. und Queiroz, M. (2015), Strategic IT alignment: twenty-five years on, in: Journal of Information Technology, 30, 2015, 2, S. 91–100.

Cosic, R., Shanks, G. und Maynard, S.B. (2012), Towards a Business Analytics Capability Maturity Model, in: Proceedings of the Australasian Conference on Information Systems (ACIS), Geelong, 2012.

Cosic, R., Shanks, G. und Maynard, S.B. (2015), A business analytics capability framework, in: Australasian Journal of Information Systems, 19, 2015, S. 5–19.

Das, T.K. und Kumar, P.M. (2013), Big data analytics: A framework for unstructured data analysis, in: International Journal of Engineering Science & Technology, 5, 2013, 1, S. 155–158.

Davenport, T.H. (2006), Competing on analytics, in: Harvard Business Review, 84, 2006, 1, S. 98–107.

Davenport, T.H., Harris, J.G., De Long, D.W. und Jacobson, L.A. (2001), Data to Knowledge to Results: Building an Analytic Capability, in: California Management Review, 43, 2001, 2, S. 117–138.

De Mauro, A., Greco, M. und Grimaldi, M. (2016), A formal definition of Big Data based on its essential features, in: Library Review 65, 2016, 3, S. 122–135.

Delen, D. und Demirkan, H. (2013), Data, information and analytics as services, in: Decision Support Systems, 55, 2013, 1, S. 359–363.

Dern, G. (2009), Management von IT-Architekturen: Leitlinien für die Ausrichtung, Planung und Gestaltung von Informationssystemen, 3. Auflage, Wiesbaden 2009.

Devlin, B.A. und Murphy, P.T. (1988), An architecture for a business and information system, in: IBM Systems Journal, 27, 1988, 1, S. 60–80.

Dias, M.M, Tait, T.C., Menolli, A.L.A und Pacheco, R.C.S (2008), Data Warehouse Architecture through Viewpoint of Information System Architecture, in: Proceedings of the International Conference on Computational Intelligence for Modelling Control & Automation, Wien, 2008, S. 7–12.

Dig, D. und Johnson, R. (2006), How do APIs evolve? A story of refactoring, in: Journal of software maintenance and evolution: Research and Practice, 18, 2006, 2, S. 83–107.

Dobrica, L. und Niemela, E. (2002), A survey on software architecture analysis methods, in: IEEE Transactions on Software Engineering, 28, 2002, 7, S. 638–653.

Döring, N. und Bortz, J. (2016), Forschungsmethoden und Evaluation in den Sozial- und Humanwissenschaften, Berlin und Heidelberg 2016.

Dunning, T. und Friedman, E. (2016), Streaming architecture: New designs using Apache Kafka and MapR streams, Sebastopol 2016.

Eble, M. und Hoch, J.M. (2020), Datenbanken, Data Warehousing & Data Analytics, in: Krone und Pellegrini (Hrsg. 2020), S. 313–328.

Ein-Dor, P. und Segev, E. (1978), Centralization, decentralization and management information systems, in: Information & Management, 1, 1978, 3, S. 169–172.

Ereth, J. (2019), ArchiCap – A tool for capability-based IT architecture exploration, in: Proceedings of the 2019 Pre-ICIS SIGDSA Symposium, München, 2019, Research Paper 15.

Ereth, J. und Baars, H. (2020), A Capability Approach for Designing Business Intelligence and Analytics Architectures, in: Proceedings of the 53rd Hawaii International Conference on System Sciences, 2020, S. 5349–5358.

Ereth, J. und Kemper, H.-G. (2016), Business Analytics und Business Intelligence, in: CONTROLLING, 28, 2016, 8–9, S. 458–464.

Fahrenbach, H. (Hrsg. 1973), Walter Schulz zum 60. Geburtstag, Pfullingen 1973.

Fernandes, J., Ferreira, F., Cordeiro, F., Neto, V.G. und Santos, R. (2020), How can interoperability approaches impact on Systems-of-Information Systems characteristics?, in: Proceedings of the XVI Brazilian Symposium on Information Systems (SBSI'20), New York, Artikel 18.

Fischer, C., (2010), Auf dem Weg zu Kriterien zur Auswahl einer geeigneten Evaluationsmethode für Artefakte der gestaltungsorientierten Wirtschaftsinformatik, in: Klink u.a. (Hrsg., 2010), S. 101–115.

Fleisch, E., M. Weinberger und Wortmann, F. (2014), Geschäftsmodelle im Internet der Dinge, in: HMD Praxis der Wirtschaftsinformatik, 51, 2014, 6, S. 812–826.

Flesca, S., Greco, S., Masciari, E. und Saccà, D. (Hrsg. 2018), A Comprehensive Guide Through the Italian Database Research Over the Last 25 Years, Cham 2018.

Flick, U. (2011), Triangulation: Eine Einführung, Wiesbaden 2011.

Frank, U. (2006), Towards a Pluralistic Conception of Research Methods in Information Systems, Forschungsbericht der ICB, Duisburg, 2006.

Freiling, J., Gersch, M. und Goeke, C. (2008), On the path towards a competence-based theory of the firm, in: Organization Studies, 29, 2008, 8–9, S. 1143–1164.

Freitag, A., Matthes, F., Schulz, C. und Nowobilska, A. (2011), A method for business capability dependency analysis, in: Proceedings of International Conference on IT-enabled Innovation in Enterprises, Sofia, 2001, S. 11–20.

Fuchs-Heinritz, W., Lautmann, R., Rammstedt, O., Wienold, H. (Hrsg., 1978), Lexikon zur Soziologie, Opladen 1978.

Funder, M. (2017), Dezentralisierung, in: Hirsch-Kreinsen und Minssen (Hrsg. 2017), S. 98–100.

Galster, M. und Avgeriou, P. (2011), Empirically-grounded reference architectures: a proposal, in: Proceedings of the 7th International Conference on the Quality of Software Architectures, QoSA 2011 and 2nd International Symposium on Architecting Critical Systems, ISARCS, Boulder, 2011, S. 153–158.

Gamma, E. (1995), Design Patterns: Elements of Reusable Object-Oriented Software, Boston 1995.

Gandomi, A. und Haider, M. (2015), Beyond the hype: Big data concepts, methods, and analytics, in: International Journal of Information Management, 35, 2015, 2, S. 137–144.

Gehring, H. und Gabriel, R. (2022), Wirtschaftsinformatik, Wiesbaden 2022.

Gerhold, L. Holtmannspötter, D. Neuhaus, C., Schüll, E., Schulz-Montag, B., Steinmüller, K. und Zweck, A. (Hrsg., 2015), Standards und Gütekriterien der Zukunftsforschung: Ein Handbuch für Wissenschaft und Praxis, Wiesbaden 2015.

Gläser, J. und Laudel, G. (2010), Experteninterviews und qualitative Inhaltsanalyse als Instrumente rekonstruierender Untersuchungen, 4. Auflage, Wiesbaden 2010.

Golfarelli, M. und Rizzi, S. (2018), From Star Schemas to Big Data: 20+ Years of Data Warehouse Research, in: Flesca u.a. (Hrsg. 2018), S. 93–107.

Golfarelli, M., Rizzi, S. und Cella, I. (2004), Beyond data warehousing: what's next in business intelligence?, in: Proceedings of the 7th ACM international workshop on Data warehousing and OLAP, Washington, 2004, S. 1–6.

Goll, J. (2014), Architektur- und Entwurfsmuster der Softwaretechnik, 2. Auflage, Wiesbaden 2014.

Grant, R.M. (1991), The Resource-Based Theory of Competitive Advantage: Implications for Strategy Formulation, in: California Management Review, 33, 1991, 3, S. 114–135.

Gray, J.N. (1986), An approach to decentralized computer systems, in: IEEE Transactions on Software Engineering, 12, 1986, 6, S. 684–692.

Gröger, C. und Hoos, E., (2019), Ganzheitliches Metadatenmanagement im Data Lake: Anforderungen, IT-Werkzeuge und Herausforderungen in der Praxis, in: Grust u.a. (Hrsg. 2019), S. 435–452.

Grust, T., Naumann, F., Böhm, A., Lehner, W., Härder, T., Rahm, E., Heuer, A., Klettke, M. und Meyer, H. (Hrsg. 2019), BTW2019 – Datenbanksysteme für Business, Technologie und Web, Bonn 2019.

Gubbi, J., Buyya, R., Marusic, S. und Palaniswami, M. (2013), Internet of Things (IoT): A Vision, Architectural Elements, and Future Directions, in: Future Generation Computer Systems, 29, 2013, 7, S. 1645–1660.

Gupta, M. und George, J.F. (2016), Toward the Development of a Big Data Analytics Capability, in: Information & Management, 53, 2016, 8, S. 1049–1064.

Habermas, J. (1973), Wahrheitstheorien. Wirklichkeit und Reflexion, in Fahrenbach (Hrsg., 1973), S. 211–265.

Halevy, A., Rajaraman, A. und Ordille, J. (2006), Data Integration: The Teenage Years, in: Proceedings of the 32nd international conference on Very large data bases, Seoul, 2006, S. 9–16.

Hanschke, I. (2016) Enterprise Architecture Management-einfach und effektiv: Ein praktischer Leitfaden für die Einführung von EAM, 2. Auflage, München 2016.

Hansen, H.R., Mendling, J. und Neumann, G. (2019), Wirtschaftsinformatik, 12. Auflage, Berlin und Boston, 2019.

Hansen, M., Madnick, S. und Siegel, M. (2003), Data Integration Using Web Services, in Bressan u.a. (Hrsg., 2002), S. 165–182.

Hasselbring, W. (2006), Software-Architektur, in: Informatik-Spektrum, 29, 2006, 1, S. 48–52.

Heinrich, L.J., Heinzl, A. und Riedl, R. (2011), Wirtschaftsinformatik: Einführung und Grundlegung, Berlin und Heidelberg 2011.

Heinze, T. (2001), Qualitative Sozialforschung: Einführung, Methodologie und Forschungspraxis, München und Wien 2001.

Helfat, C.E., Finkelstein, S., Mitchell, W., Peteraf, M., Singh, H., Teece, D. und Winter, S.G. (2007), Dynamic capabilities: Understanding strategic change in organizations, Malden und Oxford 2007.

Hevner, A. und Chatterjee, S. (2010), Design Research in Information Systems – Theory and Practice, Boston 2010.

Hevner, A., March, S.T., Park, J. und Ram, S. (2004), Design Research in Information Systems Research, in: MIS quarterly 28, 2004, 1, S. 75–105.

Hevner, A. (2007), A Three Cycle View of Design Science Research, in: Scandinavian Journal of Information Systems, 19, 2007, 2, S. 87–92.

Higgins J.P.T, Thomas J., Chandler J., Cumpston M., Li T., Page M.J. und Welch V.A. (Hrsg., 2008), Cochrane Handbook for Systematic Reviews of Interventions, Version 5.0.0, o.O. 2008.

Hirsch-Kreinsen, H. und Minssen, H. (Hrsg. 2017), Lexikon der Arbeits- und Industriesoziologie, 2. Auflage, Baden-Baden 2017.

Hruschka, P. (2019), Business Analysis und Requirements Engineering: Produkte und Prozesse nachhaltig verbessern, 2. Auflage, München 2019.

Hügli, A. und Lübcke, P. (Hrsg., 1991), Philosophielexikon: Personen und Begriffe der abendländischen Philosophie von der Antike bis zur Gegenwart, Reinbek 1991.

Hugoson, M.-Å. (2009), Centralized versus Decentralized Information Systems, in: Impagliazzo u.a. (Hrsg., 2009), S. 106–115.

Hutchcroft, P.D. (2001), Centralization and Decentralization in Administration and Politics: Assessing Territorial Dimensions of Authority and Power, in: Governance, 14, 2001, S. 23–53.

IEEE (2011), Standard – International Organization for Standardization / International Electrotechnical Commission / The Institute of Electrical and Electronics Engineers: ISO/IEC/IEEE 42010 – Systems and software engineering – Architecture description, 2011.

IIC (2019), The Industrial Internet of Things – Volume G1: Reference Architecture, Technischer Bericht des Industry IoT Consortium (IIC), 2019.

Ikeda, R. und Widom, J. (2009), Data Lineage: A Survey, Technischer Bericht der Stanford University, 2009.

Impagliazzo, J., Järvi, T. und Paju, P. (Hrsg., 2009), History of Nordic Computing 2, Berlin und Heidelberg 2009.

Inmon, W.H. (2005) Building the Data Warehouse, 4. Auflage, Indianapolis 2005.

Insfran, E., González, F., Abrahão, S., Fernández, M., Barry, C., Linger, H., Lang, M. und Schneider, C. (Hrsg., 2021), Information Systems Development: Crossing Boundaries between Development and Operations (DevOps) in Information Systems (ISD2021 Proceedings), Valencia 2021.

ISO/IEC (2011). ISO/IEC 25010:2011, Systems and software engineering — Systems and software Quality Requirements and Evaluation (SQuaRE) — System and software quality models, 2011.

Iyer, B. und Gottlieb, R. (2004), The Four-Domain Architecture: An approach to support enterprise architecture design, in: IBM Systems Journal 43, 2004, 3, S. 587–597.

Jacobs, A. (2009), The pathologies of big data, in: Communications of the ACM, 52, 2009, 8, S. 36–44.

Janković, S., Mladenović, S., Mladenović, D., Vesković, S. und Glavić, D. (2018), Schema on read modeling approach as a basis of big data analytics integration in EIS, in: Enterprise Information Systems, 12, 2018, 8–9, S. 1180–1201.

Karagiannis, A., Vassiliadis, P. und Simitsis, A. (2013), Scheduling strategies for efficient ETL execution, in: Information Systems, 38, 2013, 6, S. 927–945.

Kecher, C., Salvanos, A. und Hoffmann-Elbern, R. (2018), UML 2.5 – Das umfassende Handbuch, 6. Auflage, Bonn 2018.

Keen, P.G.W. (1993), Information technology and the management difference: A fusion map, in: IBM Systems Journal, 32, 1993, 1, S. 7–39.

Keller, W. (2009), Using capabilities in enterprise architecture management, White Paper der Object Architects, Lochham 2009.

Keller, W. (2012), IT-Unternehmensarchitektur: Von der Geschäftsstrategie zur optimalen IT-Unterstützung, 2. Auflage, Heidelberg 2012.

Kemper, H.-G. (2000), Conceptual Architecture of Data Warehouses – A Transformation-Oriented View, in: Proceedings of the Americas Conference on Information Systems, 2000, S. 113–118.

Kemper, H.-G., Baars, H. und Mehanna, W. (2010), Business Intelligence – Grundlagen und praktische Anwendungen, 3. Auflage, Wiesbaden 2010.

Kemper, H.-G. und Finger, R. (2016), Transformation operativer Daten – Konzeptionelle Überlegungen zur Filterung, Harmonisierung, Aggregation und Anreicherung im Data Warehouse (DWH), in: Chamoni und Gluchwoski (Hrsg., 2016), S. 129–146.

Khine, P.P. und Wang, Z. (2019), A Review of Polyglot Persistence in the Big Data World, in: Information 10, 2019, S. 141–165.

Kiran, M., Murphy, P., Monga, I., Dugan, J. und Baveja, S.S. (2015), Lambda architecture for cost-effective batch and speed big data processing, in: Proceedings of the IEEE International Conference on Big Data, 2015, S. 2785–2792.

Kimball, R., Ross, M. (2013), The Data Warehouse Toolkit: The Definitive Guide to Dimensional Modeling, 3. Auflage, Indianapolis 2013.

Klink, S., Koschmider, A., Mevius, M. und Oberweis, A. (Hrsg., 2010), EMISA 2010. Einflussfaktoren auf die Entwicklung flexibler, integrierter Informationssysteme. Beiträge des Workshops der GI-Fachgruppe EMISA (Entwicklungsmethoden für Informationssysteme und deren Anwendung), Bonn 2010.

Klima, R. (1978), logischer Positivismus, in: Fuchs-Heinritz u.a. (Hrsg., 1978), S. 580–582.

Kluge, F. (2011), Etymologisches Wörterbuch der deutschen Sprache, 25. Auflage, Berlin 2011.

Krcmar, H. (2015), Informationsmanagement, 6. Auflage, Berlin und Heidelberg, 2015.

Krone, J. und Pellegrini, T. (Hrsg. 2020), Handbuch Medienökonomie, Wiesbaden 2020.

Kuckartz, U. (2010), Einführung in die computergestützte Analyse qualitativer Daten, 3. Auflage, Wiesbaden 2010.

Kuckartz, U. und Rädiker, S. (2022), Qualitative Inhaltsanalyse. Methoden, Praxis, Computerunterstützung, 5. Auflage, Weinheim 2012.

Labaree, R.V. (2002), The Risk of 'Going Observationalist': Negotiating the Hidden Dilemmas of Being an Insider Participant Observer, in: Qualitative Research, 2, 2002, 1, S. 97–122.

Lamnek, S. (2005), Qualitative Sozialforschung – Lehrbuch, 4. Auflage, Weinheim und Basel 2005.

Laudon, K.C., Laudon, J.P. und Schoder, D. (2016), Wirtschaftsinformatik: eine Einführung, 3. Auflage, Hallbergmoos 2016.

LaValle, S., Lesser, E., Shockley, R., Hopkins, M.S. und Kruschwitz, N. (2011), Big Data, Analytics and the Path from Insights to Value, in: MIT Sloan Management Review, 52, 2011, 2, S. 21–32.

Lehner, F., Hildebrandt, K., und Maier, R. (1995), Wirtschaftsinformatik: Theoretische Grundlagen, München 1995.

Leifer, R. (1988), Matching Computer-Based Information Systems with Organizational Structures, in: MIS Quarterly, 12, 1988, 1, S. 63–73.

Lincoln, Y.S. und Guba, E.G. (1985), Establishing trustworthiness, in: Naturalistic inquiry, 289, 1985, 331, S. 289–327.

Liu, L und Özsu, M.T. (Hrsg., 2009), Encyclopedia of Database Systems, Boston 2009.

Llave, M.R. (2018), Data lakes in business intelligence: reporting from the trenches, in: Procedia Computer Science, 138, 2018, S. 516–524.

Loukiala, A., Joutsenlahti, J.P., Raatikainen, M., Mikkonen, T. und Lehtonen, T. (2021), Migrating from a Centralized Data Warehouse to a Decentralized Data Platform Architecture, in: Proceedings of the 22nd International Conference (PROFES), Turin, 2021, S. 36–48.

Louridas, P. und Ebert, C. (2013), Embedded analytics and statistics for big data, in: IEEE software, 30, 2013, 6, S. 33–39.

Luhn, H.P. (1958), A Business Intelligence System, in: IBM Journal of Research and Development, 2, 1958, 4, S. 314–319.

Machado, I., Costa, C. und Santos, M.Y. (2021), Data-Driven Information Systems: The Data Mesh Paradigm Shift, in: Insfran u.a. (Hrsg., 2021).

March, S.T. und Smith, G.F. (1995), Design and natural science research on information technology, in: Decision Support Systems, 15, 1995, 4, S. 251–266.

Marz, N. und Warren, J. (2015), Big Data: Principles and best practices of scalable realtime data systems, New York 2015.

May, N., Böhm, A. und Lehner, W., (2017), SAP HANA – The Evolution of an In-Memory DBMS from Pure OLAP Processing Towards Mixed Workloads, in: Mitschang u.a. (Hrsg. 2017), S. 545–562.

Mayring, P. (2016), Einführung in die qualitative Sozialforschung, 6. Auflage, Weinheim 2016.

Mayring, P. und Fenzl, T. (2019), Qualitative Inhaltsanalyse, in: Baur und Blasius (Hrsg., 2019), S. 633–648.

Meier, A. und Kaufmann, M. (2016), SQL- & NoSQL-Datenbanken, 8. Auflage, Berlin und Heidelberg 2016.

Mertens, P., Bodendorf, F., König, W., Picot, A., Schumann, M. und Hess, T. (2012), Grundzüge der Wirtschaftsinformatik, 11. Auflage, Berlin und Heidelberg 2012.

Mertens, P. und Wieczorrek, H.W. (2000), Data X Strategien – Data Warehouse, Data Mining und operationale Systeme für die Praxis, Berlin und Heidelberg 2000.

Mesnier, M., Ganger, G.R. und Riedel, E. (2003), Object-based storage, in: IEEE Communications Magazine, 41, 2003, 8, S. 84–90.

Miles, M.B., Huberman, A.M. und Saldaña, J. (2014), Qualitative Data Analysis: A Methods Sourcebook, 3. Auflage, Thousand Oaks 2014

Miloslavskaya, N. und Tolstoy, A. (2016), Big Data, Fast Data and Data Lake Concepts, in: "Procedia Computer Science" 88, 2016, S. 300–305.

Mintzberg, H. (1979), The structuring of organizations, Englewood Cliffs 1979.

Mitschang, B., Nicklas, D., Leymann, F., Schöning, H., Herschel, M., Teubner, J., Härder, T., Kopp, O. und Wieland, M. (Hrsg. 2017), Datenbanksysteme für Business, Technologie und Web (BTW 2017), Bonn 2017.

Mohsen, A. und Sharmin, A. (2018), The Rise of Embedded Analytics: Empowering Manufacturing and Service Industry With Big Data, in: International Journal of Business Intelligence Research (IJBIR), 9, 2018, 1, S. 16–37.

Moldaschl, M. und Fischer, D. (2004), Beyond the Management View: A Ressource-Centered Socio-Economic Perspective, in: Management Revue, 15, 2004, 1, S. 122–151.

Mucksch, H. und Behme, W. (2000), Das Data Warehouse-Konzept: Architektur — Datenmodelle — Anwendungen, Wiesbaden 2000.

Muller, G. (2020), A reference architecture primer, Version 0.6, White Paper der University of South-Eastern Norway, Kongsberg 2020.

Muller, G. und Hole, E. (2006), Architectural Descriptions and Models, White Paper Resulting from Architecture Forum Meeting March 21–22, 2006, Washington 2006.

Müller, W. (2010), Effektiver Einsatz grundlegender Darstellungsprimitive zur Informationsvisualisierung, Darmstadt 2000.

Müller, R.M., Linders, S. und Pires, L.F. (2010), Business Intelligence and Service-oriented Architecture: A Delphi Study, in: Information Systems Management, 27, 2010, 2, S. 168–187.

Nadj, M. und Schieder, C. (2016), Quo Vadis Real-Time Business Intelligence? A Descriptive Literature Review and Future Directions, in: Proceedings of the 24th European Conference on Information Systems, Istanbul, 2016, Research Paper 17.

Nakagawa, E.Y. (2012), Reference architectures and variability: current status and future perspectives, in: Proceedings of the WICSA/ECSA 2012 Companion Volume, Helsinki, 2012, S. 159–162.

Nissen, V. und Mladin, A. (2009), Messung und Management von IT-Agilität, in: HMD Praxis der Wirtschaftsinformatik, 46, 2009, 5, S. 42–51.

Noyes, J., Popay, J., Pearson, A., Hannes, K. und Booth, A. (2008), Qualitative Research and Cochrane Reviews, in: Higgins u.a. (Hrsg. 2008), S. 571–591.

Nunamaker, J.F., Chen, M. und Purdin, T.D.M. (1990), Systems Development in Information Systems Research, in: Journal of Management Information Systems, 7, 1990, 3, S. 89–106.

OMG® (2017), Object Management Group (OMG®) Unified Modeling Language (UML) Version 2.5.1, Technischer Bericht der Object Management Group (OMG), 2017.

Ong, I.L., Siew, P.H. und Wong, S.F. (2011), A Five-Layered Business Intelligence Architecture, in: Communications of the IBIMA, 2011, Article ID 695619.

Österle, H., Becker, J., Frank, U., Hess, T., Karagiannis, D., Krcmar, H., Loos, B., Mertens, P., Oberweis, A. und Sinz, E.J. (2010), Memorandum zur gestaltungsorientierten Wirtschaftsinformatik, in: Zeitschrift für betriebswirtschaftliche Forschung, 6, 2010, 62, S. 664–672.

Österle, H. und Otto, B. (2010), Konsortialforschung, in: WIRTSCHAFTSINFORMATIK, 52, 2010, 5, S. 273–285.

Österle, H. und Winter, R. (2012), Business Engineering, in: Österle und Winter (Hrsg., 2012), S. 3–19.

Österle, H. und Winter, R. (Hrsg., 2012), Business Engineering: Auf dem Weg zum Unternehmen des Informationszeitalters, 2. Auflage, Berlin und Heidelberg 2012.

Oswald, H. (2003), Was heißt qualitativ forschen? Eine Einführung in Zugänge und Verfahren, in: Friebertshäuser und Prengel (Hrsg., 2003), S. 71–87.

Ounacer, S., Talhaoui M.A., Ardchird, S., Daif, A. und Azouazi, M. (2017), Real-time Data Stream Processing Challenges and Perspectives, in: International Journal of Computer Science Issues (IJCSI), 14, 2017, 5, S. 6–12.

Overby, E., Bharadwaj, A. und Sambamurthy, V. (2006), Enterprise Agility and the Enabling Role of Information Technology, in: European Journal of Information Systems, 15, 2006, 2, S. 120–131.

Panetto, H. (2007), Towards a classification framework for interoperability of enterprise applications, in: International Journal of Computer Integrated Manufacturing, 20, 2007, 8, S. 727–740.

Panwar, A. und Bhatnagar, V. (2020), Data Lake Architecture: A new Repository for Data Engineer, International Journal of Organizational and Collective Intelligence (IJOCI), 10, 2020, 1, S. 63–75.

Pahl, C., Jamshidi, P. und Zimmermann, O. (2018), Architectural Principles for Cloud Software, in: ACM Transactions on Internet Technology, 18, 2018, 2, S. 1–23.

Peak, D.A. und Azadmanesh, M.H. (1997), Centralization/decentralization cycles in computing: Market evidence, in: Information & Management, 31, 1997, 6, S. 303–317.

Peffers, K., Tuunanen, T., Rothenberger, M.A. und Chatterjee, S. (2007), A Design Science Research Methodology for Information Systems Research, in: Journal of Management Information Systems, 24, 2007, 3, S. 45–77.

Pekša, J. und Grabis, J. (2018), Integration of Decision-Making Components in ERP Systems, in: Proceedings of the 20th International Conference on Enterprise Information Systems, 2018, S. 183–189.

Penrose, E.T. (1995), The Theory of the Growth of the Firm, 3. Auflage, Oxford 1995.

Pereira, C.M. und Sousa, P. (2005), Enterprise Architecture: Business and IT Alignment, in: Proceedings of the 2005 ACM Symposium on Applied Computing, Santa Fe, 2005, S. 1344–1345.

Perrey, R. und Lycett, M. (2003), Service-oriented Architecture in: Proceedings of the 2003 Symposium on Applications and the Internet Workshops, 2003, S. 116–119.

Perry, D.E. und Wolf, A.E. (1992), Foundations for the Study of Software Architecture, in: SIGSOFT Software Engineering Notes, 17, 1992, 4, S. 40–52.

Peteraf, M.A. (1993), The cornerstones of competitive advantage: A resource-based view, in: Strategic Management Journal, 14, 1993, 3, S. 179–191.

Petre, M. (2013), UML in Practice, in: Proceedings of the 2013 International Conference on Software Engineering, Piscataway, S. 722–731.

Pfeifer, W. (1995), Etymologisches Wörterbuch des Deutschen, München 1995.

Picot, A., Dietl, H., Franck, E., Fiedler, M. und Royer, S. (2020), Organisation: Theorie und Praxis aus ökonomischer Sicht, 8. Auflage, Stuttgart 2020.

Pipino, L.L., Lee, Y.W. und Wang, R.Y. (2002), Data Quality Assessment, in: Communications of the ACM, 45, 2002, 4, S. 211–218.

Porter, M.E. und Heppelmann, J.E. (2014), How smart, connected products are transforming competition, in: Harvard Business Review, 92, 2014, 11, S. 64–88.

Power, D.J. (2008), Decision Support Systems: A Historical Overview, in: Burstein und Holsapple (Hrsg., 2008), S. 121–140.

Prahalad, C. und Hamel, G. (1990), The Core Competence of the Corporation, in: Harvard Business Review, 68, 1990, 3, S. 79–91.

Raut, A.B. (2017), NOSQL Database and Its Comparison with RDBMS, in: International Journal of Computational Intelligence Research, 13, 2017, 7, S. 1645–1651.

Rautenstrauch, C. und Schulze, T. (2003), Informatik für Wirtschaftswissenschaftler und Wirtschaftsinformatiker, Berlin und Heidelberg 2003.

Reichwein, A. und Paredis, C. (2011), Overview of Architecture Frameworks and Modeling Languages for Model-Based Systems Engineering, in: Proceedings of the ASME Design Engineering Technical Conference, Washington, 2011, S. 1341–1349.

Reiter, B. (2017), Theory and methodology of exploratory social science research, in: International Journal of Science and Research Methodology, 5, 2017, 4, S. 129–150.

Reussner, R. und Hasselbring, W. (Hrsg., 2008), Handbuch der Software-Architektur, 2. Auflage Heidelberg 2008.

Richardson, G.L., Jackson, B.M. und Dickson, G.W. (1990), A Principles-Based Enterprise Architecture: Lessons from Texaco and Star Enterprise, in: MIS Quarterly, 14, 1990, 4, S. 385–403.

Riege, C., Saat, J. und Bucher, T. (2009), Systematisierung von Evaluationsmethoden in der gestaltungsorientierten Wirtschaftsinformatik, in: Becker, J., Krcmar, H. und Niehaves, B. (Hrsg., 2009), S. 69–86.

Robra-Bissantz, S. und Strahringer, S. (2020), Wirtschaftsinformatik – Forschung für die Praxis, in: HMD Praxis der Wirtschaftsinformatik, 57, 2020, 2, S. 162–188.

Ross, J.W. (2003), Creating a Strategic IT Architecture Competency: Learning in Stages, in: MIS Quarterly Executive, 2, 2003, 1, Article 5.

Ross, J.W., Weill, P. und Robertson, D. (2006) Enterprise Architecture As Strategy: Creating a Foundation for Business Execution, Watertown 2006.

Roussopoulos, N. (1998), Materialized views and data warehouses, in: ACM SIGMOD Record, 27, 1998, 1, S. 21–26.

Sang, G. M., Xu, L., und de Vrieze, P. (2016), A reference architecture for big data systems, in: Proceedings of 10th International Conference on Software, Knowledge, Information Management & Applications, 2016, S. 370–375.

Satyanarayanan, M. (2017), The Emergence of Edge Computing, in: Computer 50, 2017, 1, S. 30–39.

Schieder, C. (2016), Historische Fragmente einer Integrationsdisziplin Beitrag zur Konstruktgeschichte der Business Intelligence, in: Gluchowski und Chamoni (Hrsg., 2016), S. 13–32.

Schieder, C., Dinter, B. und Gluchowski, P. (2015), Metadatenmanagement in der Business Intelligence – eine empirische Untersuchung unter Berücksichtigung der Stakeholder-Perspektive, in: Proceedings of 12th International Conference on Wirtschaftsinformatik, Osnabrück, 2015, S. 660–674.

Schmidt, C. und Buxmann, P. (2011), Outcomes and success factors of enterprise IT architecture management: empirical insight from the international financial services industry, in: European Journal of Information Systems, 20, 2011, 2, S. 168–185.

Schmidt, M.T., Hutchison, B., Lambros, P. und Phippen, R. (2005), The Enterprise Service Bus: Making service-oriented architecture real, in: IBM Systems Journal, 44, 2005, 4, S. 781–797.

Schmidt, A., Otto, B. und Österle, H. (2010), Unternehmensweite Stammdatenintegration, in: Wirtschaftsinformatik und Management, 2, 2010, 5, S. 46–52.

Schütz, A., Widjaja, T. und Gregory, R.W. (2013), Escape from Winchester Mansion – Toward a Set of Design Principles to Master Complexity in IT Architecture, in: Proceedings of the International Conference on Information Systems, Milano, 2013.

Scott Morton, M.S. (1983), State of the Art of Research in Management Support Systems, CISR Working Paper des Center for Information Systems Research der Sloan School of Management, Massachusetts Institute of Technology, Cambridge, 1983.

Sebastian, I., Ross, J., Beath, C., Mocker, M., Moloney, K. und Fonstad, N. (2017), How Big Old Companies Navigate Digital Transformation, in: MIS Quarterly Executive, 16, 2017, 3, S. 197–213.

Seddon, P.B., Constantinidis, D., Tamm, T. und Dod, H. (2016), How Does Business Analytics Contribute to Business Value?, in: Information Systems Journal, 27, 2016, 3, S. 237–269.

Shariat, M. und Hightower, R. Jr (2007), Conceptualizing Business Intelligence Architecture, in: Marketing Management Journal, 17, 2007, 2, S. 40–46.

Shneiderman, B. (1996), The Eyes Have It: A Task by Data Type Taxonomy for Information Visualizations, in: Proceedings of 1996 IEEE Visual Languages, S. 336–343.

Spitz, M. (2017), Daten – das Öl des 21. Jahrhunderts?: Nachhaltigkeit im digitalen Zeitalter. Hamburg 2017.

Stake, R.E. (1995), The Art of Case Study Research, Thousand Oaks 1995.

Stebbins, R.A. (2001), Exploratory Research in the Social Sciences, Thousand Oaks 2001.

Steger, T. (2003), Einführung in die qualitative Sozialforschung, Schriften zur Organisationswissenschaft No. 1 der Technische Universität Chemnitz, Chemnitz 2003.

Steinke, I. (1999), Kriterien qualitativer Forschung: Ansätze zur Bewertung qualitativ-empirischer Sozialforschung, Weinheim 1999.

Stockmann, R. (2002), Was ist eine gute Evaluation? Einführung zu Funktionen und Methoden von Evaluationsverfahren, Arbeitspapier, Centrum für Evaluation, Saarbrücken 2002.

Stockmann, R. (2006), Evaluation und Qualitätsentwicklung: Eine Grundlage für wirkungsorientiertes Qualitätsmanagement, Münster 2006.

Stonebraker, M. (2010), SQL databases v. NoSQL databases, in: Communications of the ACM, 53, 2010, 4, S. 10–11.

Strohbach, M., Daubert, J., Ravkin, H. und Lischka, M. (2016), Big data storage, in: Cavanillas u.a. (Hrsg., 2016), S. 119–141.

Sun, Z., Strang, K.D. und Yearwood, J. (2014), Analytics Service Oriented Architecture for Enterprise Information Systems, in: Proceedings of the 16th International Conference on Information Integration and Web-based Applications & Services, New York, 2014, S. 508–516.

Talaoui, Y. und Kohtamaki, M. (2021), 35 years of research on business intelligence process: a synthesis of a fragmented literature, in: Management Research Review, 44, 2021, 5, S. 677–717.

Tamm, T., P.B. Seddon, G. Shanks und Reynolds, P. (2011), How Does Enterprise Architecture Add Value to Organisations?, in Communications of the Association for Information Systems, 28, 2011, 1, S. Article 10.

Taube, C. und Corporation, M. (1997), Computer Fachlexikon mit Fachwörterbuch (deutsch-englisch / englisch-deutsch), Redmond 1997.

Teece, D.J., Pisano, G. und Shuen, A. (1997), Dynamic Capabilities and Strategic Management, in: Strategic Management Journal, 18, 1997, 7, S. 509–533.

Tell, A.W. (2014), What Capability Is Not, in: Lecture Notes in Business Information Processing, Lund, 2014, S. 128–142.

Terrizzano, I.G., Schwarz, P.M., Roth, M. und Colino, J.E. (2015), Data Wrangling: The Challenging Journey from the Wild to the Lake, in: Proceedings of the 7th Biennial Conference on Innovative Data Systems Research (CIDR), Asilomar, 2015.

The Open Group (2018), The TOGAF® Standard – Version 9.2, o. O. 2018.

Tremp, H. (2022). Agile objektorientierte Anforderungsanalyse: Planen – Ermitteln – Analysieren – Modellieren – Dokumentieren – Prüfen, Wiesbaden 2022.

Turban, E., Sharda, R, Aronson, J.E. und King, D. (2008), Business intelligence: A managerial approach, Indiana 2008.

Ulrich, W. und Rosen, M. (2011), The Business Capability Map: The „Rosetta Stone" of Business/IT Alignment, Executive Report, Cutter Consortium, 2011.

Van der Lans, R. (2012), Data Virtualization for Business Intelligence Systems: Revolutionizing Data Integration for Data Warehouses, Waltham 2012.

van Gurp, J., Bosch, J. und Svahnberg, M. (2001), On the Notion of Variability in Software Product Lines, in: Proceedings Working IEEE/IFIP Conference on Software Architecture, Amsterdam, 2001, S. 45–54.

van Steen, M. und Tanenbaum, A.S. (2017), Distributed Systems: principles and paradigms, 3. Auflage, Version 3.01, o.O. 2017.

Vassiliadis, P. und Simitsis, A. (2009), Extraction, Transformation, and Loading, in: Liu und Özsu (Hrsg., 2009), S. 1095–1100.

Verschuren, P. und Hartog, R. (2005), Evaluation in Design-Oriented Research, in: Quality & Quantity, International Journal of Methodology, 39, 2005, 6, S. 733–762.

Vogel, O., Arnold, I., Chughtai, A., Ihler, E., Kehrer, T., Mehlig, U. und Zdun, U. (2009). Software-Architektur: Grundlagen – Konzepte – Praxi, 2. Auflage, Heidelberg 2009.

W3C (2022), HTML Living Standard, URL: https://html.spec.whatwg.org/multipage/webstorage.html#webstorage, Zugriff am: 17.12.2022.

Wade, M. und Hulland, J. (2004), Review: The Resource-Based View and Information Systems Research: Review, Extension, and Suggestions for Future Research, in: MIS Quarterly, 28, 2004,1, S. 107–142.

Walden, D.D. (2019), Brownfield Systems Development: Moving from the Vee Model to the N Model for Legacy Systems, in: INCOSE International Symposium, 29, 2019, 1, S. 1084–1092.

Walters, P. (2020), Code Sharing in the Open Science Era, in: Journal of Chemical Information and Modeling, 60, 2020, 10, S. 4417–4420.

Walz, H. (2010), Anwendungssysteme – Der Fachliche Kern der Informationsverarbeitung, in: Aschenbrenner u.a. (Hrsg., 2010), S. 27–37.

Wamba, S.F., Gunasekaran, A., Akter, S., Ren, S.J.-f., Dubey, R. und Childe, S.J. (2017), Big data analytics and firm performance: Effects of dynamic capabilities, in: Journal of Business Research, 70, 2017, S. 356–365.

Wand, Y. und Wang, R.Y. (1996), Anchoring data quality dimensions in ontological foundations, in: Communications of the ACM, 39, 1996, 11, S. 86–95.

Weimert, B. und Zweck, A. (2015), Wissenschaftliche Relevanz. Standards und Gütekriterien der Zukunftsforschung, in: Gerhold u.a. (Hrsg., 2015), S. 132–142.

Wernerfelt, B. (1984), A Resource-Based View of the Firm, in: Strategic Management Journal, 5, 1984, 2, S: 171–180.

Weyns, D. (2019), Software Engineering of Self-adaptive Systems, in: Cha u.a. (Hrsg., 2019), S. 399–443.

Weyns, D., Iftikhar, M.U., Hughes, D. und Matthys, N. (2018), Applying Architecture-Based Adaptation to Automate the Management of Internet-of-Things, in: Proceedings of the 12th European Conference on Software Architecture (ECSA), Madrid, 2018, S. 49–67.

White, C. (2005), Data Integration: Using ETL, EAI, and EII Tools to Create an Integrated Enterprise, Report des TDWI, BI Research 2005.

Wieringa, R.J. (2014), Design science methodology for information systems and software engineering, Berlin und Heidelberg 2014.

Winter, S.G. (2003), Understanding Dynamic Capabilities, in: Strategic Management Journal, 24, 2003, 10, S. 991–995.

Winsemann, T., Köppen, V. und Saake, G. (2012), A layered architecture for enterprise data warehouse systems, in: Proceedings of the International Conference on Advanced Information Systems Engineering, Gdańsk, 2012, S. 192–199.

Wißotzki, M. und Sandkuhl, K. (2015), Elements and characteristics of enterprise architecture capabilities, in: Proceedings of the 14th International Conferences on Perspectives in Business Informatics, Estonia, 2015, S. 82–96.

Yin, R. K. (2015), Qualitative Research from Start to Finish, 2. Auflage, New York 2015.

Yin, R. K. (2018), Case Study Research and Applications: Design and Methods, 6. Auflage, Thousand Oaks 2017.

Zachman, J.A. (1987), A framework for information systems architecture, in: IBM Systems Journal, 26, 1987, 3, S. 276–292.

Zagan, E. und Danubianu, M. (2020), Data Lake Approaches: A Survey, in: Proceedings of the International Conference on Development and Application Systems (DAS), Suceava, 2020, S. 189–193.

ZEIT Online (2018), Angela Merkel fordert Besteuerung von Daten, Auf den Seiten der ZEIT ONLINE GmbH, https://www.zeit.de/politik/deutschland/2018-05/steuerreform-angela-merkel-daten-eu, Zugriff am 28.04.2021.

Printed in the United States
by Baker & Taylor Publisher Services